智能制造应用型人才培养系列教程

|工|业|机|器|人|技|术|

工业机器人

离线编程与仿真（ROBOGUIDE）

陈南江 郭炳宇 林燕文 | 主编

彭赛金 卢亚平 | 副主编

人 民 邮 电 出 版 社

北 京

图书在版编目（CIP）数据

工业机器人离线编程与仿真 : ROBOGUIDE / 陈南江，郭炳宇，林燕文主编. -- 北京 : 人民邮电出版社，2018.9
智能制造应用型人才培养系列教程. 工业机器人技术
ISBN 978-7-115-48746-9

Ⅰ. ①工… Ⅱ. ①陈… ②郭… ③林… Ⅲ. ①工业机器人－程序设计－教材②工业机器人－计算机仿真－教材 Ⅳ. ①TP242.2

中国版本图书馆CIP数据核字(2018)第139933号

内 容 提 要

本书以 FANUC 工业机器人为研究对象，系统地介绍了工业机器人离线编程与仿真的基本知识。全书共 3 篇 7 个项目，主要内容包括初识离线编程仿真软件、创建仿真机器人工作站、离线示教编程与程序修正、基础搬运的离线仿真、分拣搬运的离线仿真、轨迹绘制与轨迹自动规划的编程、基于机器人-变位机系统的焊接作业编程等。本书将知识点和技能点融入典型工作站的项目实施中，以满足工学结合、项目引导、教学一体化的教学需求。

本书既可作为应用型本科院校机器人工程、自动化、机械设计制造及其自动化、智能制造工程等专业，高职高专院校工业机器人技术、机电一体化技术、电气自动化技术等专业的教材，也可作为相关从业人员的参考书。

◆ 主　　编　陈南江　郭炳宇　林燕文
　副 主 编　彭赛金　卢亚平
　责任编辑　刘盛平
　责任印制　马振武

◆ 人民邮电出版社出版发行　　北京市丰台区成寿寺路 11 号
　邮编 100164　　电子邮件 315@ptpress.com.cn
　网址 http://www.ptpress.com.cn
　北京七彩京通数码快印有限公司印刷

◆ 开本：787×1092　1/16
　印张：12.25　　　　2018 年 9 月第 1 版
　字数：313 千字　　　2024 年 8 月北京第 11 次印刷

定价：42.00 元

读者服务热线：(010)81055256　印装质量热线：(010)81055316
反盗版热线：(010)81055315
广告经营许可证：京东市监广登字20170147号

智能制造应用型人才培养系列教程

编委会

序

制造业是一个国家经济发展的基石，也是增强国家竞争力的基础。新一代信息技术、人工智能、新能源、新材料、生物技术等重要领域和前沿方向的革命性突破和交叉融合，正在引发新一轮产业变革——第四次工业革命，而智能制造便是引领第四次工业革命浪潮的核心动力。智能制造是基于新一代信息通信技术与先进制造技术的深度融合，贯穿于设计、生产、管理、服务等制造活动的各个环节，具有自感知、自学习、自决策、自执行、自适应等功能的新型生产方式。

我国于 2015 年 5 月发布了《中国制造 2025》，部署全面推进制造强国战略，我国智能制造产业自此进入了一个飞速发展时期，社会对智能制造相关专业人才的需求也不断加大。目前，国内各本科院校、高职高专院校都在争相设立或准备设立与智能制造相关的专业，以适应地方产业发展对战略性新兴产业的人才需求。

在本科教育领域，与智能制造专业群相关的机器人工程专业在 2016 年才在东南大学开设，智能制造工程专业更是到 2018 年才在同济大学、汕头大学等几所高校中开设。在高等职业教育领域，2014 年以前只有少数几个学校开设工业机器人技术专业，但到目前为止已有超过 500 所高职高专院校开设这一专业。人才的培养离不开教材，但目前针对工业机器人技术、机器人工程等专业的成体系教材还不多，已有教材也存在企业案例缺失等亟须解决的问题。由北京华晟智造科技有限公司和人民邮电出版社策划，校企联合编写的这套图书，犹如大旱中的甘露，可以有效解决工业机器人技术、机器人工程等与智能制造相关专业教材紧缺的问题。

理实一体化教学是在一定的理论指导下，引导学习者通过实践活动巩固理论知识、形成技能、提高综合素质的教学过程。目前，高校教学体系过多地偏向理论教学，课程设置与企业实际应用契合度不高，学生无法把理论知识转化为实践应用技能。本套图书的第一大特点就是注重学生的实践能力培养，以企业真实需求为导向，学生学习技能紧紧围绕企业实际应用需求，将学生需掌握的理论知识，通过企业案例的形式进行衔接，达到知行合一、以用促学的目的。

智能制造专业群应以工业机器人为核心，按照智能制造工程领域闭环的流程进行教学，才能够使学生从宏观上理解工业机器人技术在行业中的具体应用场景及应用方法。高校现有的智能制造课程集中在如何进行结构设计、工艺分析，使得装备的设计更为合理。但是，完整的机器人应用工程却是一个容易被忽视的部分。本套图书的第二大特点就是聚焦了感知、控制、决策、执行等核心关键环节，依托重点领域智能工厂、数字化车间的建设以及传统制造业智能转型，突破高档数控机床与工业机器人、增材制造装备、智能传感与控制装备、智能检测与装配装备、智能物流与仓储装备五类关键技术装备，覆盖完整工程流程，涵盖企业智能制造领域工程中的各个环节，符合企业智能工厂真实场景。

我很高兴看到这套书的出版，也希望这套书能给更多的高校师生带来教学上的便利，帮助读者尽快掌握智能制造大背景下的工业机器人相关技术，成为智能制造领域中紧缺的应用型、复合型和创新型人才！

上海发那科机器人有限公司　　总经理
SHANGHAI-FANUC Robotics CO.,LTD.　General Manager

前言

工业机器人综合了精密机械、传感器和自动控制技术等领域的最新成果，在工厂自动化生产和柔性生产系统中起着关键的作用，并已经广泛应用到工农业生产、航天航空和军事技术等各个领域。它可代替生产工人出色地完成极其繁重、复杂、精密或者危险的工作。

工业机器人是一种可编程的操作机，其编程的方法通常可分为在线示教编程和离线编程 2 种。离线编程的出现有效地弥补了在线示教编程的不足，并且随着计算机技术的发展，离线编程技术也愈发成熟。机器人离线编程的方法在提高机器人工作效率、规划复杂运动轨迹、检查碰撞和干涉、观察编程结果、优化编程等方面的优势，已经引起了人们极大的兴趣，并成为当今机器人学科中十分活跃的研究方向。

本书贯彻党的二十大报告中“深入实施人才强国战略。培养造就大批德才兼备的高素质人才，是国家和民族长远发展大计。功以才成，业由才广。”努力培养造就更多大师和卓越工程师、大国工匠、高技能人才。

本书主要特点如下。

1. 项目驱动，产教融合。本书选用 FANUC 工业机器人的 ROBOGUIDE 离线编程与仿真软件，以典型工作站为突破口，系统介绍了工业机器人离线编程与仿真的相关知识。本书精选企业真实案例，将实际工作过程真实再现到书中，在教学过程中培养学生的项目开发能力。

2. 立德树人。本书在每个项目开始前增加了“学思融合”栏目，弘扬了胸怀祖国、服务人民的爱国精神，勇攀高峰、敢为人先的创新精神，公平、公正、科学、严谨的工匠精神。

3. 校企合作，双元开发。本书由学校教师和企业工程师共同开发，将项目实践与理论知识相结合，体现了“教、学、做一体化”等职业教育理念，保证了教材的职教特色。

4. 配套立体化数字资源。为了提高读者学习兴趣和学习效果，本书针对重要的知识点和操作开发了大量的微课，并以二维码的形式嵌入书中相应位置。读者可通过手机等移动终端扫码观看学习。

5. 配套教学资源丰富。本书得益于现代信息技术的飞速发展，在使用双色印刷的同时，全书配套提供用于学习指导的课件、工作页等资源，以及用于对学生进行测验的题库和习题详解等详尽资料。读者可登录人邮教育社区（www.ryjiaoyu.com）下载。

本书由北京华晟智造科技有限公司陈南江、北京华晟经世信息技术有限公司郭炳宇和北京华晟智造科技有限公司林燕文任主编，北京航空航天大学彭赛金和苏州大学应用技术学院卢亚平任副主编。参加编写的还有北京华晟智造科技有限公司边天放、宋美娴等。

在本书的编写过程中，上海发那科机器人有限公司、北京航空航天大学、苏州大学应用技术学院等企业和院校提供了许多宝贵的意见和建议，在此郑重致谢。

由于编者水平有限，书中难免存在不足之处，敬请广大读者批评指正。

编者

2023 年 5 月

目 录

基础入门篇

模拟仿真篇

离线编程篇

基础入门篇

项目一
初识离线编程仿真软件

【项目引入】

小白："大家好！我是从事工业机器人相关工作的小白，下面我给大家介绍一位新朋友。"

小罗："大家好！我的名字叫 ROBOGUIDE，来自 FANUC 公司，将是您使用 FANUC 工业机器人的得力助手，大家可以叫我小罗同学。我是专门为 FANUC 工业机器人开发的离线编程与仿真软件，只需把我安装在您的计算机上，我就能带您体验 FANUC 工业机器人的世界。我的功能十分强大。我的大脑中存储着大量的机器人库，可自由定制专属于您的机器人仿真案例。我可以帮助您在没有真实机器人和设备的情况下，完成自己的设想，这就是我的仿真功能。我不仅能仿真，还可以编程。我的程序照样可以控制真实的机器人，这就是我的离线编程功能。其实我会的不止这些哦！如果想了解我的更多功能，那就跟我一起来探索吧！"

【学思融合】

通过学习本项目，培养民族自信，厚植家国情怀，弘扬劳动光荣、技能宝贵、创造伟大的时代风尚。

【知识图谱】

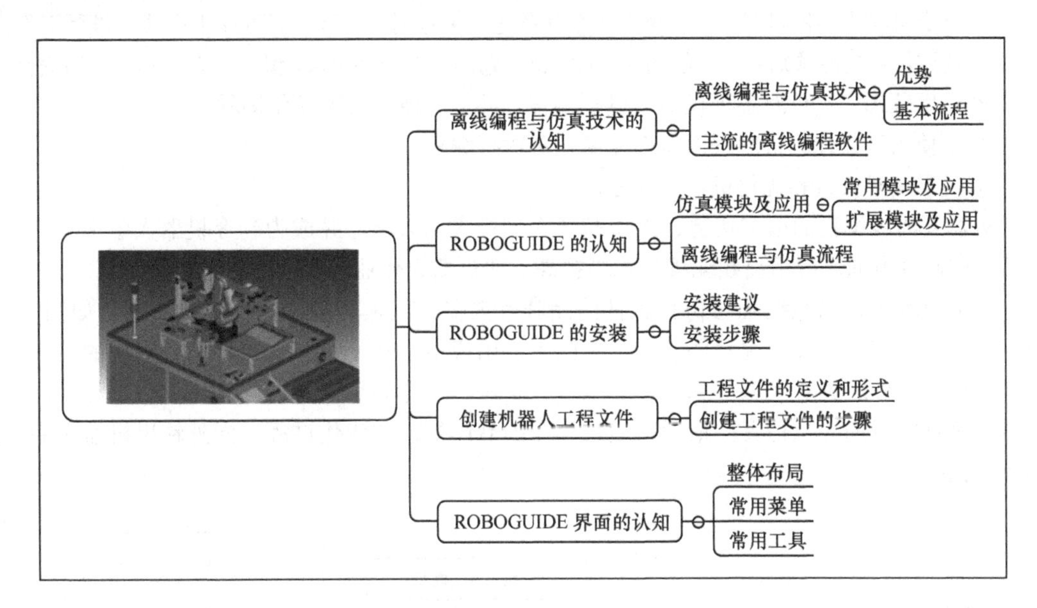

随着科技的发展，人类文明正迈向智能时代。智能制造作为其中重要的一环，越来越受到国家的重视与扶持。近几年，《中国制造 2025》的全面启动实施加快了传统制造业转型升级的步伐，工业机器人作为智能制造的重要实施基础，其行业应用的需求呈现爆发式增长。

工业机器人是一种可编程的操作机，其编程的方法通常可分为在线示教编程和离线编程 2 种。在线示教编程就是操作人员亲临生产现场，通过操作工业机器人示教器，依靠人眼观测，手动调整机器人的位置和姿态的同时，在示教器中添加各种程序指令，从而编写机器人的运动控制程序。目前，在线示教编程的方式仍然占据着主流地位，但是由于其本身操作的局限性，在实际的生产应用中主要存在以下问题。

① 在线示教编程过程烦琐，编程人员在记录关键点位置时需要反复点动机器人，工作量较大，编程周期长，效率低。

② 精度完全由示教者目测决定，对复杂的路径进行示教时，在线示教编程难以取得令人满意的效果。

例如，工业机器人的弧焊、切割、涂胶等作业属于连续轨迹的运动控制。工业机器人在运行的过程中，展现出的行云流水般的运动轨迹和复杂多变的姿态控制是在线示教编程难以实现的。另外，工业机器人要完成特殊图形轨迹的刻画，需要记录成百上千个关键点，这对于在线示教编程来说无疑工作量巨大。因此，传统的在线示教编程越来越难以满足现代加工工艺的复杂要求，其应用范围逐步被压缩至机器人轨迹相对简单的应用，如搬运、码垛、点焊作业等。

1. 离线编程与仿真技术的认知

工业机器人离线编程的出现有效地弥补了在线示教编程的不足，并且随着计算机技术的发展，离线编程技术也愈发成熟，成为了未来机器人编程方式的主流趋势。工业机器人的离线编程软件通过结合三维仿真技术，利用计算机图形学的成果对工作单元进行三维建模；在仿真环境中建立与现实工作环境对应的场景，采用规划算法对图形进行控制和操作；在不使用真实工业机器人的情况下进行轨迹规划，进而产生机器人程序。在离线程序生成的整个周期中，人们通过利用离线编程软件的模拟仿真技术，在软件提供的仿真环境中运行程序，并将程序的运行结果可视化。离线编程与仿真技术为工业机器人的应用建立了以下的优势。

① 减少机器人的停机时间，当对下一个任务进行编程时，机器人仍可在生产线上进行工作。

② 通过仿真功能预知要产生的问题，从而将问题消灭在萌芽阶段，保证了人员和财产的安全。

③ 适用范围广，可对各种机器人进行编程，并能方便地实现优化编程。

④ 可使用高级计算机编程语言对复杂任务进行编程。

⑤ 便于及时修改和优化机器人程序。

机器人离线编程的诸多优势已经引起了人们极大的兴趣，并成为当今机器人学中一个十分活跃的研究方向。应用离线编程技术是提高工业机器人作业水平的必然趋势。

目前市场中，离线编程与仿真软件的品牌有很多，但是其基本流程大致相同，如图 1-1 所示。首先，应在离线编程软件的三维界面中，用模型搭建一个与真实环境相对应的仿真场景；然后，软件通过对模型信息的计算来进行轨迹、工艺规划设计，并转化成仿真程序，让机器人进行实时的模拟仿真；最后，通过程序的后续处理和优化过程，向外输出机器人的运动控制程序。

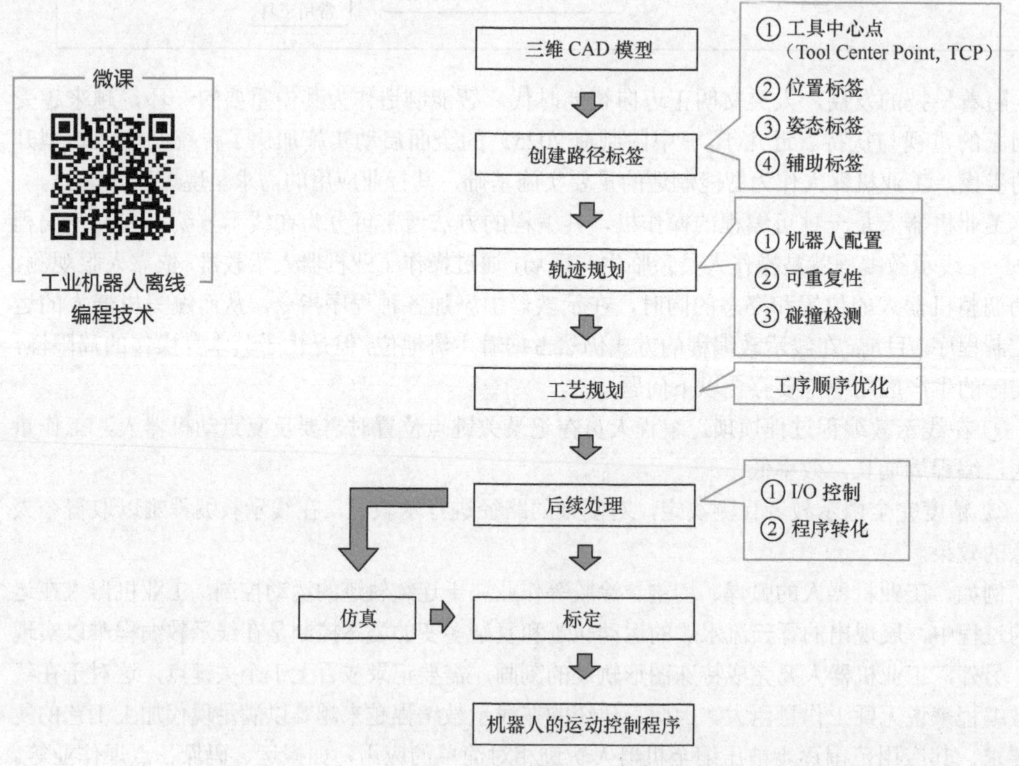

图 1-1　工业机器人离线编程与仿真的基本流程

2. 主流的离线编程软件

（1）RobotMaster

RobotMaster 源自加拿大，几乎支持市场上绝大多数机器人品牌（KUKA、ABB、FANUC、

MOTOMAN、史陶比尔、珂玛、三菱、DENSO、松下等），是目前国外顶尖的离线编程软件。RobotMaster 界面如图 1-2 所示。

图 1-2 RobotMaster 界面

功能：RobotMaster 在 MasterCAM 中无缝集成了机器人编程、仿真和代码生成功能，提高了机器人的编程速度。

优点：RobotMaster 可以依靠产品数学模型生成程序，适用于切割、铣削、焊接、喷涂作业等；独特的优化功能使得运动学规划和碰撞检测十分精确；支持外部轴（直线导轨系统、旋转变位系统）和复合外部轴组合系统。

缺点：RobotMaster 暂时不支持多台机器人同时模拟仿真。

（2）RobotWorks

RobotWorks 是源自于以色列的机器人离线编程与仿真软件。RobotWorks 是基于 SolidWorks 二次开发的，其界面如图 1-3 所示。

功能：RobotWorks 拥有全面的数据接口、强大的编程能力与工业机器人数据库、较强的仿真模拟能力和开放的自定义工艺库。

优点：RobotWorks 拥有多种生成轨迹的方式，支持多种机器人和外部轴应用。

缺点：由于 SolidWorks 本身不带 CAM 功能，所以 RobotWorks 的编程过程比较烦琐，机器人运动学规划策略的智能化程度低。

（3）ROBCAD

ROBCAD 是西门子旗下的软件，其体积庞大，价格也是同类软件中比较高的。该软件的重点在生产线仿真，且支持离线点焊、多台机器人仿真、非机器人运动机构仿真及精确的节拍仿真，主要应用于产品生命周期中的概念设计和结构设计 2 个前期阶段。ROBCAD 界面如图 1-4 所示。

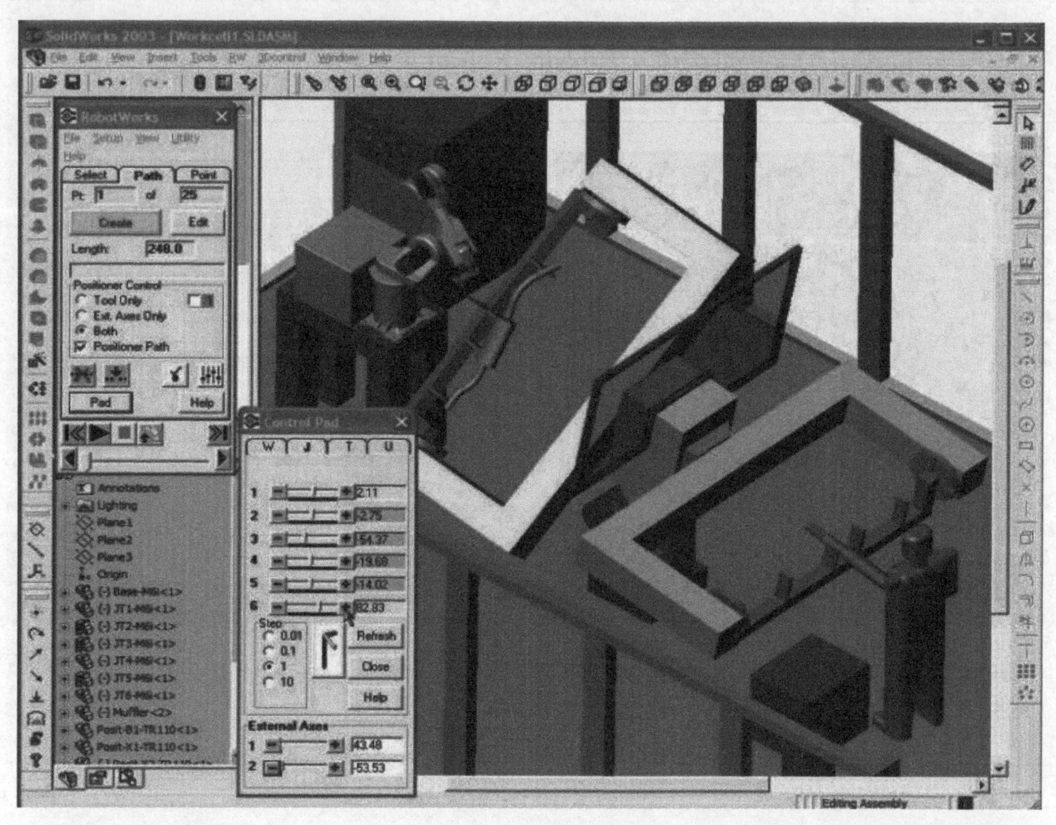

图 1-3　RobotWorks 界面

图 1-4　ROBCAD 界面

ROBCAD 的主要特点：可与主流的 CAD 软件（如 NX、CATIA、IDEAS）进行无缝集成，达到工具、工装、机器人和操作者的三维可视化，从而实现制造单元、测试以及编程的仿真。

（4）DELMIA

DELMIA 是法国达索公司旗下的 CAM 软件，它包含面向制造过程设计的 DPE、面向物流过程分析的 QUEST、面向装配过程分析的 DPM、面向人机分析的 HUMAN、面向机器人仿真的 ROBOTICS、面向虚拟数控加工仿真的 VNC 6 大模块。其中，ROBOTICS 解决方案涵盖汽车领域的发动机、总装和白车身（Body-in-White），航空领域的机身装配、维修、维护，以及一般制造业的制造工艺。DELMIA 界面如图 1-5 所示。

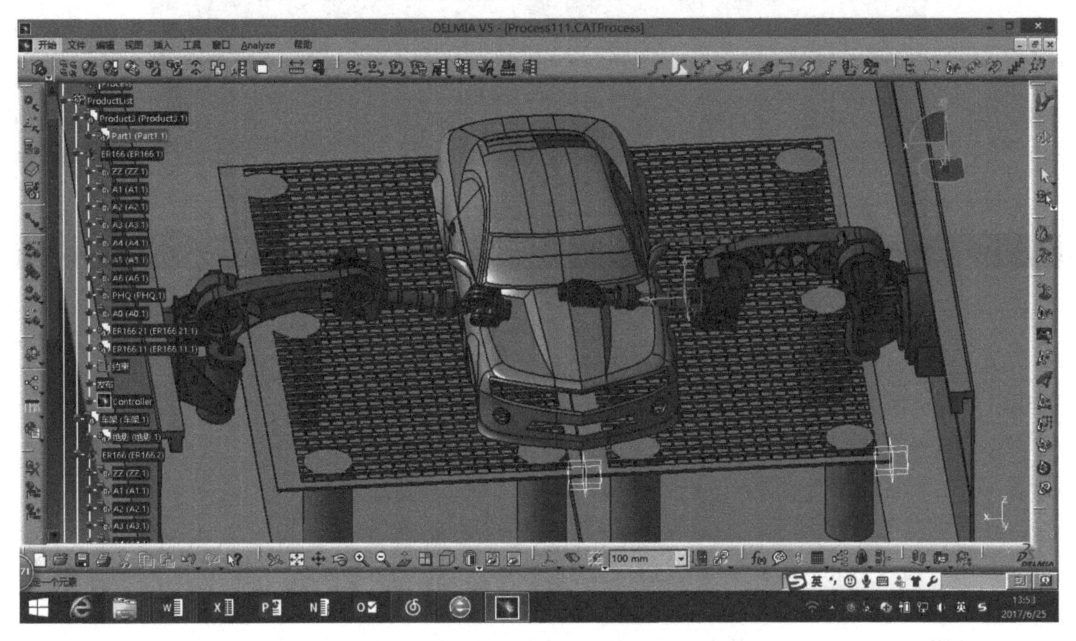

图 1-5　DELMIA 界面

DELMIA 中的 ROBOTICS 模块利用其强大的 PPR 集成中枢可快速地进行机器人工作单元的建立、仿真与验证，提供了一个完整的、可伸缩的、柔性的解决方案。

优点：用户能够轻松地从含 400 种以上的机器人资源目录中下载机器人和其他的工具资源；利用工厂的布置来规划工程师所要完成的工作，加入工作单元中工艺所需的资源，进一步细化布局。

缺点：DELMIA 属于专家型软件，操作难度太高，适合于机器人学领域的研究生及以上人员使用，不适宜初学者学习。

（5）RobotStudio

RobotStudio 是 ABB 工业机器人的配套软件，也是机器人制造商配套软件中做得较好的一款。RobotStudio 支持机器人的整个生命周期，使用图形化编程、编辑和调试机器人系统来创建机器人的运行程序，并模拟优化现有的机器人程序。RobotStudio 界面如图 1-6 所示。

RobotStudio 优点如下。

① 可方便地导入各种主流 CAD 格式的数据，包括 IGES、STEP、VRML、VDAFS、ACIS 及 CATIA 等。

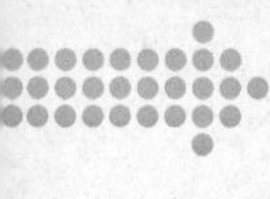

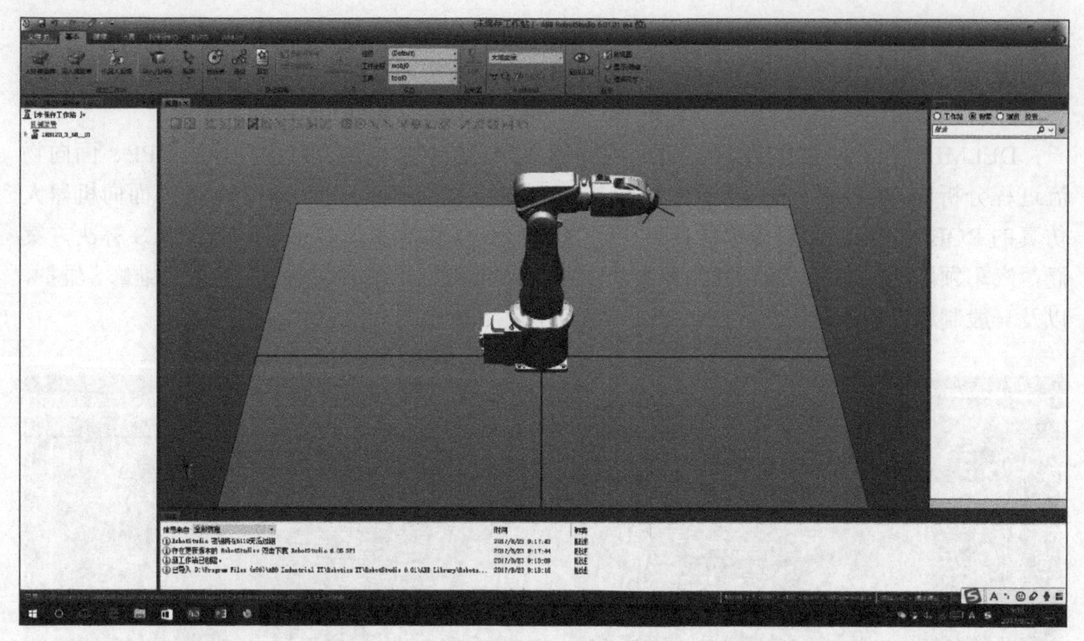

图 1-6　RobotStudio 界面

② Auto Path 能通过使用待加工零件的 CAD 模型，在数分钟之内便可自动生成跟踪加工曲线所需的机器人位置（轨迹）信息。

③ 程序编辑器可生成机器人程序，使用户能够在 Windows 环境中离线开发或维护机器人程序，可显著缩短编程时间、改进程序结构。

④ 可以对 TCP 的速度、加速度、奇异点或轴线等进行优化，缩短编程周期时间。

⑤ 用户通过 Autoreach 可自动进行可达性分析，能任意移动机器人或工件，直到所有位置均可到达，然后在数分钟之内便可完成工作单元的平面布置验证和优化。

⑥ 虚拟示教台可作为一种非常出色的教学和培训工具。

⑦ 事件表是一种用于验证程序结构与逻辑的理想工具，将 I/O 连接到仿真事件，可实现工位内机器人及所有设备的仿真。

⑧ 碰撞检测功能可自动监测并显示程序执行时这些对象是否会发生碰撞，避免设备碰撞造成的严重损失。

⑨ 可采用 VBA 改进和扩充 RobotStudio 功能，并根据用户的具体需要开发功能强大的外接插件、宏或定制用户界面。

⑩ 整个机器人程序无需任何转换便可直接上传到实际机器人系统中。

缺点：对其他品牌的机器人兼容性差，只适用于 ABB 品牌的工业机器人。

任务一　ROBOGUIDE 的认知

【任务描述】

小白：“小罗同学，快出来！”

小罗："我在呢！有何吩咐？"

小白："你都有哪些功能啊？我听说你包含几大仿真模块，每个都是非常厉害的，具体都是什么？"

小罗："那当然了，我的本领可多着呢。"

【知识学习】

微课

ROBOGUIDE 认知

ROBOGUIDE 是与 FANUC 工业机器人配套的一款软件，其界面如图 1-7 所示。该软件支持机器人系统布局设计和动作模拟仿真，可进行机器人干涉性、可达性的分析和系统的节拍估算，还能够自动生成机器人的离线程序，优化机器人的程序以及进行机器人故障的诊断等。

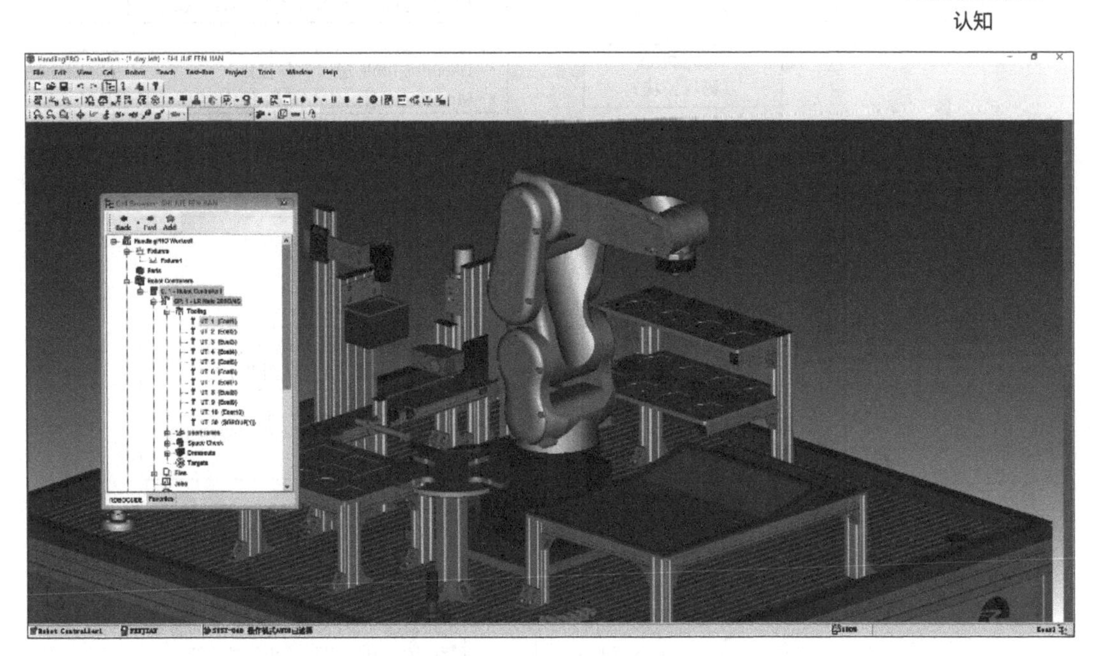

图 1-7　ROBOGUIDE 界面

1. ROBOGUIDE 仿真模块简介

ROBOGUIDE 是一款核心应用软件，其常用的仿真模块有 ChamferingPRO、HandlingPRO、WeldPRO、PalletPRO 和 PaintPRO 等。其中，ChamferingPRO 模块用于去毛刺、倒角等工件加工的仿真应用；HandlingPRO 模块用于机床上下料、冲压、装配、注塑机等物料的搬运仿真；WeldPRO 模块用于焊接、激光切割等工艺的仿真；PalletPRO 模块用于各种码垛的仿真；PaintPRO 模块用于喷涂的仿真。不同的模块决定了其实现的功能不同，相应加载的应用软件工具包也会不同，如图 1-8 所示。

除了常用的模块之外，ROBOGUIDE 中其他功能模块可使用户方便快捷地创建并优化机器人程序，如图 1-9 所示。例如，4D Edit 模块可以将 3D 机器人模型导入到真实的 TP 中，再将 3D 模型和 1D 内部信息结合形成 4D 图像显示；MotionPRO 模块可以对 TP 程序进行优化，包括对节拍和路径的优化（节拍优化要求在电机可接受的负荷范围内进行，路径优化需要设定一个允许偏离的距离，从而使机器人的运动路径在设定的偏离范围内接近示教点）；*i*RPickPRO 模块可以通过简单设置创建 Workcell 自动生成布局，并以 3D 视图的形式显示单台或多台机器人抓放工件的过程，自动生成高速视觉拾取程序，进而进行高速视觉跟踪仿真。

图 1-8　ROBOGUIDE 的仿真模块与应用软件工具包

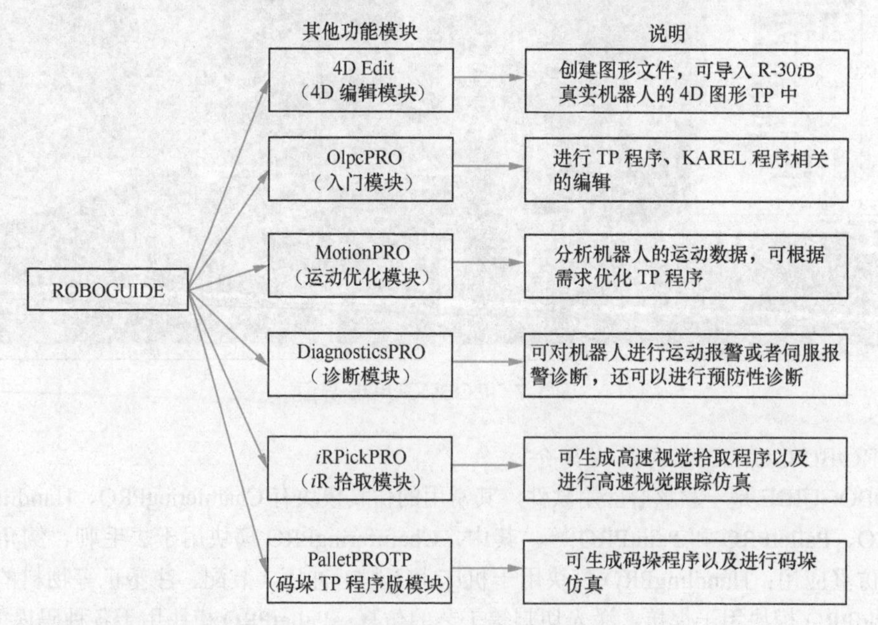

图 1-9　ROBOGUIDE 的其他功能模块

另外，ROBOGUIDE 还提供了一些功能插件来拓展软件的功能，如图 1-10 所示。例如，当在 ROBOGUIDE 中安装 Line Tracking（直线跟踪）插件后，机器人可以自动补偿工件随导轨流动而产生的位移，将绝对运动的工件当作相对静止的物体，以便对时刻运动的流水线上的工件进行相应的操作；安装 Coordinated Motion（协调运动）插件后，机器人本体轴与外部附加轴做协调运动，从而使机器人处于合适的焊接姿态来提高焊接质量；安装 Spray

Simulation（喷涂模拟）插件后，可以根据实际情况建立喷枪模型，然后在 ROBOGUIDE 中模拟喷涂效果，查看膜厚的分布情况；安装能源消耗评估插件后，可以在给定的节拍内优化程序，使能源消耗降到最低，也可在给定的能源消耗内优化程序，使节拍最短；安装寿命评估插件后，可以在给定的节拍内优化程序，使减速机寿命最长，也可在给定的寿命内优化程序，使节拍最短。

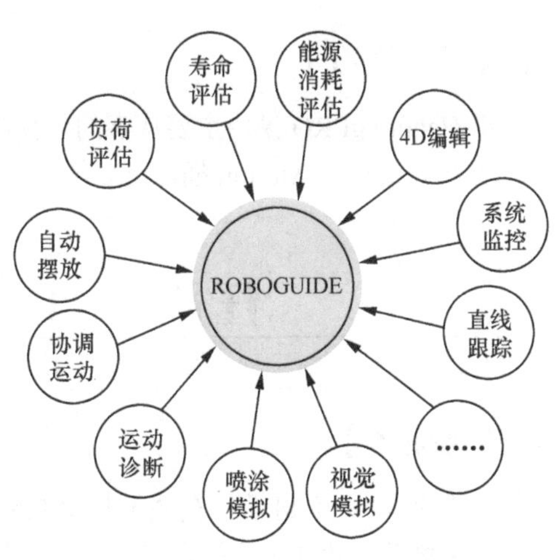

图 1-10 ROBOGUIDE 拓展功能

2. 离线编程与仿真的实施

在 ROBOGUIDE 中进行工业机器人的离线编程与仿真，主要可分为以下几个步骤。

（1）创建工程文件

根据真实机器人创建相应的仿真机器人工程文件。创建过程中需要选择从事作业的仿真模块、控制柜及控制系统版本、软件工具包、机器人型号等。工程文件会以三维模型的形式显示在软件的视图窗口中，在初始状态下只提供三维空间内的机器人模型和机器人的控制系统。

（2）构建虚拟工作环境

根据现场设备的真实布局，在工程文件的三维世界中，通过绘制或导入模型来搭建虚拟的工作场景，从而模拟真实的工作环境。例如，要模拟焊接的工作场景，就需要搭建焊接机器人、焊接设备及其他焊接辅助设备组成的三维模型环境。

（3）模型的仿真设置

由三维绘图软件绘制的模型除了在形状上有所不同外，其他并无本质上的差别。而 ROBOGUIDE 建立的工程文件要求这些模型充当不同的角色，如工件、机械设备等。编程人员要对相应的模型进行设置，赋予它们不同的属性以达到仿真的目的。当机器人工程文件能够仿真某些任务时，也可称为机器人仿真工作站。

（4）控制系统的设置

仿真工作站的场景搭建完成以后，需要按照真实的机器人配置对虚拟机器人控制系统进行设置。控制系统的设置包括工具坐标系的设置、用户坐标系的设置、系统变量的设置等，以赋予仿真工作站与真实工作站同等的编程和运行条件。

（5）编写离线程序

在 ROBOGUIDE 的工程文件中利用虚拟示教器（Teach Pendant，TP）或者轨迹自动规划功能的方法创建并编写机器人程序，实现真实机器人所要求的功能，如焊接、搬运、码垛等。

（6）仿真运行程序

相对于真实机器人运行程序，在软件中进行程序的仿真运行实际上是让编程人员提前预知了运行结果。可视化的运行结果使得程序的预期性和可行性更为直观，如程序是否满足任务要求，机器人是否会发生轴的限位、是否发生碰撞等。针对仿真结果中出现的情况进行分析，可及时纠正程序错误并进一步优化程序。

（7）程序的导出和上传

由于 ROBOGUIDE 中机器人控制系统与真实机器人控制器的高度统一，所以离线程序只需小范围的转化和修改，甚至无须修改便可直接导出到存储设备并上传到真实的机器人中运行。

【思考与练习】

1. HandlingPRO 模块主要从事的仿真应用是什么？
2. Coordinated Motion 插件可以实现什么功能？

任务二　ROBOGUIDE 的安装

【任务描述】

小白：“小罗同学，我要把你安装到我的计算机上，你必须老实交代你的安装步骤，不然安错了，你可不能怪我。”

小罗：“安装过程中会有提示，需要注意的地方我会特别提醒。另外，你的计算机如果配置太低，我可是会罢工的。”

小白：“好的，有什么要求尽管提出来。”

【知识学习】

本书所使用的 ROBOGUIDE 的软件版本号为 8.30104.00.21，计算机操作系统为 Windows 10 中文版。操作系统中的防火墙和杀毒软件因识别错误，可能会造成 ROBOGUIDE 安装程序的不正常运行，甚至会引起某些插件无法正常安装而导致整个软件安装失败。建议在安装 ROBOGUIDE 之前关闭系统防火墙及杀毒软件，避免计算机防护系统擅自清除 ROBOGUIDE 的相关组件。作为一款较大的三维软件，ROBOGUIDE 对计算机的配置有一定的要求，如果要达到比较流畅的运行体验，计算机的配置不能太低。建议的计算机配置要求如表 1-1 所示。

表 1-1　　建议的计算机配置要求

配　件	要　求
CPU	Intel 酷睿 i5系列或同级别AMD处理器及以上
显卡	NVIDIA GeForce GT650或同级别AMD独立显卡及以上，显存容量在1GB及以上
内存	容量在4GB及以上
硬盘	剩余空间在20GB及以上
显示器	分辨率在1920×1080及以上

注意

如果屏幕的分辨率小于 1920×1080，会导致 ROBOGUIDE 界面的某些功能窗口显示不完整，给软件的操作造成极大的不便。

【任务实施】

① 将 ROBOGUIDE 的安装包进行解压，然后进入到解压后的文件目录中，鼠标右键单击并以管理员身份运行“setup.exe”安装程序，如图 1-11 所示。

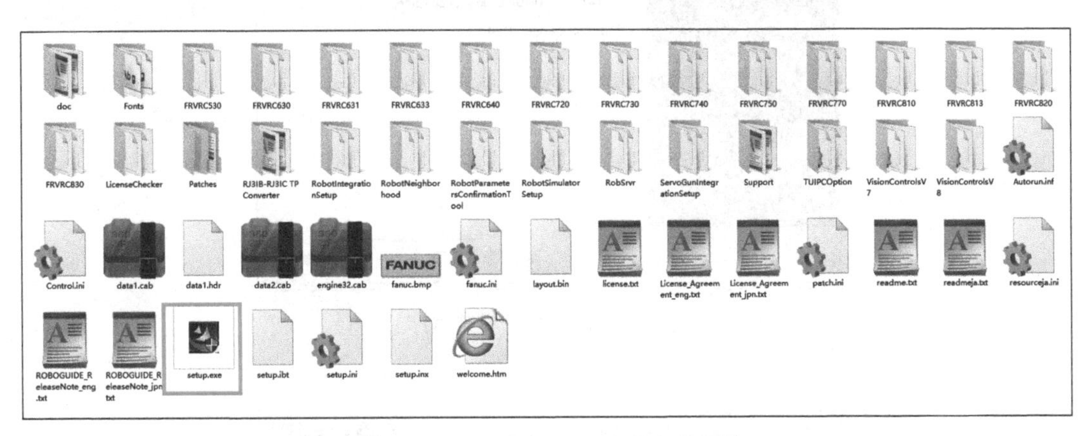

图 1-11　ROBOGUIDE 安装文件目录

② 在软件安装向导中要求重启计算机，这里选择第 2 项稍后重启，单击“Finish”按钮进入下一步，如图 1-12 所示。

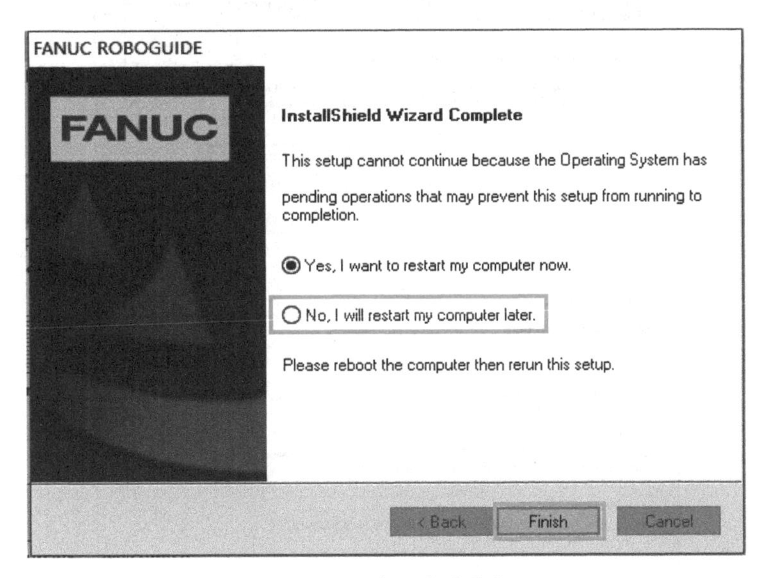

图 1-12　选择稍后重启

③ 再次打开安装程序，单击“Next”按钮进入下一步，如图 1-13 所示。

④ 图 1-14 所示界面是关于许可协议的设置，单击“Yes”按钮接受此协议进入下一步。

⑤ 在图 1-15 所示界面中可设置安装目标路径。用户可在初次安装时更改安装路径。默认的安装路径是系统盘。由于软件占用的空间较大，建议更改为非系统盘，单击“Next”按钮进入下一步。

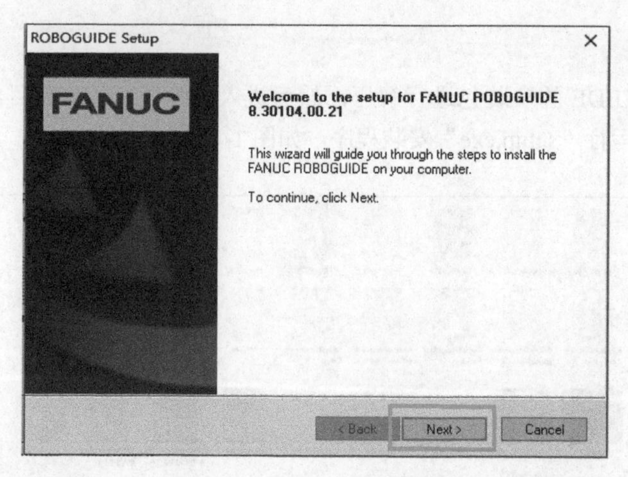

图 1-13　再次打开安装程序

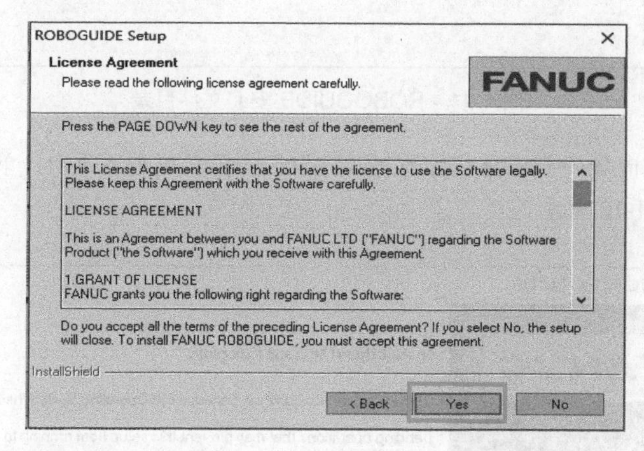

图 1-14　许可协议的设置

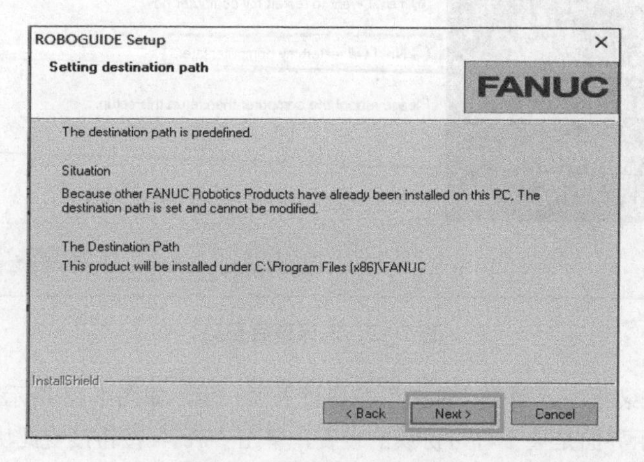

图 1-15　设置安装目标路径

⑥ 在图 1-16 所示界面中选择需要安装的仿真模块，一般保持默认即可。单击“Next”按钮进入下一个选择界面。

⑦ 在图 1-17 所示界面中选择需要安装的扩展功能，一般保持默认即可。单击“Next”按

钮进入下一个选择界面。

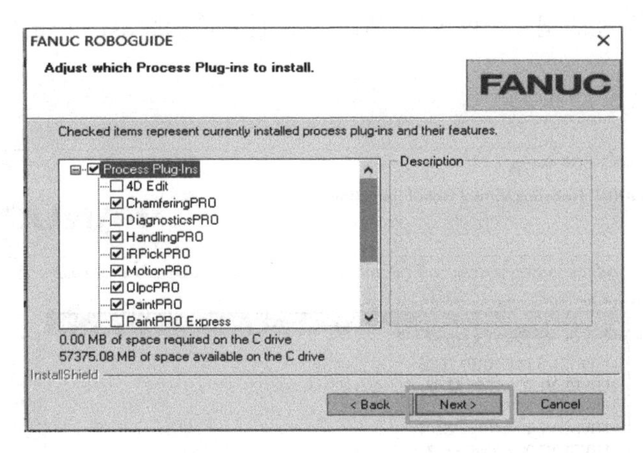

图 1-16　选择仿真模块

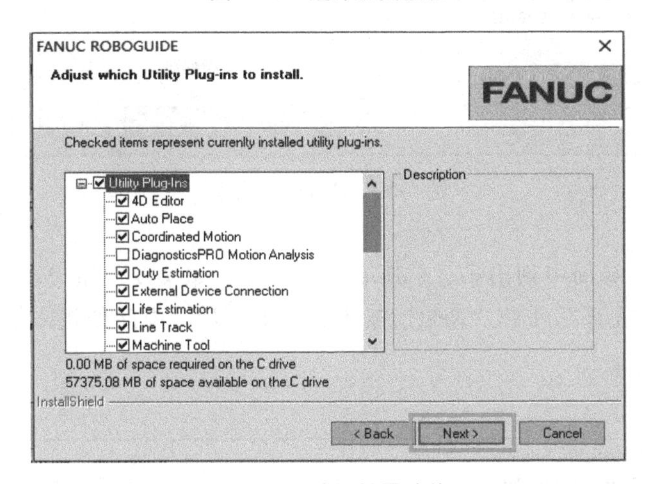

图 1-17　选择扩展功能

⑧ 在图 1-18 所示界面中选择软件的各仿真模块是否创建桌面快捷方式，确认后单击“Next”按钮进入下一个选择界面。

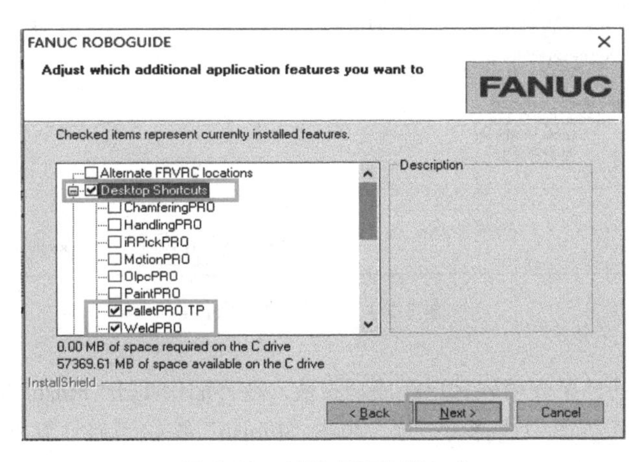

图 1-18　创建桌面快捷方式

⑨ 在图 1-19 所示界面中选择软件版本，一般直接选择最新版本，这样可节省磁盘空间。如果机器人是比较早期的型号，可选择同时安装之前对应的版本，单击“Next”按钮进入下一步。

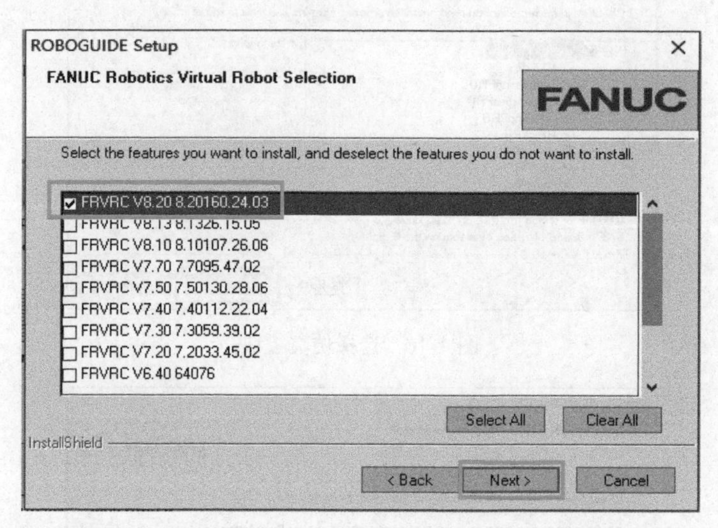

图 1-19　选择软件版本

⑩ 图 1-20 所示界面中列出了之前所有的选择项，如果发现错误，单击“Back”按钮可返回更改，确认无误后单击“Next”按钮进入下一步，由此便进入了时间较长的安装过程。

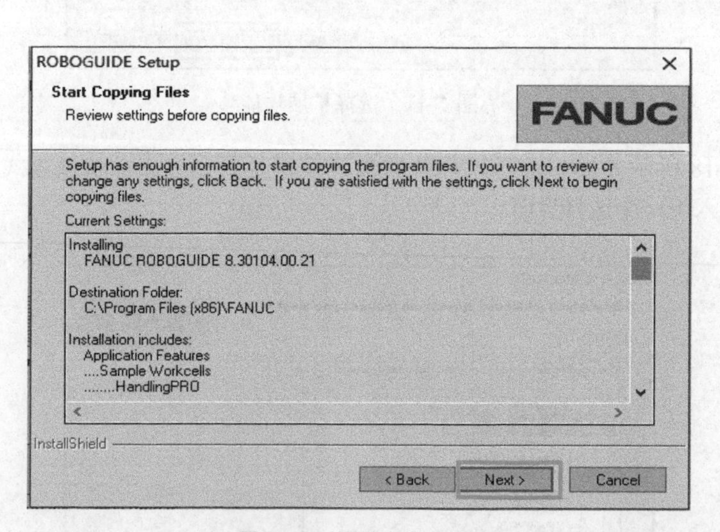

图 1-20　配置总览界面

⑪ 图 1-21 所示的结果表明软件已经成功安装。在界面中单击“Finsh”按钮退出安装程序。

⑫ 在图 1-22 所示界面中选择第 1 项，单击“Finish”按钮重启计算机。系统重启完成后即可正常使用 ROBOGUIDE。

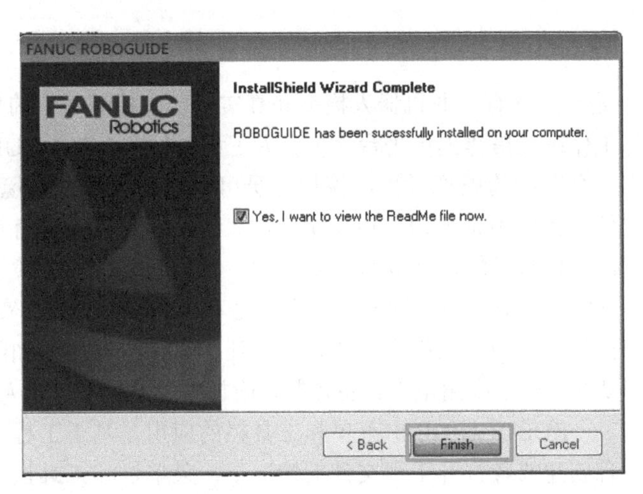

图 1-21　安装成功界面

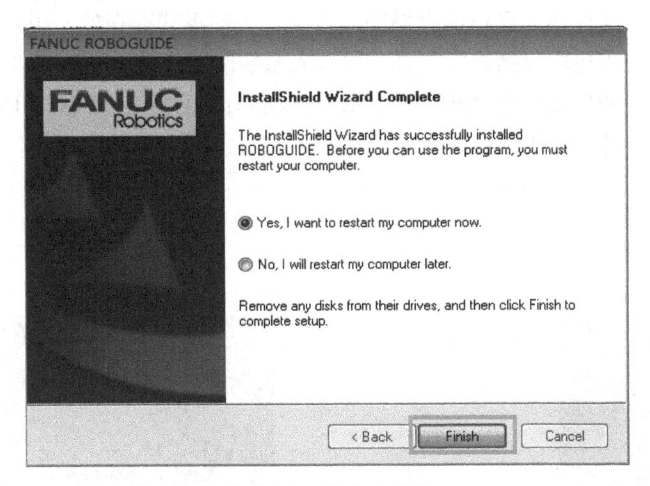

图 1-22　重启计算机

【思考与练习】

1. 如果计算机显示器分辨率过低，ROBOGUIDE 界面会出现哪些问题？
2. 安装 ROBOGUIDE 的注意事项有哪些？

任务三　创建机器人工程文件

【任务描述】

小白：“小罗同学，你已经成功入驻了我的计算机，接下来应该怎么办？”
小罗：“我需要一个工程文件来发挥我的功能，这个工程文件将由我引导您进行创建。”
小白：“可以，不过什么是工程文件？在创建之前能不能先给我讲解一下？”
小罗：“没问题，您想知道的都可以问我。”

【知识学习】

机器人工程文件是一个含有工业机器人模型和真实机器人控制系统的仿真文件，为仿真工作站的搭建提供平台。机器人工程文件在 ROBOGUIDE 中具体表现为一个三维的虚拟世界，编程人员可在这个虚拟的环境中运用 CAD 模型任意搭建场景来构建仿真工作站。ROBOGUIDE 拥有从事各类工作的机器人仿真模块，如焊接仿真模块、搬运仿真模块、喷涂仿真模块等。不同的模块对应着不同的机器人型号和应用软件工具，实现的功能也不同。另外，在创建工程文件的过程中还可以为机器人添加附加功能，如视觉功能、外部专用电焊设备控制、附加轴控制、多机器人手臂控制等。

微课

创建机器人工程文件

微课

新建与打开工程文件

ROBOGUIDE 中菜单和工具栏的应用是基于工程文件而言的，在没有创建或者打开工程文件的情况下，菜单栏和工具栏中的绝大部分功能呈灰色，处于不可用的状态，如图 1-23 所示。ROBOGUIDE 创建的工程文件在计算机的存储中是以文件夹的形式存在的，也可以称为工程包。工程包内包括模型文件、机器人系统配置文件、程序文件等，其中启动文件的后缀名为“.frw”，如图 1-24 所示；另外，ROBOGUIDE 也可以将工程文件生成软件专用的工程文件压缩包，其后缀名为“.rgx”，如图 1-25 所示。

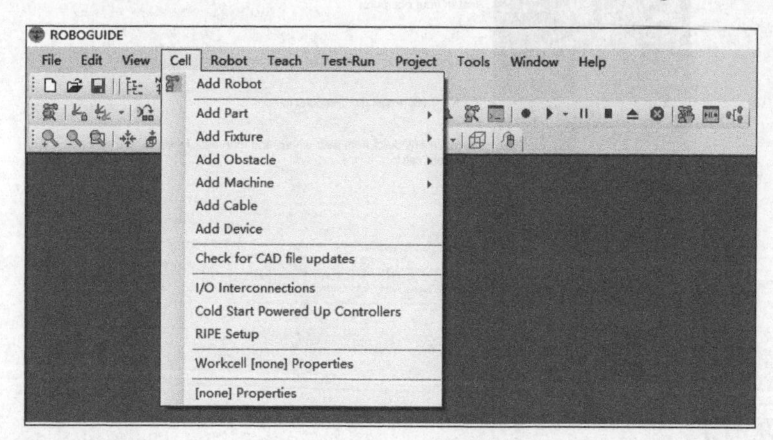

图 1-23　软件的初始界面

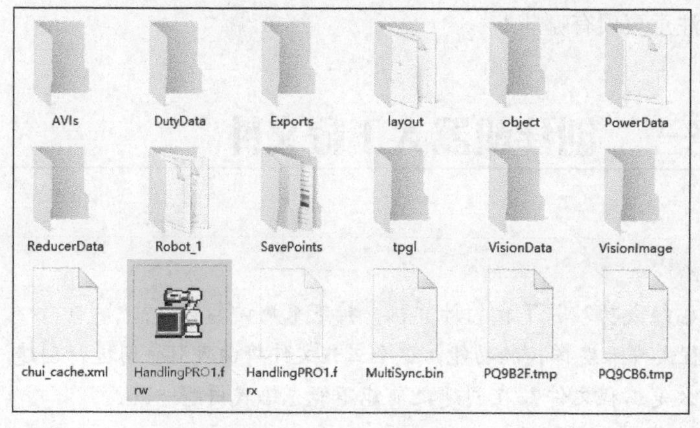

图 1-24　工程文件目录

图 1-25　工程文件压缩包

工程文件的文件夹不受计算机存储路径的影响，可通过简单的剪切、复制等操作改变其存放位置（必须是整个文件夹的操作）。双击 frw 文件即可调用 ROBOGUIDE 打开工程文件。

rgx 文件作为 ROBOGUIDE 专用的压缩文件，有利于工程文件在不同设备之间的交互。双击解压工程文件压缩包，将工程文件的文件夹释放在默认的存储目录下（系统盘 / 文档 /My Workcell）。打开之后，用户在软件界面内的任何编辑都是基于释放的文件夹下的文件，而并不会影响到原有的 rgx 压缩文件。

【任务实施】

① 打开 ROBOGUIDE 后，单击工具栏上的新建按钮或执行菜单命令“File”→“New Cell”，如图 1-26 所示。

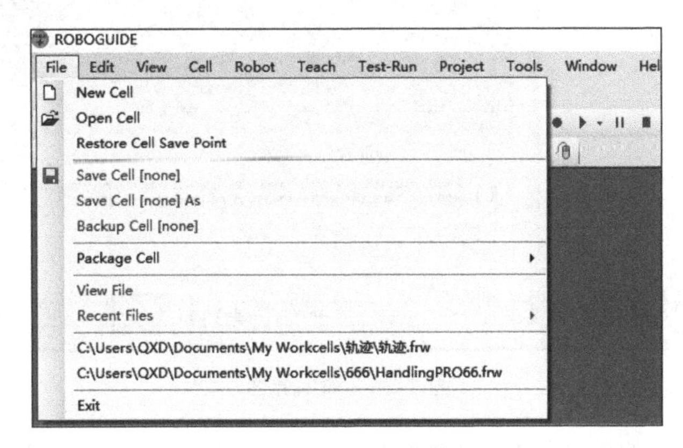

图 1-26　文件菜单

② 在弹出的图 1-27 所示的创建工程文件向导界面中选择需要的仿真模块，这里以 HandlingPRO 物料搬运模块为例，选择后单击“Next”按钮进入下一步。

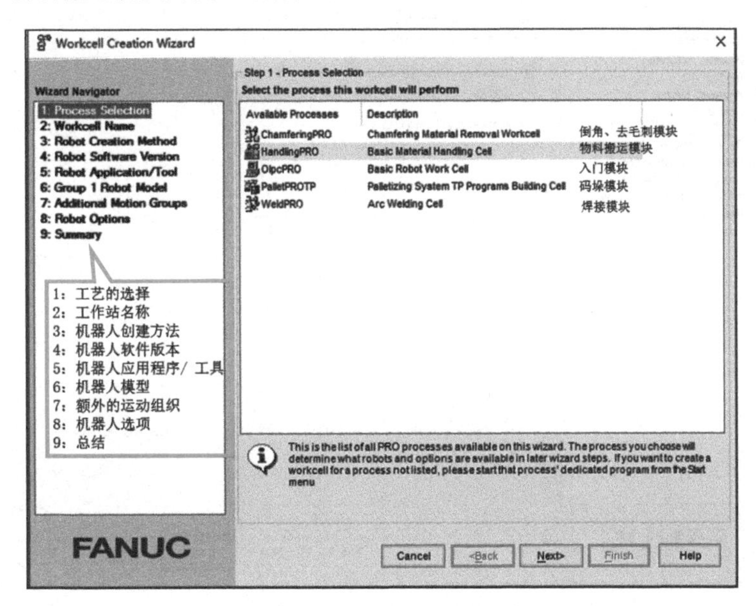

图 1-27　仿真模块选择界面

③ 在图 1-28 所示的界面中确定工程文件的名称，这里也可以使用默认的名称。另外，名称也支持中文输入。但为了方便以后文件的管理与查找，建议重新命名。命名完成后，单击“Next”按钮进入下一步。

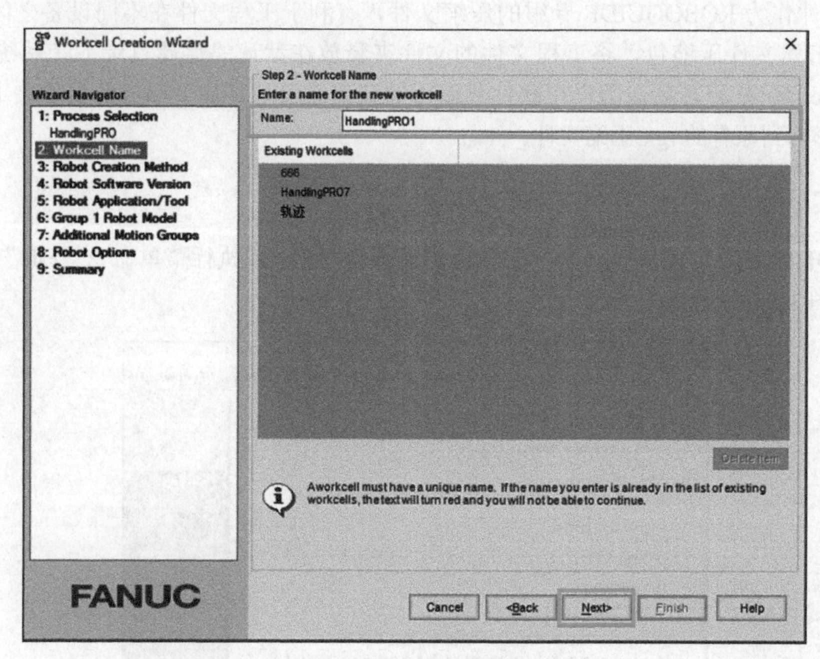

图 1-28 命名界面

④ 在图 1-29 所示的界面中选择创建机器人工程文件的方式，一般情况下选择第 1 项，然后单击“Next”按钮进入下一步。

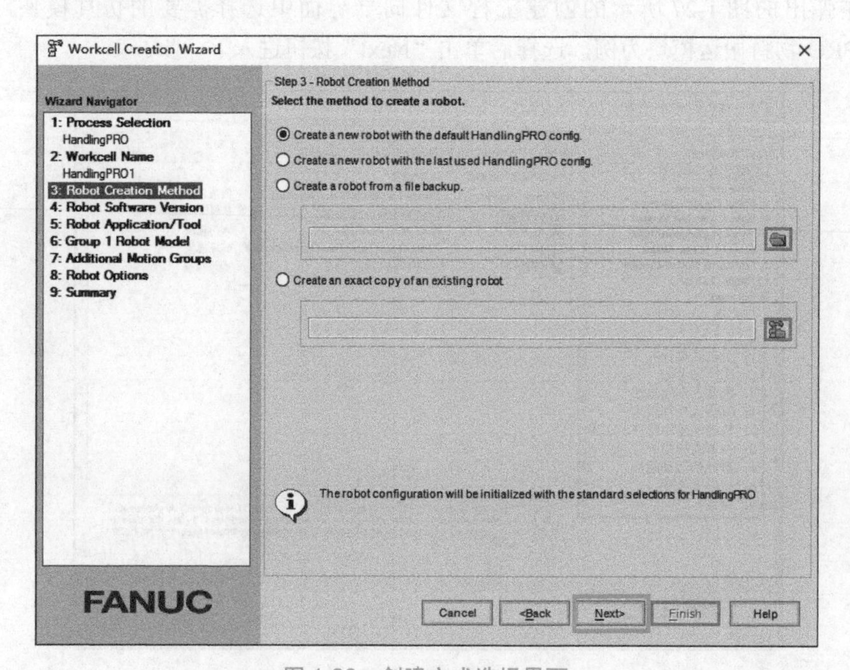

图 1-29 创建方式选择界面

机器人工程文件的创建方式有下面 4 种。

① Creat a new robot with the default HandingPRO config：采用默认配置新建文件，选择配置可完全自定义，适用于一般情况。

② Creat a new robot with the last used HandingPRO config：根据上次使用的配置新建文件，如果之前创建过工程文件（离本次最近的一次），而新建的文件与之前的配置大致相同，采用此方法较为方便。

③ Creat a new robot from a file backup：根据机器人工程文件的备份进行创建，选择 rgx 压缩文件进行文件释放得到的工程文件。

④ Creat an exact copy of an existing robot：直接复制已存在的机器人工程文件进行创建。

⑤ 在图 1-30 所示的界面中选择机器人控制器的型号及版本，以 R-30*i*B 控制器为例，这里默认选择最新的 V8.30 版本。如果机器人是比较早期的型号，新版本无法适配，可以选择早期的版本号。单击“Next”按钮进入下一步。

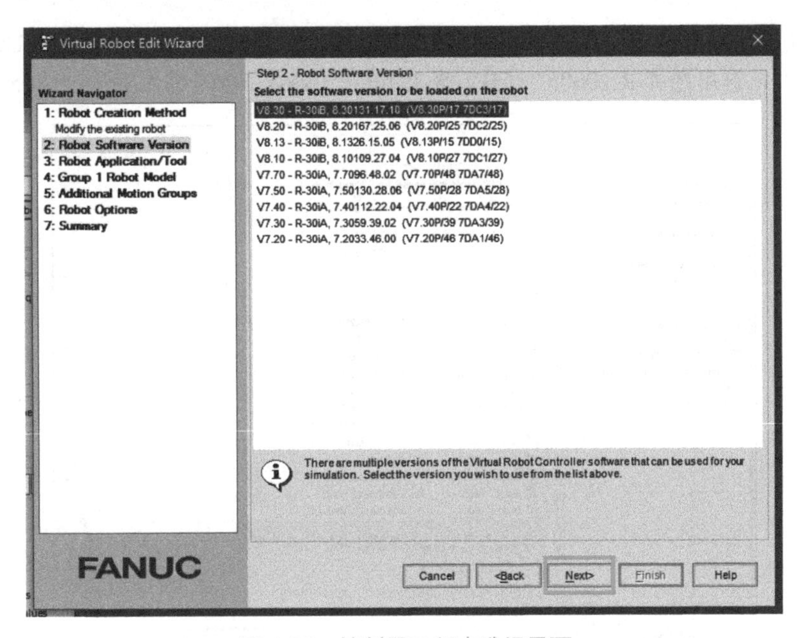

图 1-30　控制器及版本选择界面

⑥ 在图 1-31 所示的界面中选择应用软件工具包，如点焊工具、弧焊工具、搬运工具等。根据仿真的需要选择合适的软件工具，这里选择搬运工具 Handling Tool（H552），然后单击“Next”按钮进入下一步。

不同软件工具的差异会集中体现在 TP 上，如安装有焊接工具的 TP 中包含有焊接指令和焊接程序，安装有搬运工具的示教器中有码垛指令等。另外，TP 的菜单也会有很大差异，不同的工具针对自身的应用进行了专门的定制，包括控制信号、运行监控等。

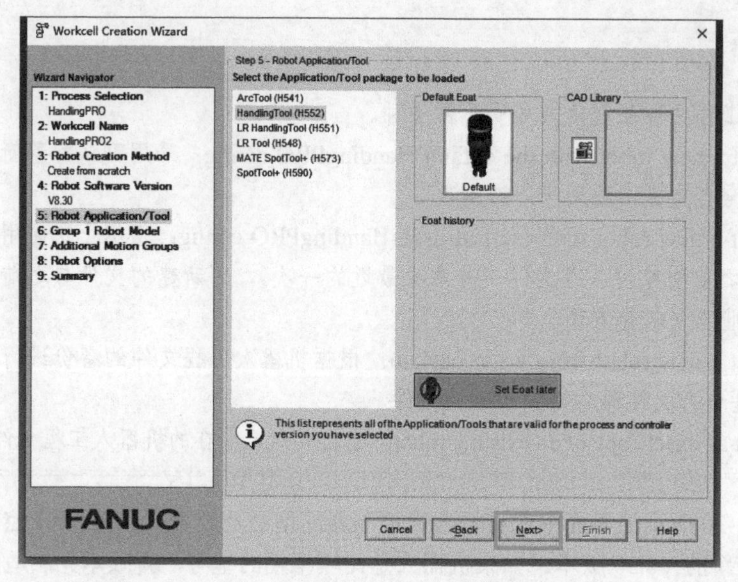

图 1-31　软件工具包选择界面

⑦ 在图 1-32 所示界面中选择仿真所用的机器人型号。这里几乎包含了FANUC 旗下所有的工业机器人，这里选择 R-2000*i*C/165F，然后单击“Next”按钮进入下一个选择界面。

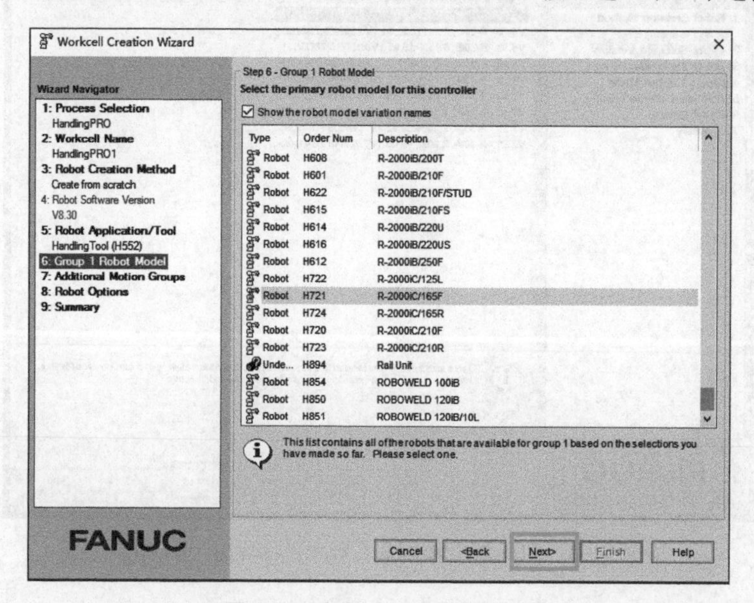

图 1-32　机器人型号选择界面

⑧ 在图 1-33 所示的界面中可以选择添加外部群组，这里先不做任何操作，直接单击“Next”按钮进入下一步。

注意

当仿真文件需要多台机器人组建多手臂系统，或者含有变位机等附加的外部轴群组时，可以在这里选择相应的机器人和变位机的型号。

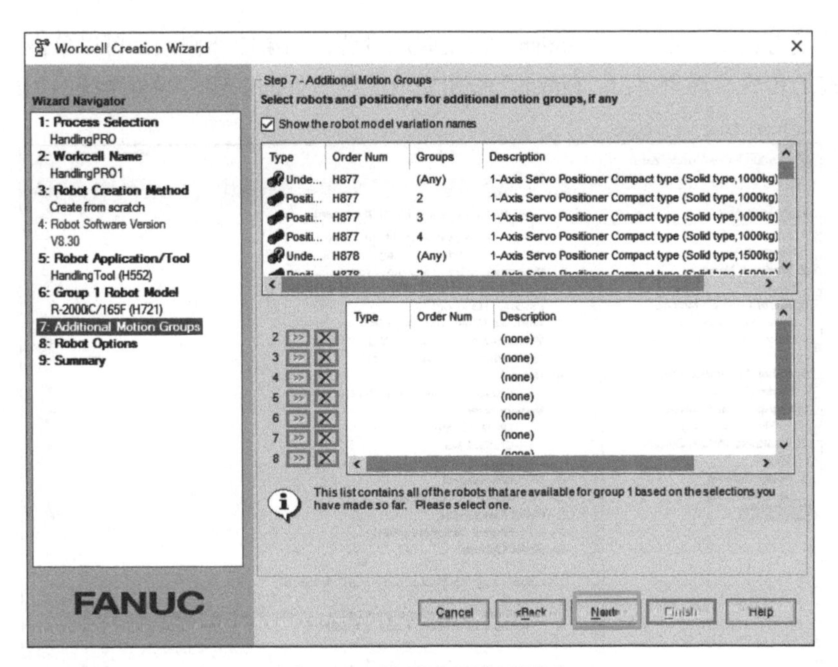

图 1-33　外部群组选择界面

⑨ 在图 1-34 所示的界面中可以选择机器人的扩展功能软件。它包括很多常用的附加软件，如 2D、3D 视觉应用软件，专用电焊设备适配软件、行走轴控制软件等。在本界面中还可以切换到“Languages”选项卡设置语言环境，将英文修改为中文。语言的改变只是作用于虚拟的 TP，软件界面本身并不会发生变化，单击“Next”按钮进入下一步。

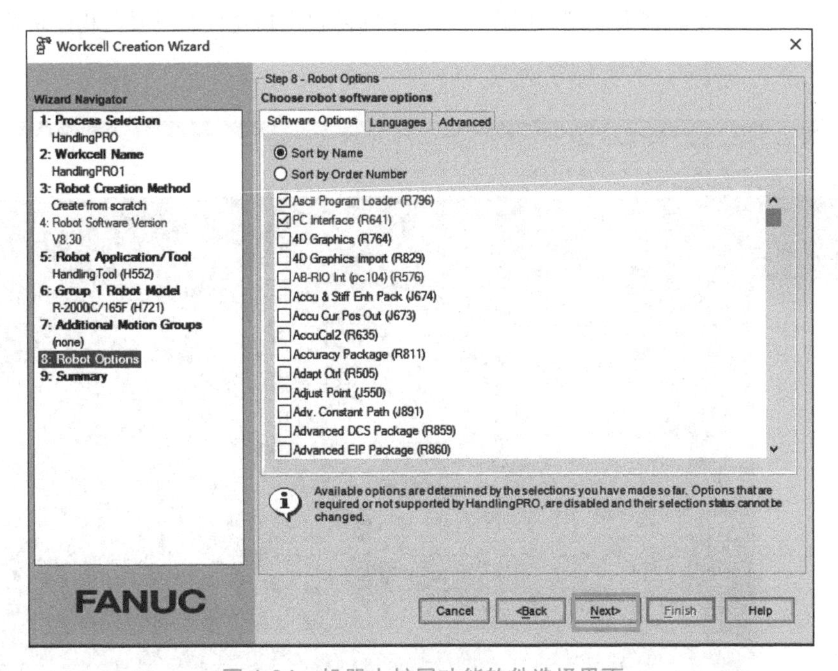

图 1-34　机器人扩展功能软件选择界面

⑩ 图 1-35 所示的界面中列出了之前所有的配置选项，相当于一个总的目录。如果确定

之前的选择没有错误，则单击“Finish”按钮完成设置；如果需要修改，可以单击“Back”按钮退回之前的步骤。这里单击“Finish”按钮完成工程文件的创建，等待系统的加载。

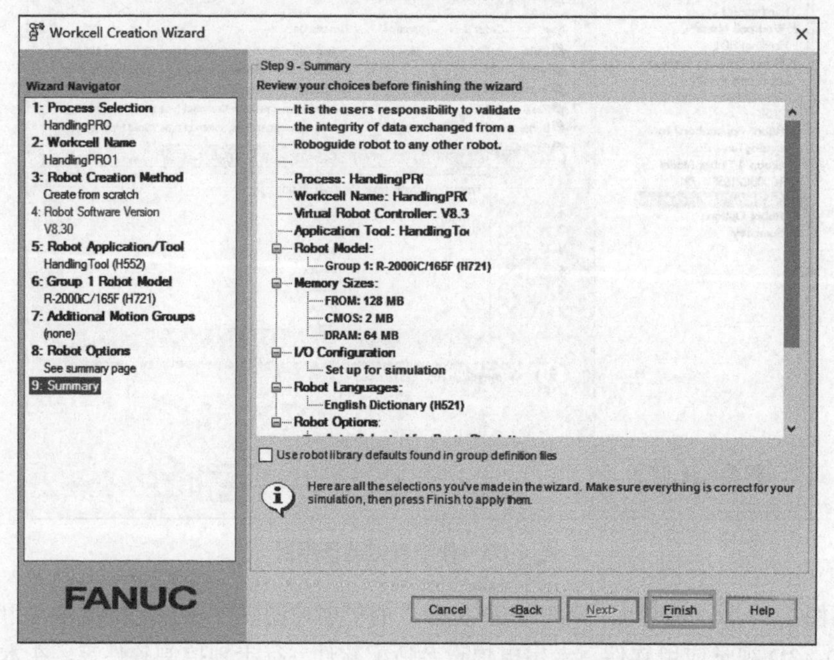

图 1-35　机器人工程文件配置总览界面

⑪ 图 1-36 所示为新建的仿真机器人工程文件的界面，该界面是工程文件的初始状态，其三维视图中只包含一个机器人模型。用户可在此空间内自由搭建任意场景，构建机器人仿真工作站。

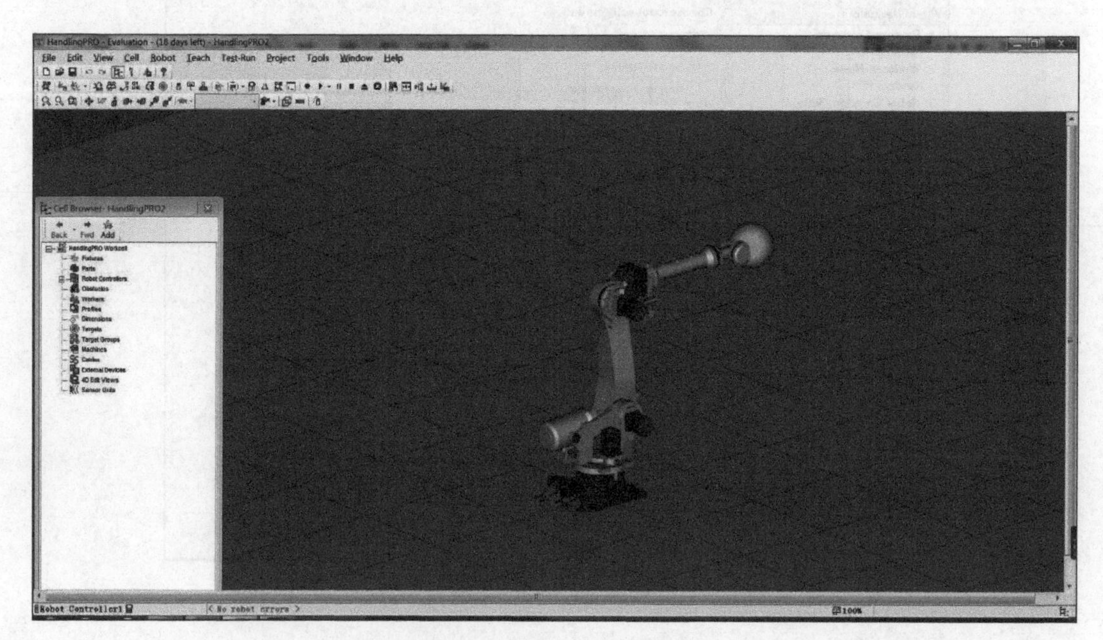

图 1-36　工程文件的初始界面

【思考与练习】

1. 机器人工程文件在计算机存储中是一个单独的文件，请问这种说法是否正确？为什么？
2. 创建工程文件的 9 个步骤（见图 1-27）中每一步的主要内容是什么？

任务四　ROBOGUIDE 界面的认知

【任务描述】

小罗：“工程文件已经创建完毕，欢迎大家来参观我的窗口界面。其实我的界面一点都不复杂，功能和布局跟其他常见的大型软件都很相似。”

小白：“小罗同学，你这界面为什么都是英文啊？我英语不太好，这对于我们是不是有点不友好呢？”

小罗：“我也不想，可是目前没有中文版，很抱歉。不过请放心，我会将常用的功能选项进行翻译并依次讲解。”

【知识学习】

在学习 ROBOGUIDE 的离线编程与仿真功能之前，应首先了解软件的界面分布和各功能区的主要作用，为后续的软件操作打下基础。创建工程文件后，软件的功能选项被激活，高亮显示为可用状态，如图 1-37 所示。

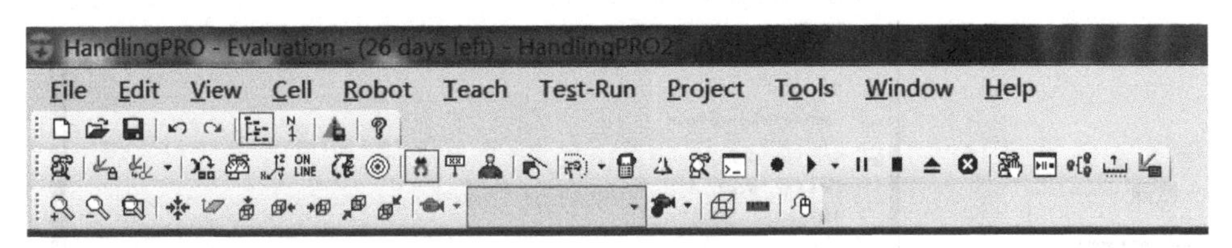

图 1-37　软件功能选项区

如图 1-38 所示，ROBOGUIDE 界面窗口的正上方是标题栏，显示当前打开的工程文件的名称。紧邻的下面一排英文选项是菜单栏，包括多数软件都具有的文件、编辑、视图、窗口等下拉菜单。软件中所有的功能选项都集中于菜单栏中。菜单栏下方是工具栏，它包括 3 行常用的工具选项，工具图标的使用也较好地增加了各功能的辨识度，可提高软件的操作效率。工具栏的下方就是软件的视图窗口，视图中的内容以 3D 的形式展现，仿真工作站的搭建也是在视图窗口中完成的。在视图窗口中会默认存在一个“Cell Browser”（导航目录）窗口（可关闭），这是工程文件的导航目录，它对整个工程文件进行模块划分，包括模型、程序、坐标系、日志等，以结构树的形式展示出来，并为各个模块的打开提供了入口。

1. 常用菜单简介

ROBOGUIDE 的菜单栏是传统的 Windows 界面风格，表 1-2 列出了各个菜单的中文翻译。

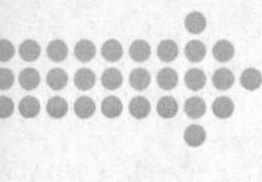

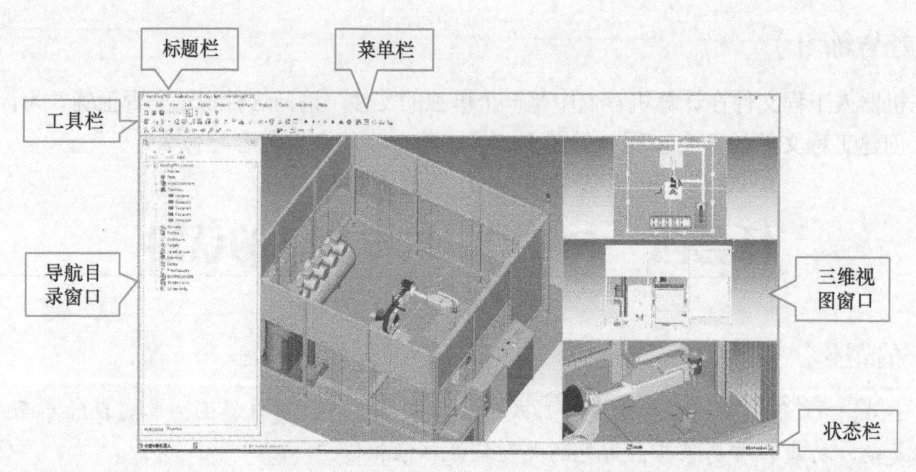

图 1-38　ROBOGUIDE 的界面布局

表 1-2　　菜单栏

中文翻译	文件	编辑	视图	元素	机器人	示教	试运行	工程	工具	窗口	帮助
英文菜单	File	Edit	View	Cell	Robot	Teach	Test-Run	Project	Tools	Window	Help

（1）文件菜单

文件菜单中的选项主要是对于整个工程文件的操作，如工程文件的保存、打开、备份等，如图 1-39 所示。

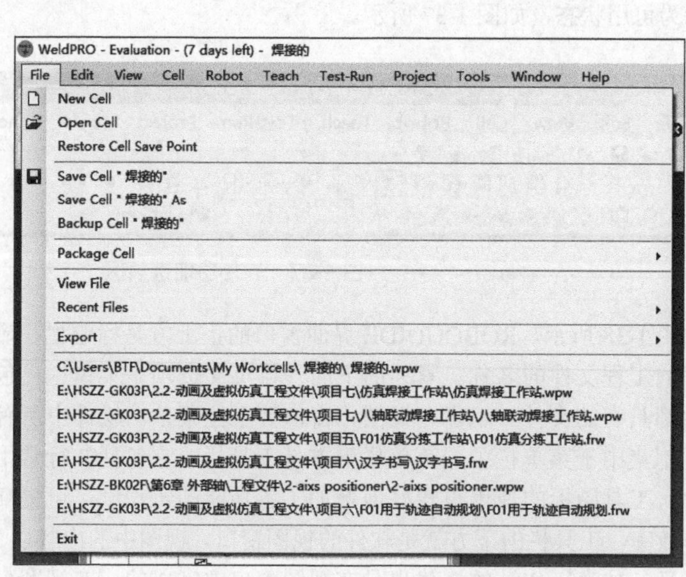

图 1-39　文件菜单

① New Cell：新建一个工程文件。

② Open Cell：打开已有的工程文件。

③ Restore Cell Save Point：将工程文件恢复到上一次保存时的状态。

④ Save Cell：保存工程文件。

⑤ Save Cell As：另存文件，选择的存储路径必须与原文件不同。

⑥ Backup Cell：备份生成一个 rgx 压缩文件到默认的备份目录。

⑦ Package Cell：压缩生成一个 rgx 文件到任意目录。

⑧ View File：查看当前打开的工程文件目录下的其他文件。

⑨ Recent Files：最近打开过的工程文件。

⑩ Exit：退出软件。

（2）编辑菜单

编辑菜单的选项主要是对工程文件内模型的编辑以及对已进行操作的恢复，如图 1-40 所示。

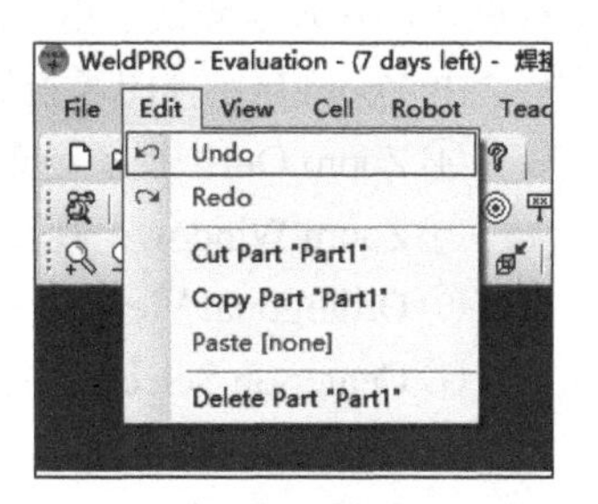

图 1-40　编辑菜单

① Undo：撤销上一步操作。

② Redo：恢复撤销的操作。

③ Cut：剪切工程文件中的模型。

④ Copy：复制工程文件中的模型。

⑤ Paste：粘贴工程文件中的模型。

⑥ Delete：删除工程文件中的模型。

（3）视图菜单

视图菜单中的选项主要是针对软件三维窗口的显示状态的操作，如图 1-41 所示。

① Cell Browser：工程文件组成元素一览窗口的显示选项，单击此选项弹出的窗口如图 1-42 所示。

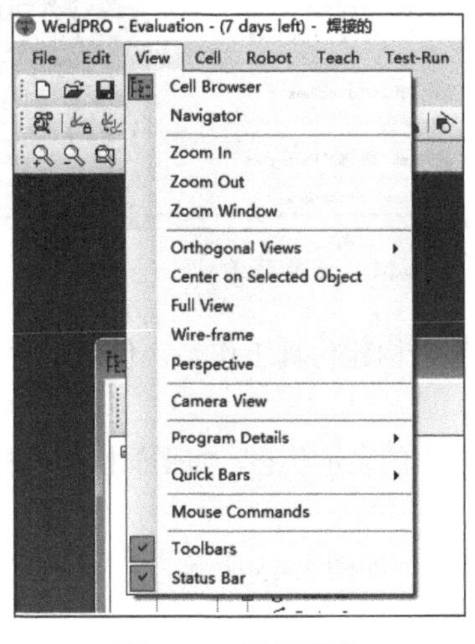

图 1-41　视图菜单

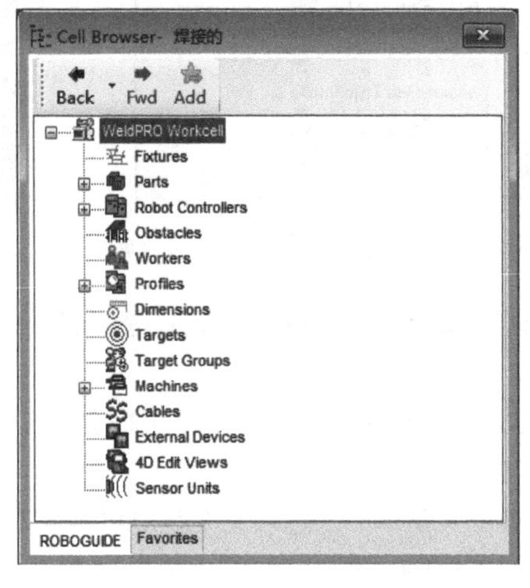

图 1-42　“Cell Browser”窗口

“Cell Browser”窗口将整个工程文件的组成元素，包括控制系统、机器人、组成模型、程序及其他仿真元素，以树状结构图的形式展示出来，相当于工程文件的目录。

② Navigator：离线编程与仿真的操作向导窗口的显示选项，单击弹出的操作向导窗口如图 1-43 所示。

由于初学者对于 ROBOGUIDE 掌握得不熟练，导致对离线编程和仿真的流程缺乏了解，以至于无从下手。针对这一情况，软件中专门设置了具体实施的向导功能，以辅助初学者完成离线编程与仿真的工作。此向导功能将整个流程分为 3 个大步骤，每个大步骤含有多个小步骤，将模型的创建、系统设置、模块设置到工作站的编程以及最后的工作站仿真等一系列过程整合在一套标准的流程内，依次单击每一小步时，会弹出相应的功能模块，直接进入并进行操作，有效地降低了用户的学习成本。

③ Zoom In：视图场景放大显示。

④ Zoom Out：视图场景缩小显示。

⑤ Zoom Window：视图场景局部放大显示。

⑥ Orthogonal Views：视图场景正交显示，除了仰视图以外的所有正向视图。

⑦ Center on Selected Object：选定显示中心。

（4）元素菜单

元素菜单主要是对于工程文件内部模型的编辑，如设置工程文件的界面属性、添加各种外部设备模型和组件等，如图 1-44 所示。

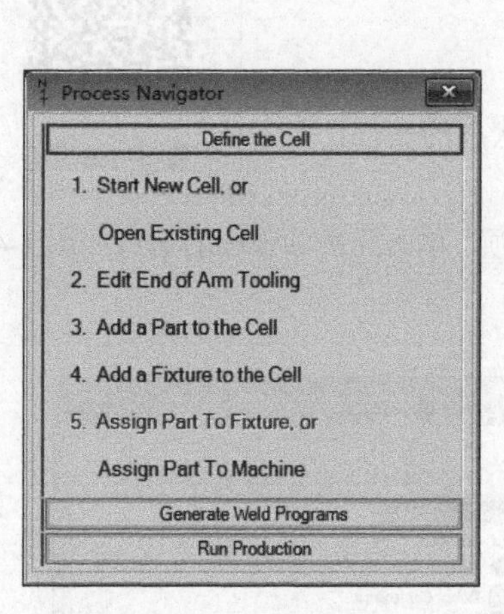

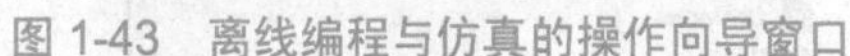

图 1-43　离线编程与仿真的操作向导窗口

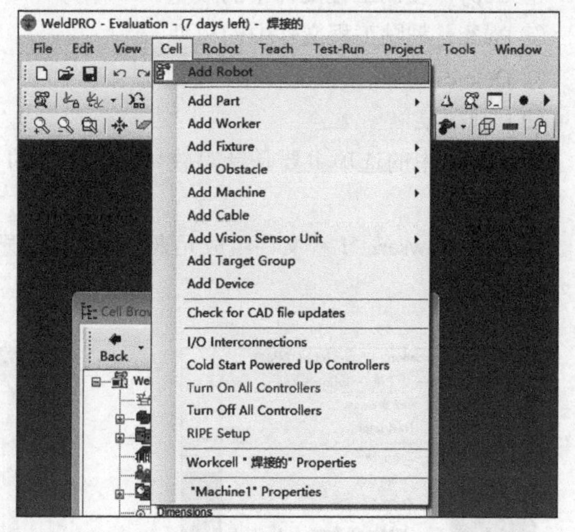

图 1-44　元素菜单

① Add Part 至 Add Device：添加各种外部设施的模型来构建仿真工作站，包括工件、工装台、外部电机等。

② Workcell Properties：调整工程文件视图窗口中部分内容的显示状态，如平面格栅的样式。

（5）机器人菜单

机器人菜单中的选项主要是对机器人及控制系统的操作，如图 1-45 所示。

① Teach Pendant：打开虚拟 TP。

② Restart Controller：重启控制系统，包括控制启动、冷启动和热启动。

（6）示教菜单

示教菜单选项的主要对象是程序的操作，包括创建 TP 程序、上传程序、导出 TP 程序等，如图 1-46 所示。

① Add Simulation Program：创建仿真程序。

② Add TP Program：创建 TP 程序。

③ Load Program：把程序上传到仿真文件中。

④ Save All TP Programs：导出所有的 TP 程序。

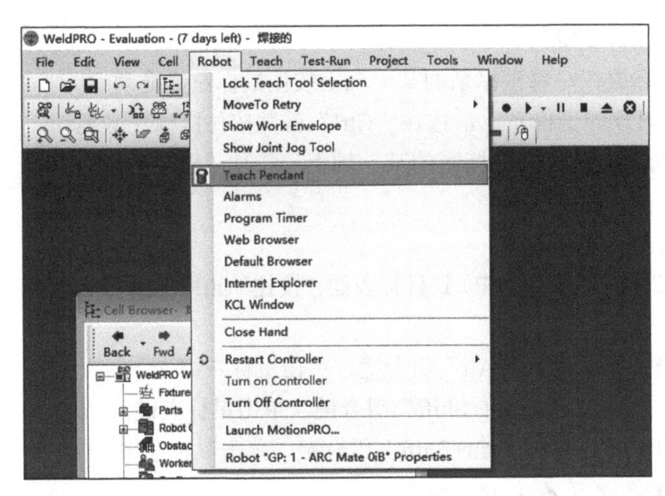

图 1-45　机器人菜单

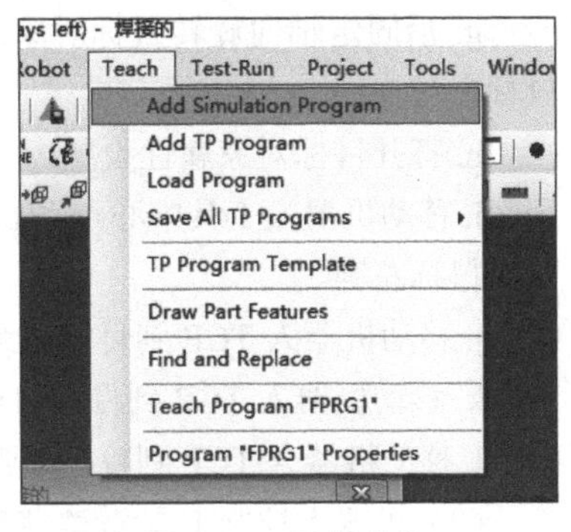

图 1-46　示教菜单

2. 常用工具简介

（1）视图操作工具

① （Zoom In 3D World）：视图场景放大显示。

② （Zoom Out）：视图场景缩小显示。

③ （Zoom Window）：视图场景局部放大显示。

④ （Center the View on the Selected Object）：所选对象的中心在屏幕的中央显示。

⑤ 这 5 个按钮分别表示俯视图、右视图、左视图、前视图和后视图。

⑥ （View Wire-frame）：让所有对象以线框图状态显示，如图 1-47 所示。

（a）实体显示　　（b）线框显示

图 1-47　实体与线框显示

⑦ （Show/Hide Mouse Commands）：显示或隐藏快捷键提示窗口。

单击按钮出现图 1-48 所示的表格，表格显示了所有通过“键盘＋鼠标”操作的快捷方式。

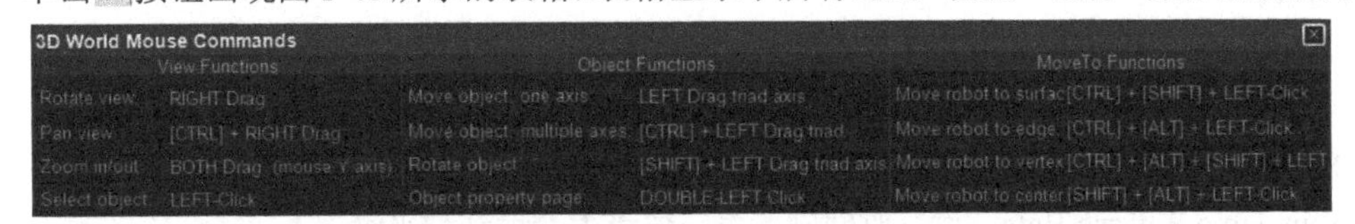

图 1-48　快捷键提示窗口

a. 旋转视图：按住鼠标右键拖动。

b. 平移视图：按住“Ctrl”键并按住鼠标右键拖动。

c. 缩放视图：旋转鼠标滚轮。

d. 选择视图中的目标对象：单击鼠标左键。

e. 沿固定轴向移动目标对象：光标放在对象坐标系的某一轴上按住鼠标左键拖动。

f. 自由移动目标对象：光标放在对象的坐标系上，按住“Ctrl”键并按住鼠标左键拖动。

g. 沿固定轴向旋转目标对象：光标放在对象坐标系的某一轴上，按住“Shift”键并按住鼠标左键拖动。

h. 打开目标对象属性设置：双击。

i. 移动机器人工具中心点（Toot Center Point，TCP）到目标表面：按住“Ctrl+Shift”组合键，单击鼠标左键。

j. 移动机器人 TCP 到目标边缘线：按住“Ctrl+Alt”组合键，单击鼠标左键。

k. 移动机器人 TCP 到目标角点：按住“Ctrl+Alt+Shift”组合键，单击鼠标左键。

l. 移动机器人 TCP 到目标圆弧的中心：按住“Alt+Shift”组合键，单击鼠标左键。

（2）机器人控制工具

① （Show/Hide Jog Coordinates Quick Bar）：实现世界坐标系、用户坐标系、工具坐标系等各个坐标系之间的切换。

② （Show/Hide Gen Override Quick Bar）：显示 / 隐藏机器人执行程序时的速度。

③ （Open/Close Hand）：手动控制机器人手爪的打开 / 闭合。

④ （Show/Hide Work Envelope）：显示 / 隐藏机器人的工作范围。

⑤ （Show/Hide Teach Pendant）：显示 / 隐藏虚拟 TP。

⑥ （Show/Hide Robot Alarms）：显示 / 隐藏机器人所有程序的报警信息。

（3）程序运行工具

① （Record AVI）：运行机器人的当前程序并录制视频动画。

② （Cycle Start）：运行机器人当前程序。

③ （Hold）：暂停机器人的运行。

④ （Abort）：停止机器人的运行。

⑤ （Fault Reset）：消除运行时出现的报警。

⑥ （Show/Hide Joint Jog Tool）：显示 / 隐藏机器人关节调节工具。单击该按钮后如图 1-49 所示。

图 1-49　轴关节手动调节工具

在机器人每根轴关节处都会出现一根绿色的调节杆，可以用鼠标拖动调节杆来调整轴的角度。当绿色的调节杆变成红色时，表示该位置超出机器人的运动范围，机器人不能到达。

⑦ （Show/Hide Run Panel）：显示 / 隐藏运行控制面板。单击该按钮后出现图 1-50 所示的面板。

常用设置选项说明如下。

a. Simulation Rate：仿真速率，如图 1-51 所示。

Synchronize Time：时间校准，使仿真的时间与计算机时间同步，一般不勾选。

Run-Time Refresh Rate：运行时间刷新率，值越大，运动越平滑。

b. Display：运行显示，如图 1-52 所示。

Taught Path Visible：示教路径可见。

Refresh Display：刷新界面。

Hide Windows：隐藏窗口。

Collision Detect：碰撞检测功能。

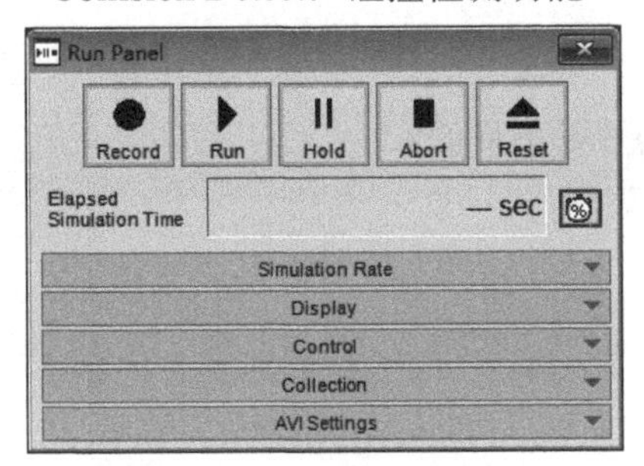

图 1-50　运行控制面板

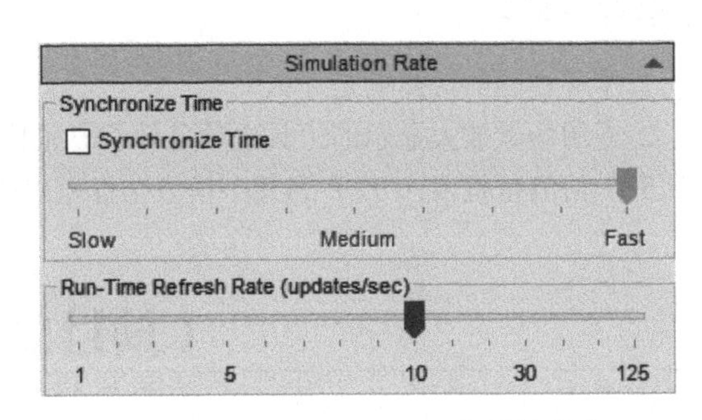

图 1-51　“Simulation Rate”下拉列表

c. Control：运行控制，如图 1-53 所示。

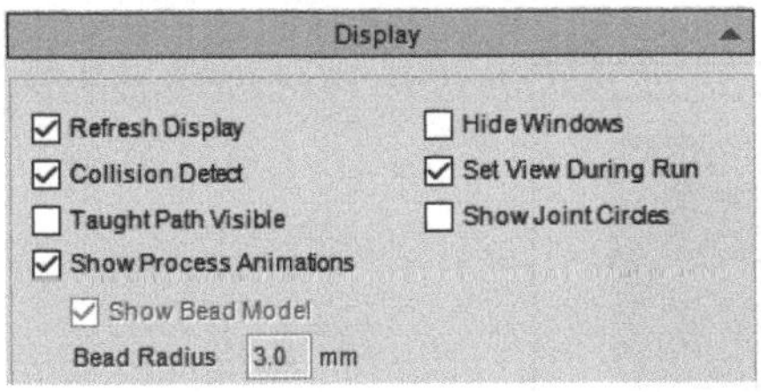

图 1-52　“Display”下拉列表

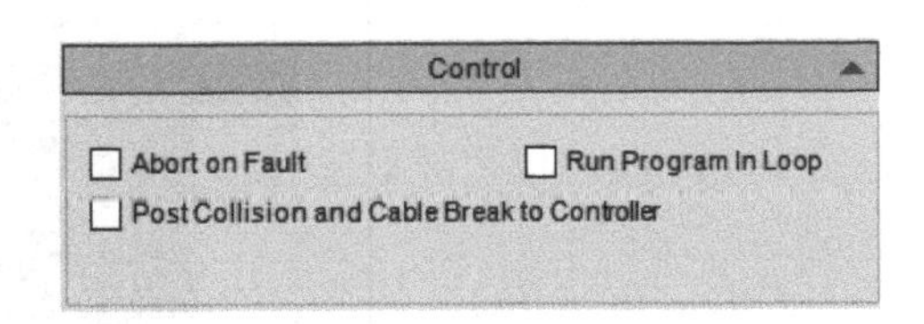

图 1-53　“Control”下拉列表

Run Program in Loop：循环执行程序。

d. AVI Settings：录制视频设置，如图 1-54 所示。

AVI Size（pixels）：设定录制视频的分辨率。

（4）测量工具

此功能可用来测量 2 个目标位置间的距离和相对位置，分别在“From”和“To”下选择 2 个目标位置，即可在下面的“Distance”中显示出直线距离及 X、Y、Z 3 个轴上的投影距离和 3 个方向的相对角度。

在“From”和“To”下分别有一个下拉列表，如图 1-55 所示。若选择的目标对象是后续添加的设备模型，下拉列表中测量的位置可设置为实体或原点；若选择的对象是机器人模型，可将测量位置设置为实体、原点、机器人零点、TCP 和法兰盘。

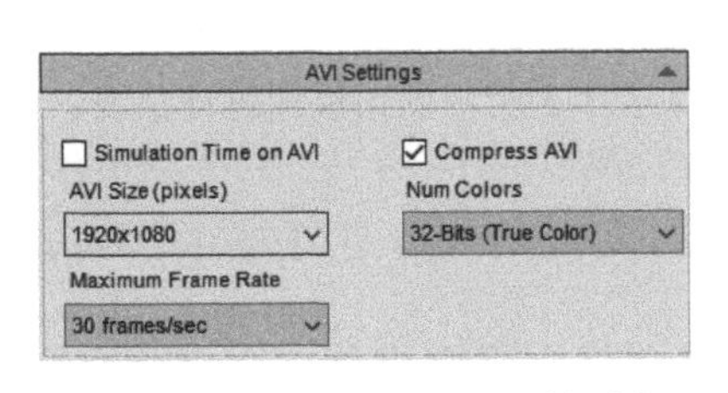

图 1-54　“AVI Settings”下拉列表

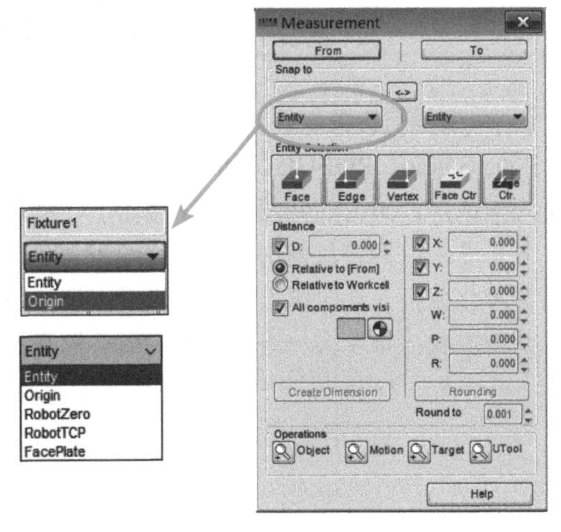

图 1-55　测量工具窗口

【思考与练习】

1. 平移视图的快捷键是什么？
2. 视图场景放大显示的工具选项是什么？鼠标的操作是怎样的？
3. 如何测量机器人 TCP 到某个模型坐标原点的距离？

【项目总结】

技能图谱如图 1-56 所示。

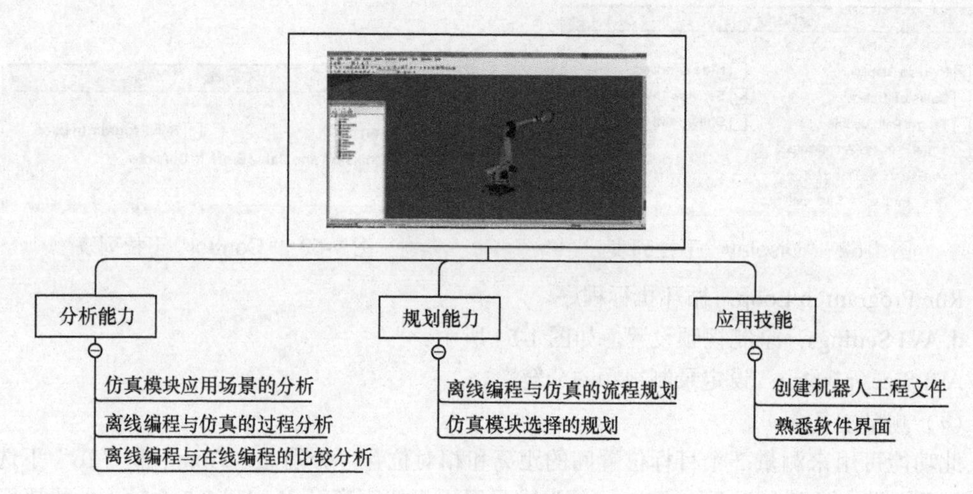

图 1-56 技能图谱

【拓展训练】

【离线编程与仿真软件调研分析】工业机器人领域比较知名且成熟的离线编程与仿真软件（如 RobotStudio、ROBOGUIDE、RobotMaster 等）都是国外的品牌。随着我国工业机器人市场的逐渐成形，国内的开发商逐步推出了一些软件来适配主流的工业机器人。

任务要求：调研目前国产的离线编程与仿真软件的发展现状，与世界上主流的软件对比，进行差异化分析，并对国内厂商提出发展期待和建议。

考核方式：每 3 人一组，搜集资料并提交报告，完成表 1-3 所示的拓展训练评估表。

表 1-3　　拓展训练评估表

项目名称： 离线编程与仿真软件调研分析	项目承接人姓名：	日期：
项目要求	**评分标准**	**得分情况**
国外软件现状（20分）	1. 市场方面（10分） 2. 技术方面（10分）	
国内软件现状（20分）	1. 市场方面（10分） 2. 技术方面（10分）	
依据资料（20分）	1. 权威性（10分） 2. 全面性（10分）	
对比分析（30分）	从市场占有率、技术成熟度、应用适配性、易用性等方面进行评判	
期待和建议（10分）		
评价人	**评价说明**	**备注**
个人：		
老师：		

项目二 创建仿真机器人工作站

【项目引入】

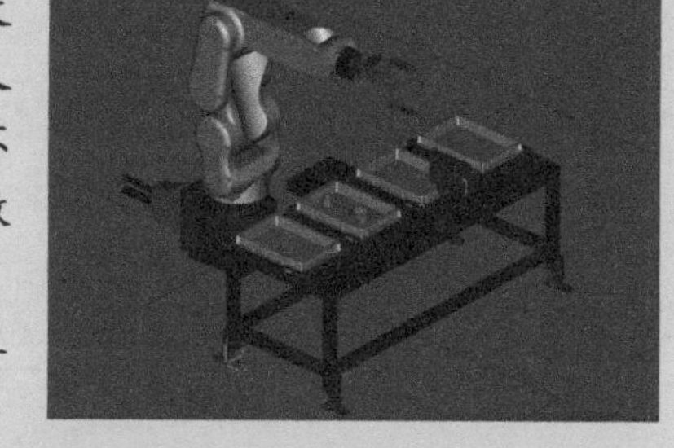

小白："小罗同学，我已经掌握了你的大概情况，刚才我用虚拟TP点动了一下机器人模型，感觉还不错。但是光有一个机器人是不行的，真实的现场还有其他设备，我该怎么做才能创建它们？"

小罗："您提到的这个问题就涉及仿真工作站了。"

小白："什么是仿真工作站，是不是一大堆模型放进来就可以？"

小罗："并没有那么简单。仿真工作站不仅仅是模型的展示，更是模拟运行的平台，就像上图这样，可以完成一项基本的作业。接下来我会引导大家搭建创建一个简单的仿真工作站，让大家对仿真工作站有一定的理解。"

【学思融合】

通过学习本项目，从编程规范等细节着手，培养学生的安全意识、担当意识和诚实守信的职业品质。

【知识图谱】

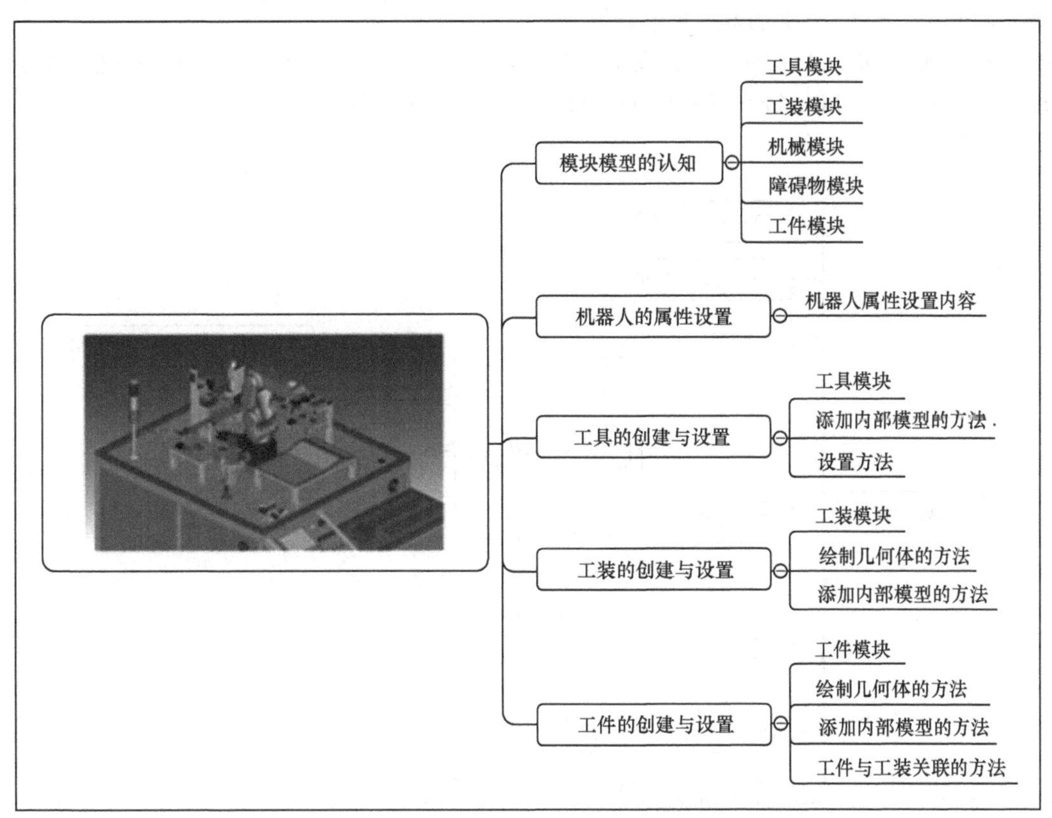

仿真机器人工作站是计算机图形技术与机器人控制技术的结合体，它包括场景模型与控制系统软件。离线编程与仿真的前提是在ROBOGUIDE的虚拟环境中仿照真实的工作现场建立一个仿真的工作站，如图2-1所示。这个场景中包括工业机器人（焊接机器人、搬运机器人等）、工具（焊枪、夹爪、喷涂工具等）、工件、工装台（工件托盘）以及其他的外围设备等。其中，机器人、工具、工装台和工件是构成工作站不可或缺的要素。

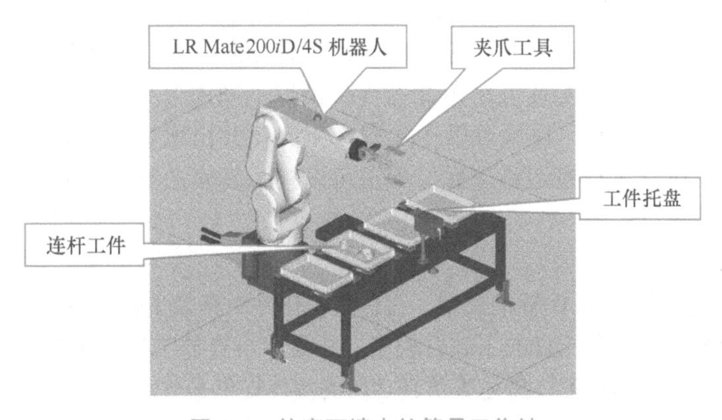

图2-1　仿真环境中的简易工作站

构建虚拟的场景就必须涉及三维模型的使用。ROBOGUIDE 虽不是专业的三维绘图软件，但是也具有一定的建模能力，并且其软件资源库中带有一定数量的模型可供用户使用。如果要达到更好的仿真效果，可以在专业的绘图软件中绘制需要的模型，然后导入 ROBOGUIDE 中。模型将被放置在工程文件的不同模块下，可被赋予不同的属性，从而模拟真实现场的机器人、工具、工件、工装台和机械装置等。

ROBOGUIDE 工程文件中的仿真工作站架构如图 2-2 所示。其中，负责模型的模块包括 EOATs、Fixtures、Machines、Obstacles、Parts 等，用以充当不同的角色。

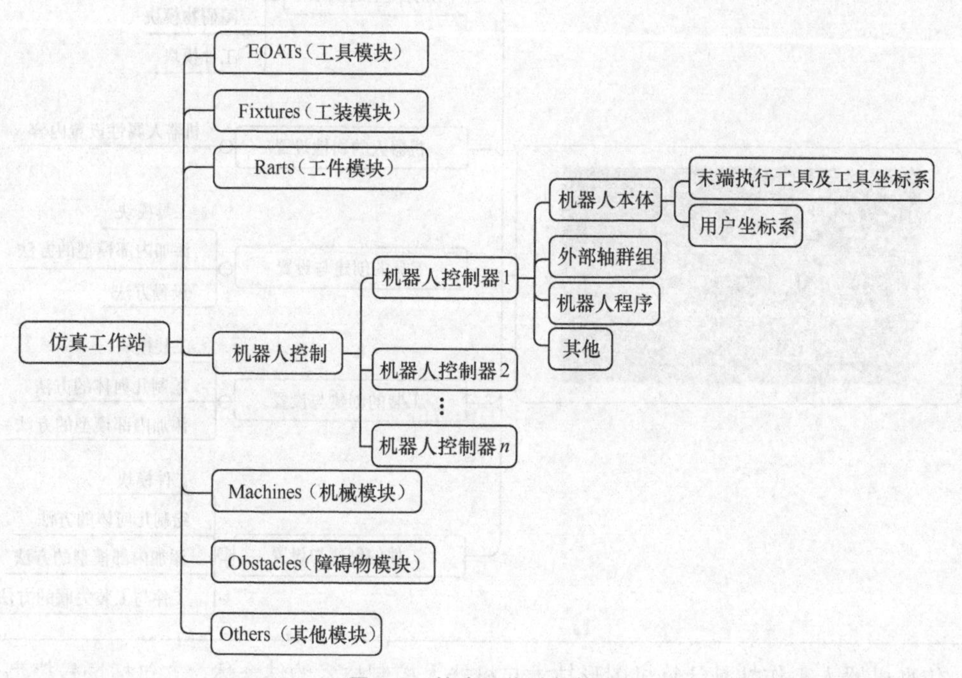

图 2-2　仿真工作站架构

ROBOGUIDE 模型介绍

1. EOATs

EOATs 是工具模块，位于 Tooling 路径上，充当机器人末端执行器的角色。常见的工具模块下的模型包括焊枪、焊钳、夹爪、喷涂枪等。图 2-3 所示为软件自带模型库中的一个焊枪模型。

工具在三维视图中位于机器人的六轴法兰盘上，随着机器人运动。不同的工具可在仿真运行时模拟不同的效果。例如，在仿真运行焊接程序时，焊枪可以在尖端产生火花并出现焊缝（焊件经焊接后所形成的结合部分）；在仿真运行搬运程序时，夹爪可以模拟真实的开合动作，并将目标物体抓起来。

2. Fixtures

Fixtures 下的模型属于工件辅助模型，在仿真工作站中充当工件的载体——工装。

图 2-4 所示为一个带有托盘的工装台模型，托盘中可存放工件。工装模型是工件模型的重要载体之一，为工件的加工、搬运等仿真功能的实现提供平台。

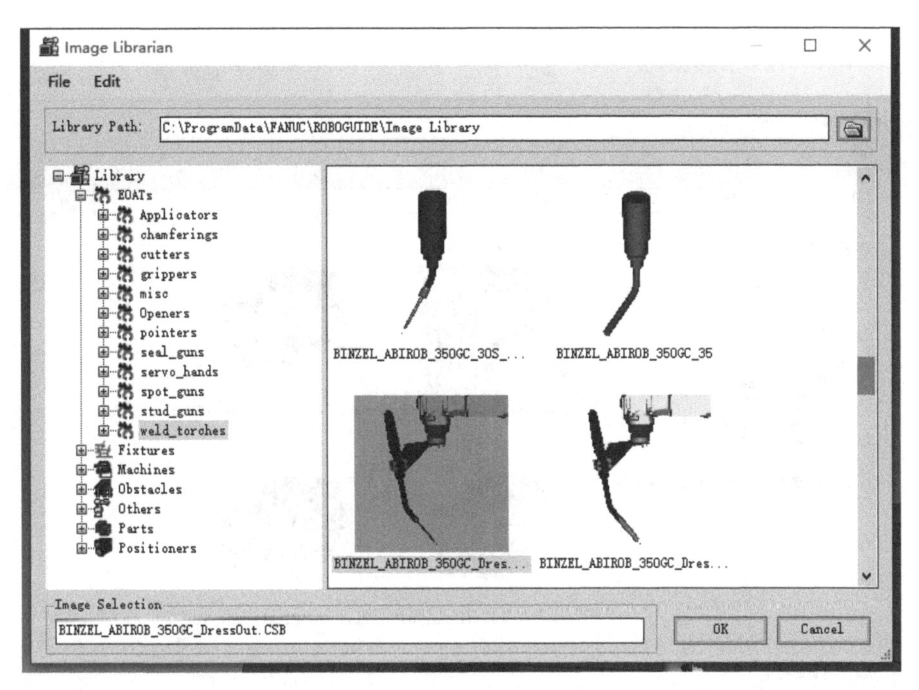

图 2-3　焊枪模型

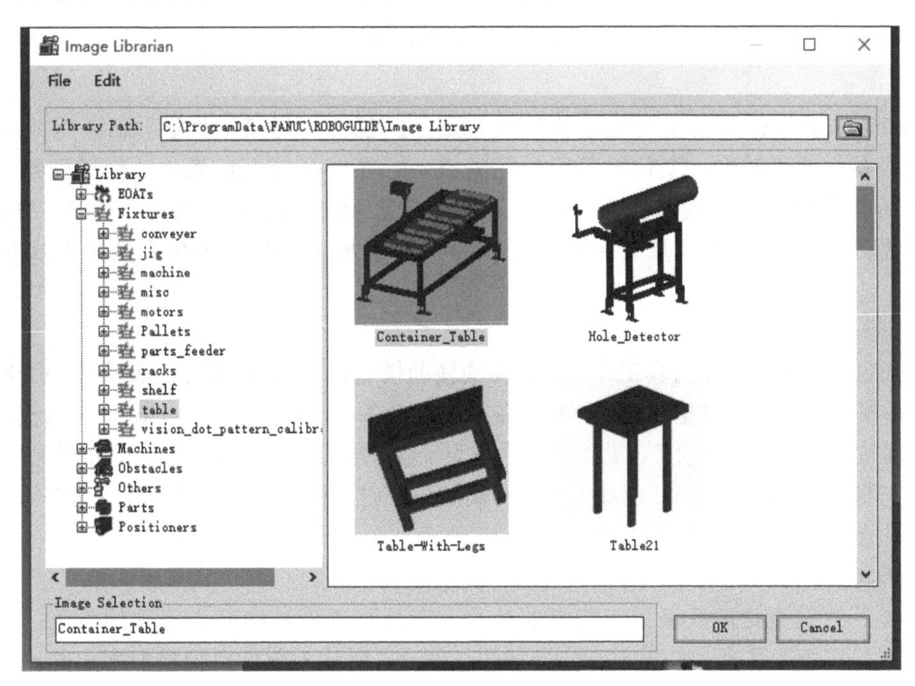

图 2-4　带有托盘的工装台模型

3. Machines

Machines 主要服务于外部机械装置，此模块同机器人模型一样可实现自主运动。图 2-5 所示为软件自带模型库中的变位机模型。

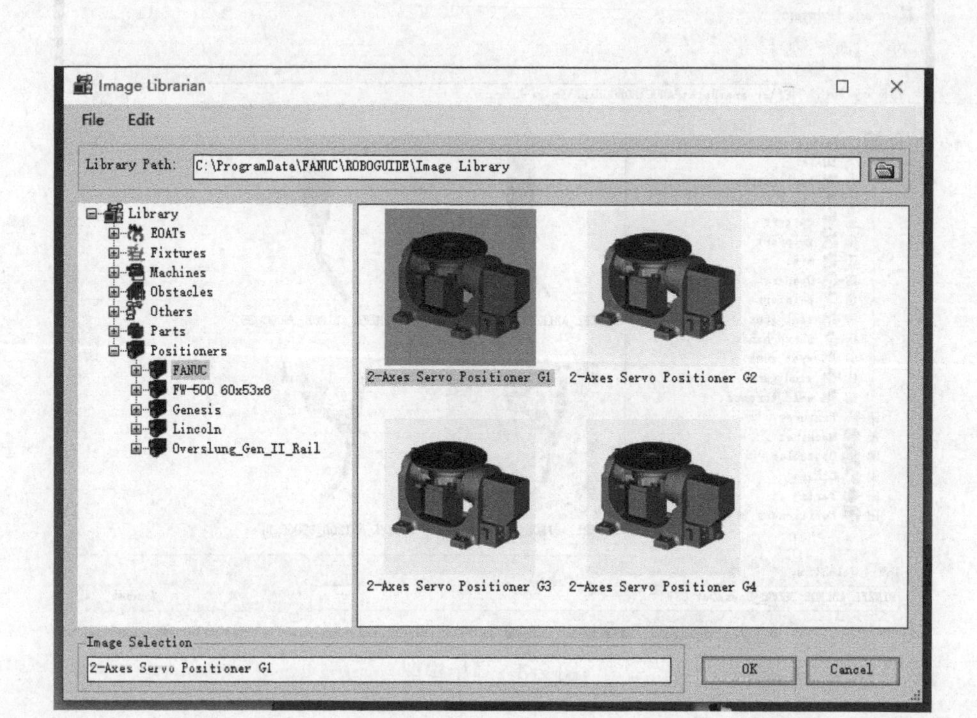

图 2-5 变位机模型

Machines 下的模型用于可运动的机械装置上，包括传送带、推送气缸、行走轴等直线运行设备，或者转台、变位机等旋转运动设备。在整个仿真场景中，除了机器人以外的其他所有模型要想实现自主运动，都是通过建立 Machines 来实现的。另外，Machines 下的模型还是工件模型的重要载体之一，为工件的加工、搬运等仿真功能的实现提供平台。

4. Obstacles

Obstacles 下的模型是仿真工作站非必需的辅助模型，如图 2-6 所示。此类模型一般用于外围设备模型和装饰性模型，包括焊接设备、电子设备、围栏等。Obstacles 本身的模型属性对于仿真并不具备实际的意义，其主要作用是为了保证虚拟环境和真实现场的布置保持一致，使用户在编程时考虑更全面。例如，在编写离线程序时，机器人的路径应绕开这些物体，避免发生碰撞。

5. Parts

Parts 下的模型是离线编程与仿真的核心，在仿真工作站中充当工件的角色，可用于工件的加工和搬运仿真，并模拟真实的效果。图 2-7 所示为软件自带模型库中的一个车架模型。

Parts 下的模型除了用于演示仿真动画以外，最重要的是具有“模型 - 程序”转化功能。ROBOGUIDE 能够获取 Parts 下的模型的数模信息，并将其转化成程序轨迹的信息，用于快速编程和复杂轨迹编程。

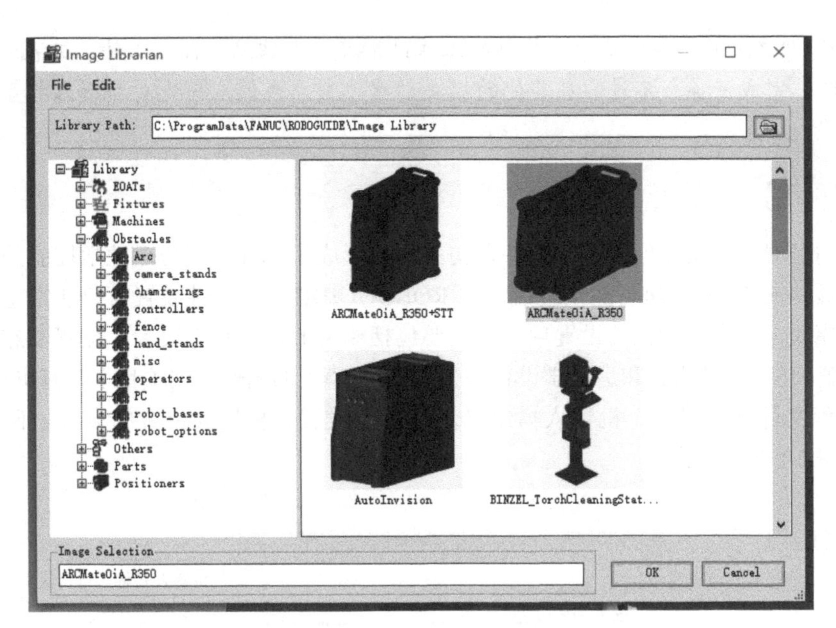

图 2-6　外围设备模型

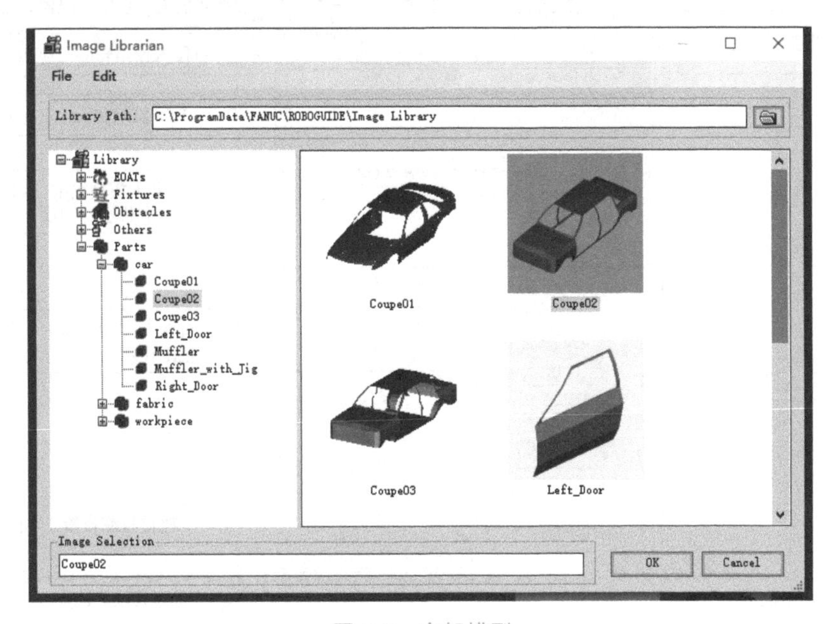

图 2-7　车架模型

任务一　机器人的属性设置

【任务描述】

小白："小罗同学，机器人工程文件我已经创建完毕了，选择的是搬运模块中的 LR Mate 400*i*D/4S 机器人，接下来我该从何处入手去创建一个完整的仿真工作站呢？"

小罗："这次的任务只是涉及简单的工作站搭建，工作站中拥有工件、工装和末端执行工具即算完成任务。不过，在其他的模块创建之前，我们应当先对机器人模型做一定的设置。"

【知识学习】

仿真的机器人模组在创建工程文件之初就自动形成了三维模型与运动学控制的连接，用户可使用虚拟的 TP 对其进行运动控制。在 ROBOGUIDE 中，属性设置窗口非常重要，它针对不同的模块，提供了相应的设置项目（主要包括模型的显示状态设置、位置姿态设置、尺寸数据设置、仿真条件设置和运动学设置等）。机器人模组的属性设置项目主要有机器人名称、机器人工程文件配置修改、机器人模组显示状态的设置、机器人位置的设置、碰撞检测设置等，如图 2-8 所示。

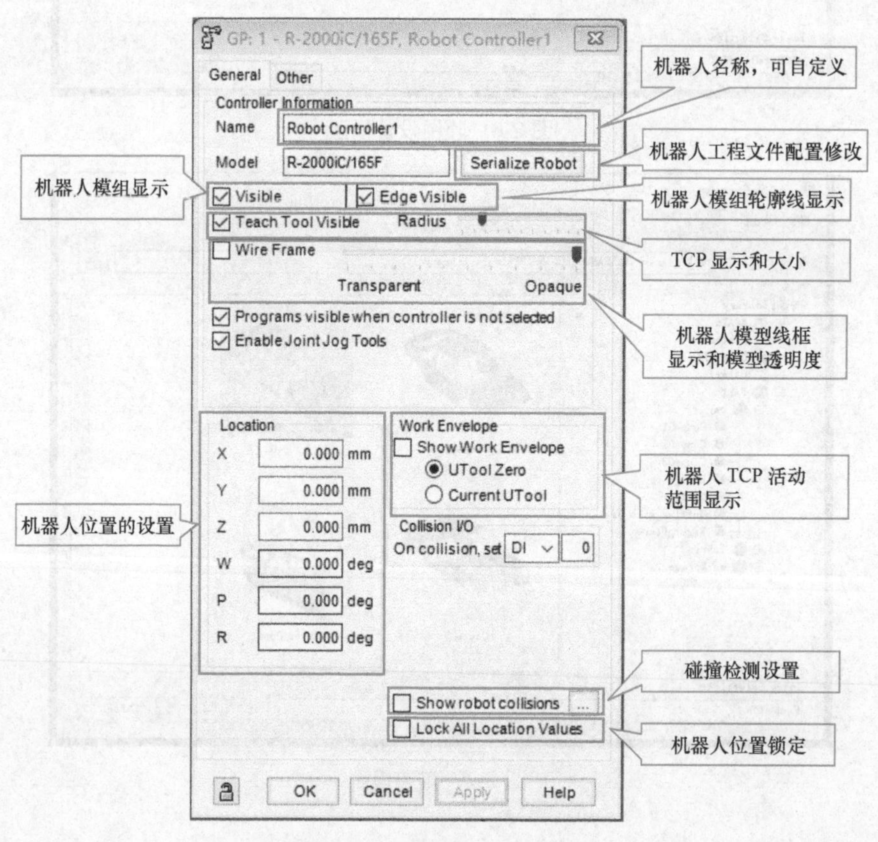

图 2-8 机器人属性设置窗口

① Name：输入机器人的名称，支持中文输入。

② Serialize Robot：修改机器人工程文件的配置，单击"Serialize Robot"按钮进入到工程文件创建向导界面（项目一中任务三）进行修改。

③ Visible：默认是勾选的，如果取消勾选，机器人模组将会隐藏。

④ Edge Visible：默认是勾选的，如果取消勾选，机器人模组的轮廓线将隐藏，如图 2-9 所示。

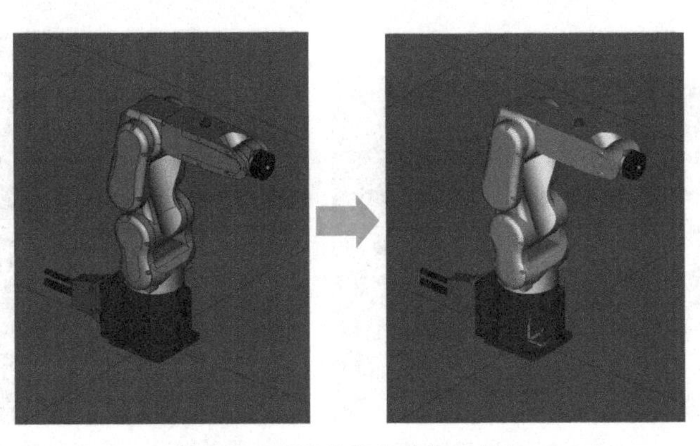

图 2-9　取消轮廓线的显示状态

⑤ Teach Tool Visible：默认是勾选的，如果取消勾选，机器人的 TCP（图中小白点）将被隐藏。另外，其右侧的调节选项可调整 TCP 显示的尺寸。

⑥ Wire Frame：默认是不勾选的，如果勾选，机器人模组将以线框的样式显示，如图 2-10 所示。另外，其右侧的调节选项可调整机器人模组在实体和线框 2 种显示样式下的透明度。

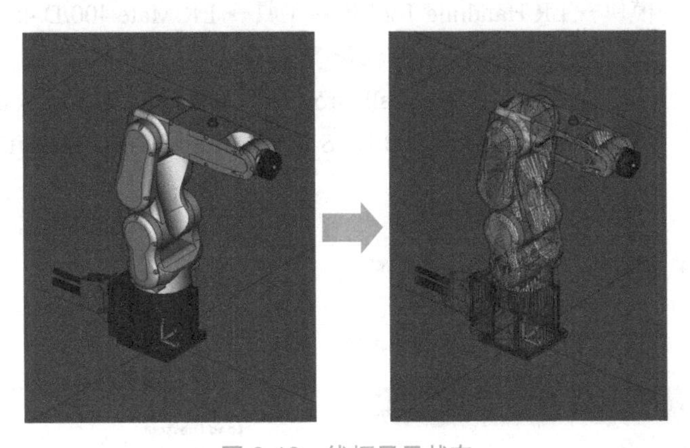

图 2-10　线框显示状态

⑦ Location：输入数值调整机器人的位置，包括在 X、Y、Z 轴方向上的平移距离和旋转角度。

⑧ Show Work Envelope：勾选显示机器人 TCP 的运动范围，如图 2-11 所示。其中，UTool Zero 表示默认 TCP 的范围，Current UTool 表示当前新设定 TCP 的范围。

图 2-11　机器人 TCP 运动范围

⑨ Show robot collisions：勾选会显示碰撞结果。如果机器人模组的任意部位与其他模型发生接触，整个模组则会高亮显示以提示发生了碰撞，如图 2-12 所示。

⑩ Lock All Location Values：勾选锁定机器人的位置数据则机器人不能被移动，如图 2-13 所示。机器人模型的坐标系会由绿色变为红色。另外，假设是其他可调整尺寸的模型，勾选此项后尺寸数据也将被锁定。

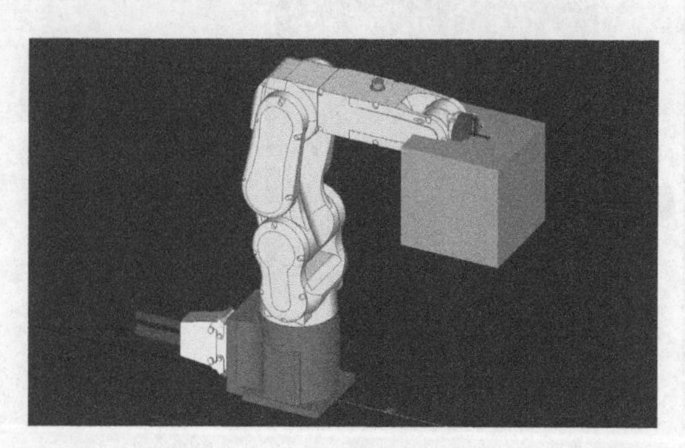

图 2-12　碰撞结果显示

图 2-13　锁定位置后的状态

【任务实施】

微课

设置机器人属性

1. 创建机器人工程文件

参考项目一的任务三创建一个机器人工程文件，选择 HandlingPRO 模块→ LR Handling Tool 软件工具→ LR Mate 400*i*D/4S 机器人。

2. 打开机器人属性设置窗口

方法一：打开“Cell Browser”窗口，选中机器人图标，鼠标右键单击“GP：1-LR Mate 200*i*D/4S Properties”（LR Mate 200*i*D/4S 机器人属性），如图 2-14 所示。

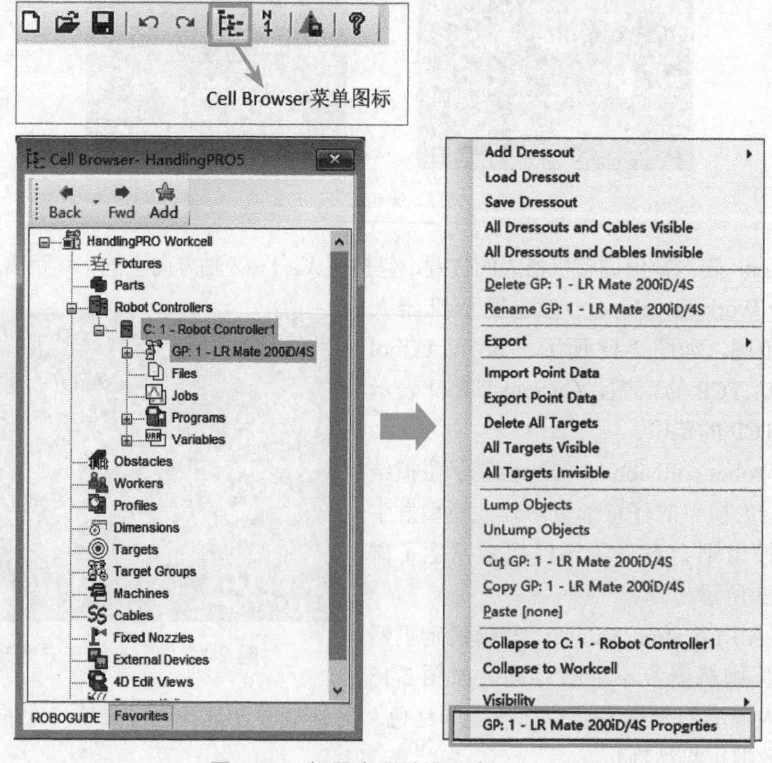

图 2-14　机器人属性设置窗口入口

方法二：直接双击视图窗口中的机器人模组，打开其属性设置窗口。

3. 机器人模组的属性设置

① 将机器人重命名为“小型 6 轴机器人”。

② 取消勾选“Edge Visible”选项，机器人模型轮廓隐藏，计算机的运行速度提高。

③ 勾选“Show robot collisions”选项，检测机器人在编程过程中是否发生碰撞。

④ 勾选“Lock All Location Values”选项，锁定机器人的位置，避免误操作移动机器人。

设置的具体情况如图 2-15 所示，完成后单击“Apply”按钮结束设置。

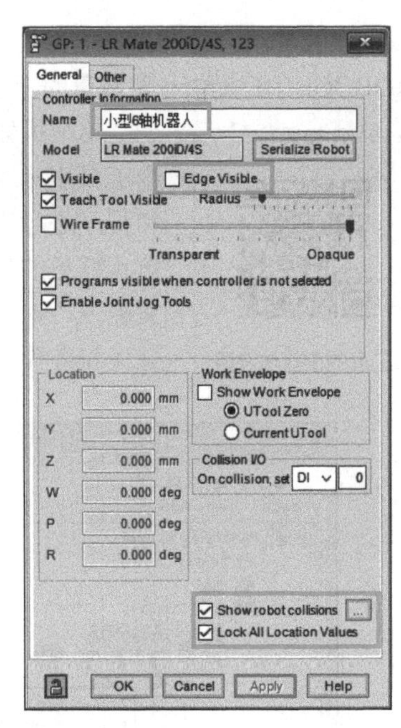

图 2-15　机器人模组的一般设置

【思考与练习】

1. 该如何设置机器人既线框显示又半透明显示？

2. 如何更改机器人的型号？

任务二　工具的创建与设置

【任务描述】

小罗：“机器人没有机械手是无法工作的，首先来创建一个简单的末端执行工具——夹爪。”

小白：“需要我为你准备模型吗，我可是建模高手。”

小罗：“谢谢！虽然我的建模能力很弱，但是也有一些储备，我使用自带的模型进行演示就可以了。”

【知识学习】

工具是机器人的末端执行器，该模块与整个工程文件的结构关系和所处的位置（见图 2-16）息息相关。在软件自带的模型库中，Eoat 模型适用于工具模块，它的模型一般会加载在“Tooling”路径上，模拟真实的机器人工具。常见的末端执行器有焊枪、焊钳、夹爪等。ROBOGUIDE 提供一定数量的上述模型供用户使用。

单个机器人模组上最多可以添加 10 个工具，这与 TP 上允许设置 10 个工具坐标系的情况是对应的。在具有多个工具的情况下，可通过手动和程序进行工具的切换，极大地方便了在同一个仿真工作站中进行不同仿真任务的快速转换。另外，工具名称支持自定义重命名，并且支持中文输入。对于多个工具并存的情况，命名后使得各个工具更容易区别，操作和查看都非常方便，如图 2-17 所示。

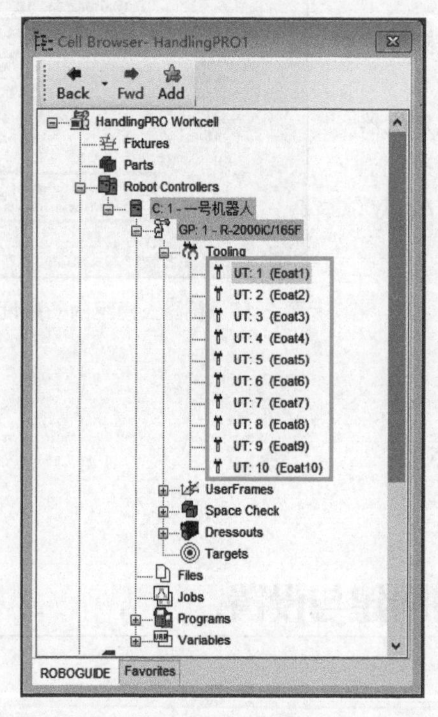

图 2-16　工具模型列表

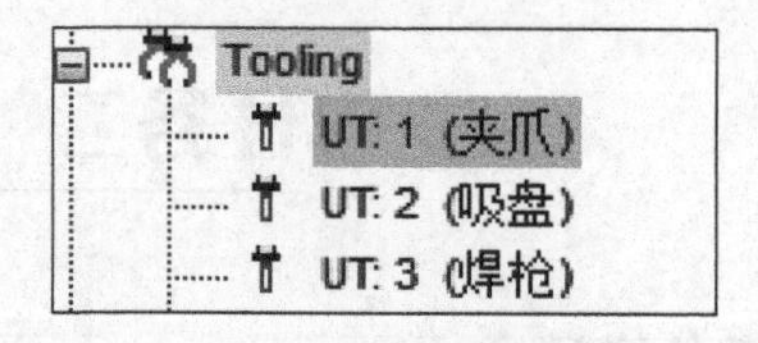

图 2-17　多个并列工具

本任务实施过程中需要在仿真机器人的第 6 轴法兰盘上“安装”一个夹爪工具（来自软件自带模型库），通过安装的操作过程使得初学者掌握工具模型的添加方法、调整工具模型的大小和位置的方法及工具模型的重命名操作。

【任务实施】

1. 工具模型的添加

① 在“Cell Browser”窗口中，选中 1 号工具“UT:1”，鼠标右键单击“Eoat1 Properties”（机械手末端工具 1 属性），如图 2-18 所示，或者直接双击“UT:1”，打开属性设置窗口。

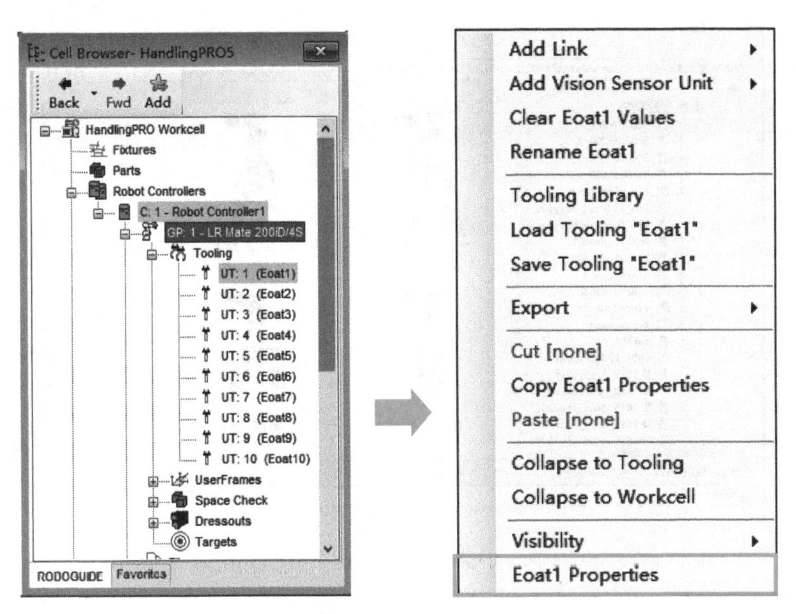

图 2-18 工具属性设置入口

② 在弹出的工具属性设置窗口中选择“General”常规设置选项卡，单击“CAD File”右侧的第 2 个按钮，从软件自带的模型库里选择所需的工具模型，如图 2-19 所示。

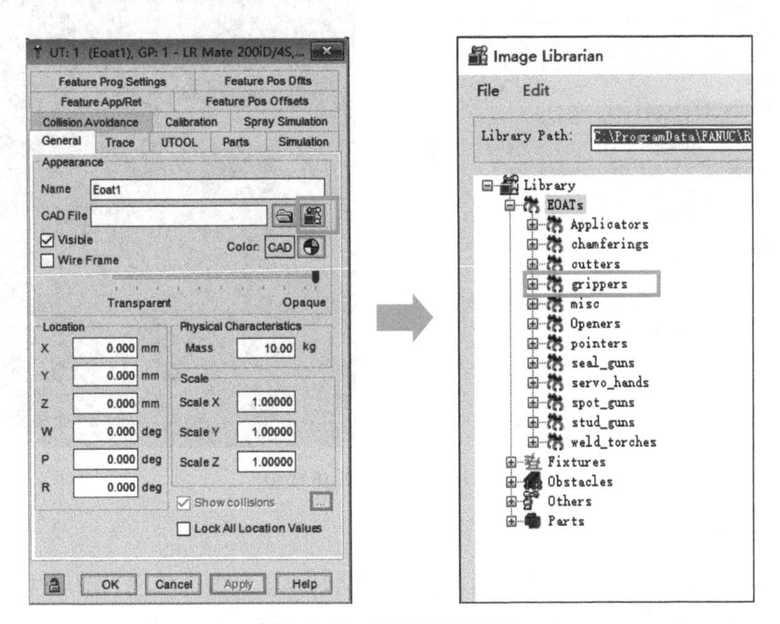

图 2-19 选择工具模型

③ 添加 1 个合适的夹爪，在模型库中执行菜单命令“EOATs”→“grippers”，选择夹爪“36005f-200-2”，单击“OK”按钮完成选择，如图 2-20 所示。

④ 上述操作完成后，三维视图中并没有显示出夹爪的模型，此时单击“Apply”按钮，夹爪才会添加到机器人末端，如图 2-21 所示。

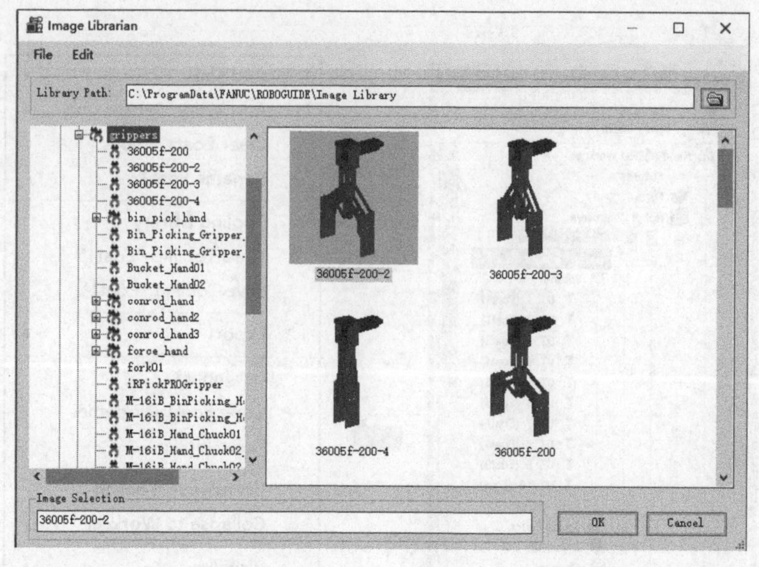

图 2-20　夹爪

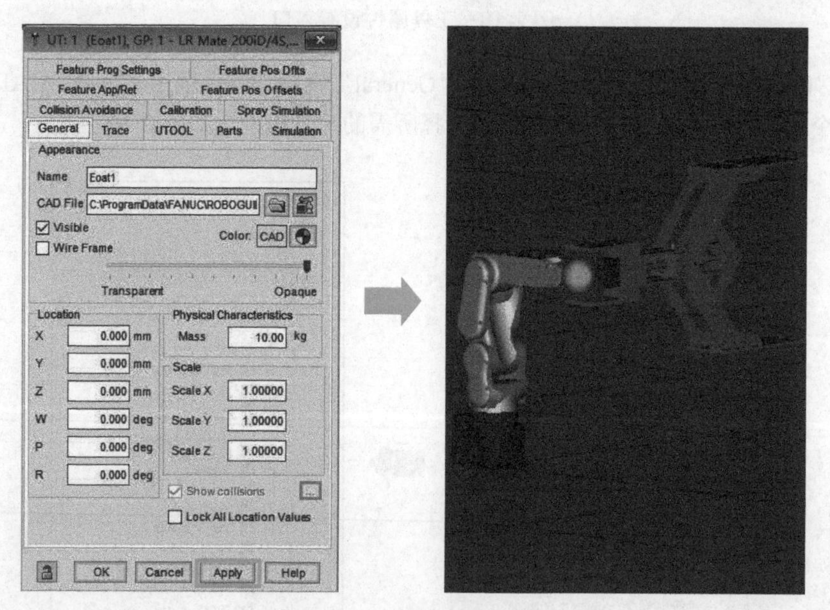

图 2-21　添加的夹爪模型

2. 工具模型的设置

① 图 2-21 中添加的工具模型的尺寸和姿态显然是不正确的。应在当前属性设置窗口中修改工具的位置数据：“W”设为 −90，即使其沿 X 轴顺时针旋转 90°；“ScaleX/Y/Z”设置为 0.2，即每个轴向上的尺寸大小都设为 0.2 倍，这样工具就能正确安装到机器人法兰盘上，如图 2-22 所示。

② 勾选窗口中最下方的“Lock All Location Values”选项，使其相对于机器人法兰盘的位置固定，避免因为误操作使工具偏离机器人法兰盘。另外，进行此操作后，模型的尺寸数据也将会被锁定。

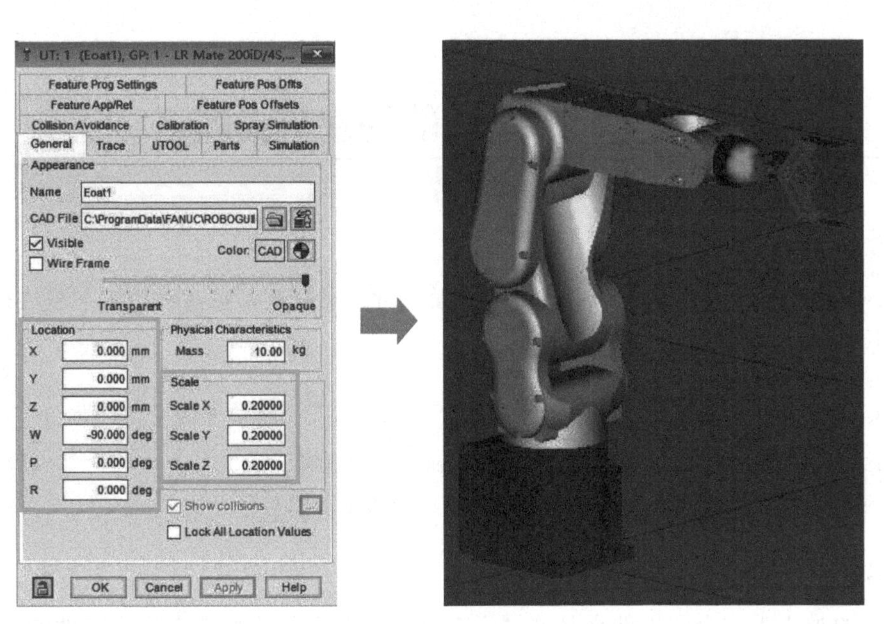

图 2-22　夹爪调整项目和状态

3. 工具的重命名

鼠标右键单击工具中的“UT:1”，选择“Rename”，将其重命名为“夹爪”，如图 2-23 所示。或者在工具属性设置窗口中的“Name”栏中输入名称，然后单击“Apply”按钮。

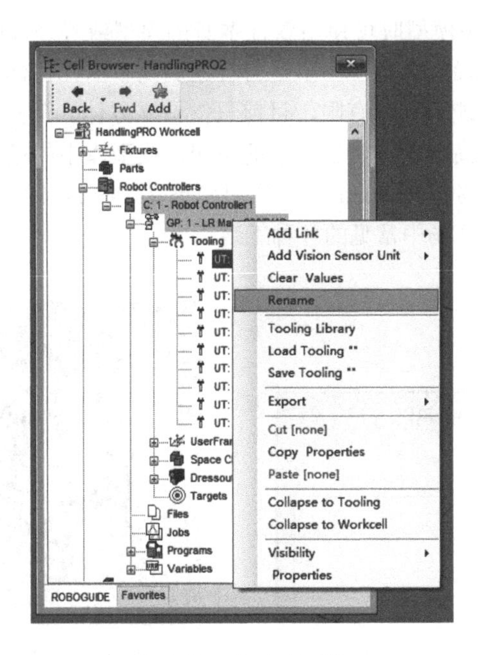

图 2-23　重命名操作

【思考与练习】

1. 如果工具的初始位置发生了错乱，可以怎样调节？

2. 勾选“Lock All Location Values”选项并应用后，模型的哪些参数是不能调整的？

任务三　工装的创建与设置

【任务描述】

小罗："小白，让我来考考你吧。如果要创建工装模型，应该选择哪个模块呢？是Parts还是Fixtures？"

小白："当然是Parts……"

小罗："嗯？！……"

小白："怎么可能？当然是上面的Fixtures了，嘻嘻嘻。"

小罗："算你反应快，那就让我们来创建一个工装台吧！"

【知识学习】

固定的加工工作台和工件夹具都属于工装，且在实际的生产中作为工件的载体。在ROBOGUIDE的仿真环境中，Fixtures下的模型充当着工装的角色，辅助工件模型完成编程与仿真。Fixture模型之间是相互独立的个体，无法以某一个模型为基础进行链接添加去组建模组，而且模型的添加数量没有限制。为了方便模型的管理、操作和查找，每个模型都可以采用中文进行自定义命名，如图2-24所示。

在创建Fixtures的工装模型时可使用软件本身的模型或者外部的模型。其中，利用软件本身的资源创建工装的途径有2个：一个是自行绘制简单的几何体；另一个是从模型库中添加。ROBOGUIDE的建模能力十分有限，目前只支持立方体、圆柱体、球体的模型绘制，适合于对场景美观度要求不高、快速构建场景的情况。模型库中的模型虽然数量有限，但样式较为直观，能够帮助初学者理解Fixtures的作用和意义。图2-25所示为一些软件模型库中的Fixture模型，也是在生产现场中常见的各种工装设施。

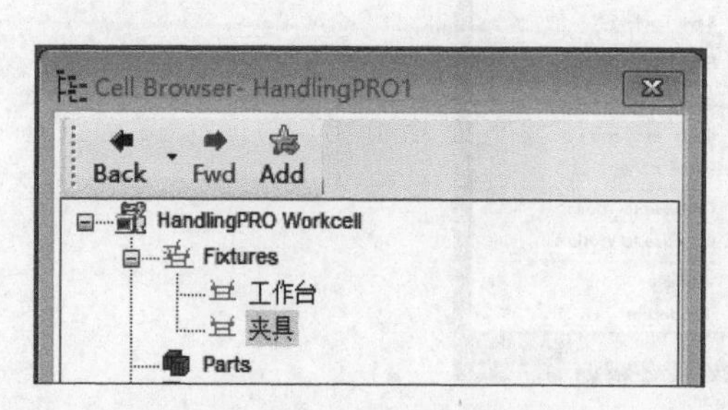

图2-24　Fixtures下的模型列表

图2-25　典型的Fixture工装模型

【任务实施】

本任务需要为仿真环境创建工装台，将会涉及绘制Fxiture模型和添加Fxiture模型2种方式以及后续的设置过程。

1. 绘制法创建工装台

① 绘制模型：打开“Cell Browser”窗口，鼠标右键单击“Fixtures”，执行菜单命令“Add Fixture”→“Box”，如图 2-26 所示。此时，视图中机器人模型的正上方会出现一个立方体的模型。

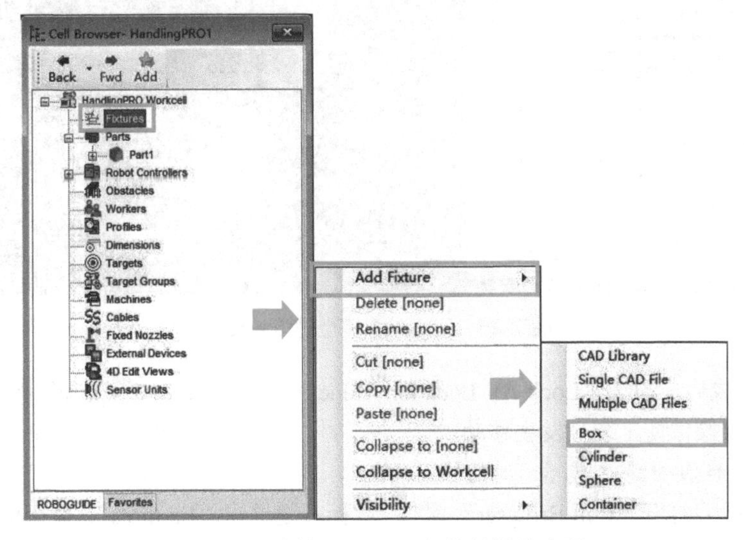

图 2-26　绘制 Fixture 几何体的操作步骤

② 设置工装台的大小：在弹出的 Fixture 1 模型属性设置窗口的“General”选项卡下，输入“Size”的 3 个数值，将 *X*、*Y*、*Z* 轴方向上的尺寸分别设置为 400、400、200，默认单位为 mm，如图 2-27 所示。

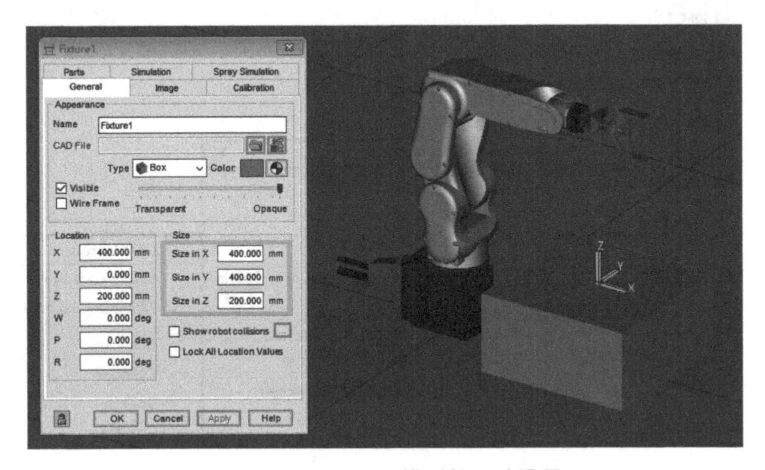

图 2-27　Fixture1 模型的尺寸设置

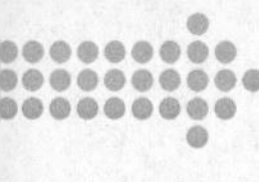

③ 设置工装台的位置。

方法一：拖动视图中 Fixture1 模型上的绿色坐标系，调整至合适位置，单击“Apply”按钮确认。

方法二：在 Fixture1 模型属性界面的位置数据中直接输入数据 X=400，Y=0，Z=200，W=0，P=0，R=0，单击“Apply”按钮确认，如图 2-28 所示。

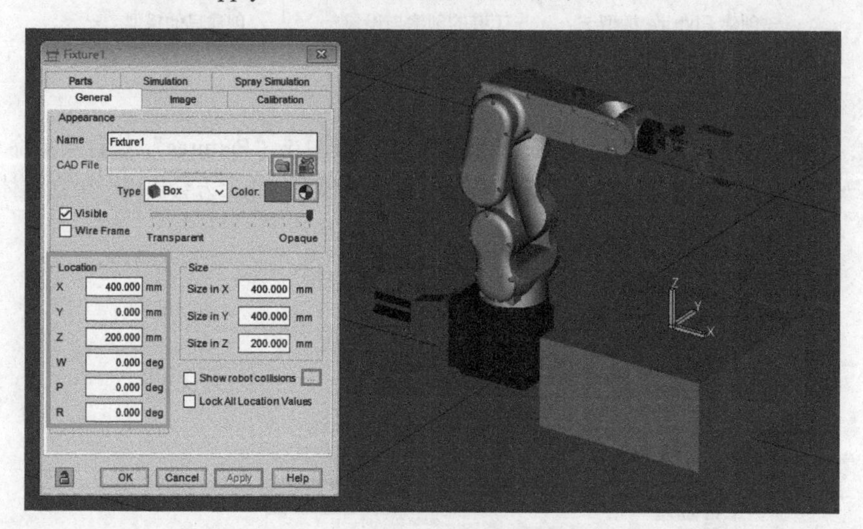

图 2-28　Fixture1 模型的位置设置

④ 设置完成后，勾选“Lock All Location Values”选项，单击“Apply”按钮锁定工作台的位置，避免误操作使工装台发生移动。

2. 模型添加法创建工装台

① 添加模型：打开“Cell Browser”窗口，鼠标右键单击“Fixtures”，执行菜单命令“Add Fixture”→“CAD Library”，如图 2-29 所示。

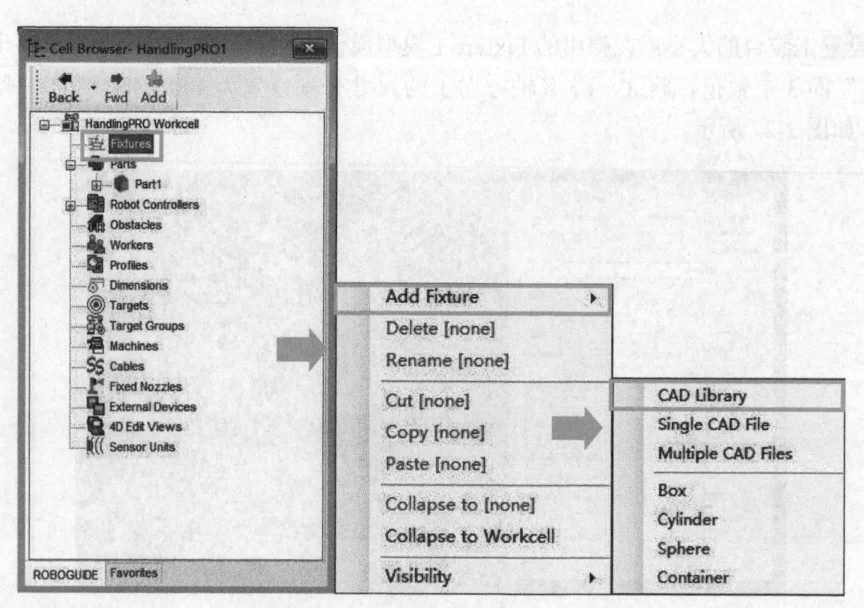

图 2-29　添加 Fixture 模型的操作步骤

在图 2-30 所示的目录中，选择一个带有托盘的工装台“Container_Table”，单击“OK”按钮将其添加到场景中。

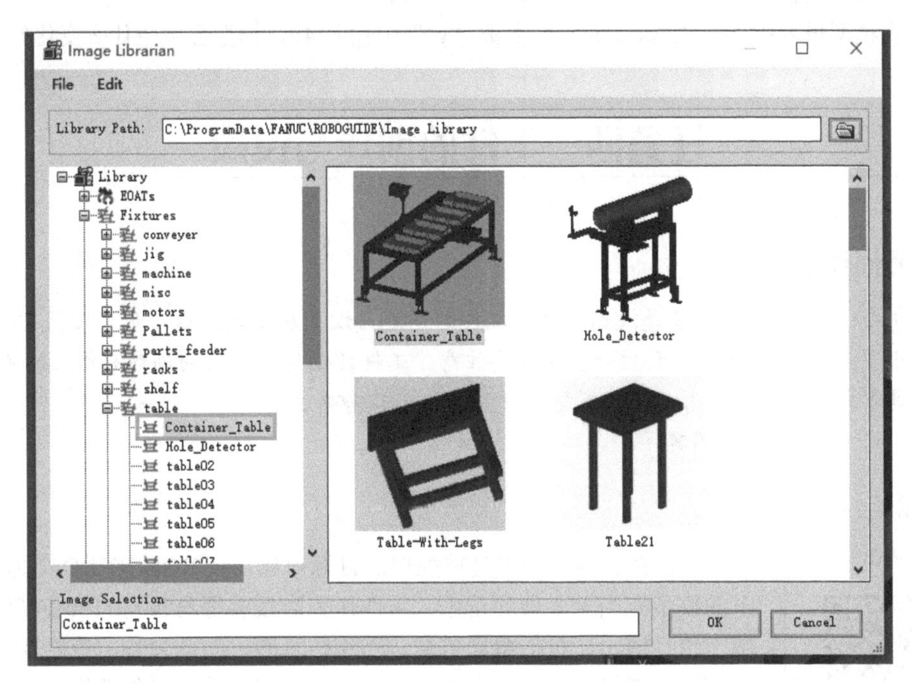

图 2-30　工装台模型

② 设置工装台的大小：由于模型默认尺寸比较大，与当前机器人不匹配，所以将长、宽、高的尺寸倍数都设置为 0.5，如图 2-31 所示。

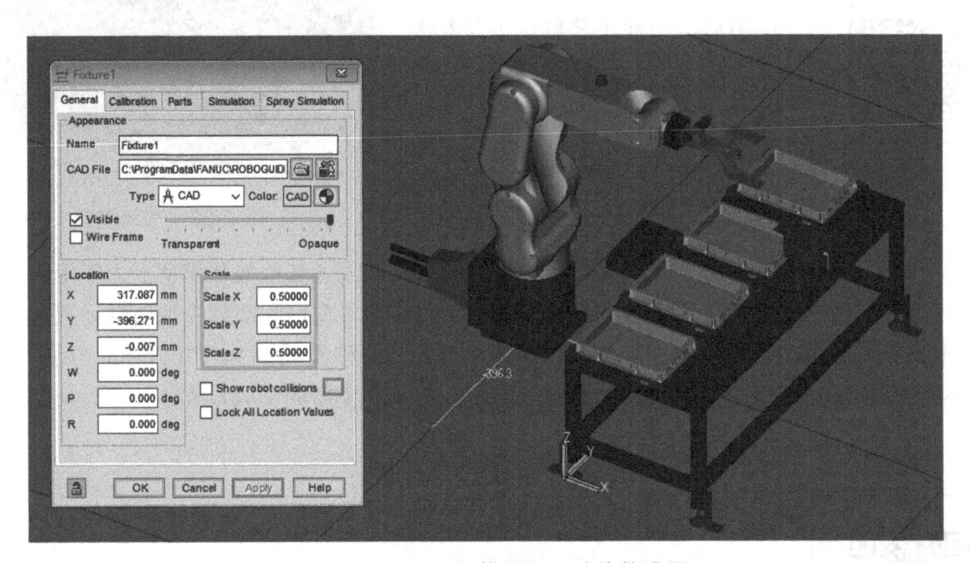

图 2-31　Fixture1 模型的尺寸倍数设置

③ 设置工作台的位置：将光标直接放在模型的绿色坐标系上，拖动到合适的位置，勾选“Lock All Location Values”选项锁定工作台的位置，最后单击“Apply”按钮确认。

【思考与练习】

1. 创建工装模型的 2 种方法在设置尺寸时有什么不同？
2. 在模型设置中，在“Location”的参数“W”中输入 45，模型会发生什么变化？

任务四　工件的创建与设置

【任务描述】

小白：“小罗同学，要是没错的话，工件的创建与设置应该是最后一步了吧。”

小罗：“没错，可越是最后一步就越要注意。工件的创建与工装的创建有很大的不同，不只是单单把模型放进来而已，模型的位置设置尤其需要注意。”

小白：“是吗？愿闻其详。”

【知识学习】

微课

工件的创建与设置

微课

导出文件

工件在实际生产中是被处理的目标对象，在 ROBOGUIDE 中，Parts 下的模型充当着工件的角色。工件作为离线编程与仿真的核心模块，可用于仿真演示，包括搬运仿真、喷涂仿真等。除此之外，最重要的是工件模型的图形信息可以为软件的轨迹自动规划功能提供数据支持，其图形质量的好坏直接决定了离线程序的质量，所以 Part 模型在仿真中的地位是至关重要的。

在了解了 Part 模型的重要作用后，创建工件就成为了构建仿真工作站中非常关键的一步。Parts 下的模型在视图中显示后，其下方都有一个默认的托板，如图 2-32 所示。前面的内容提到了工装（Fixture）模型是工件的载体之一，所以创建的 Part 模型也必须关联添加到工装（Fixture）模型、工具模型或者其他载体模型上才能用于仿真，这就使得关于 Part 模型的设置项目必须分布于自身属性设置窗口和载体模型属性设置窗口中。

图 2-32　车架模型

本任务需要为仿真环境添加工件模型，整个过程将会涉及绘制 Part 几何体的方法、添加 Part 模型的方法、Part 模型自身的属性设置以及与 Fixture 模型的关联设置。

【任务实施】

微课

创建工件模型

1. 绘制法创建工件模型

① 在“Cell Browser”窗口中，鼠标右键单击“Parts”，执行菜单命令“Add Part”→“Box”，创建一个立方体，如图 2-33 所示。

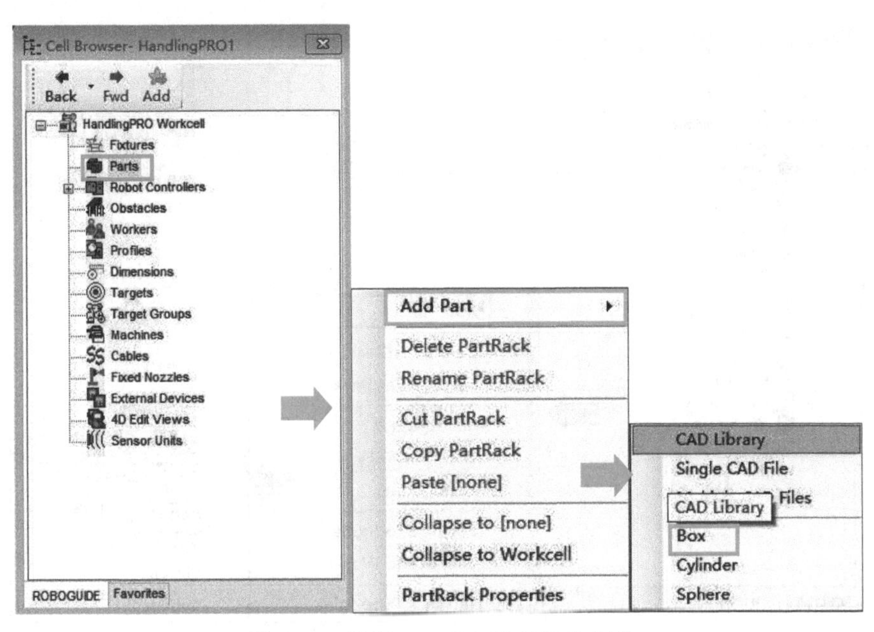

图 2-33　绘制 Part 几何体的操作步骤

② 在弹出的 Part 属性设置窗口中，输入 Part 的大小参数：X=100，Y=100，Z=100（默认单位是 mm），单击“Apply”按钮确认，如图 2-34 所示。

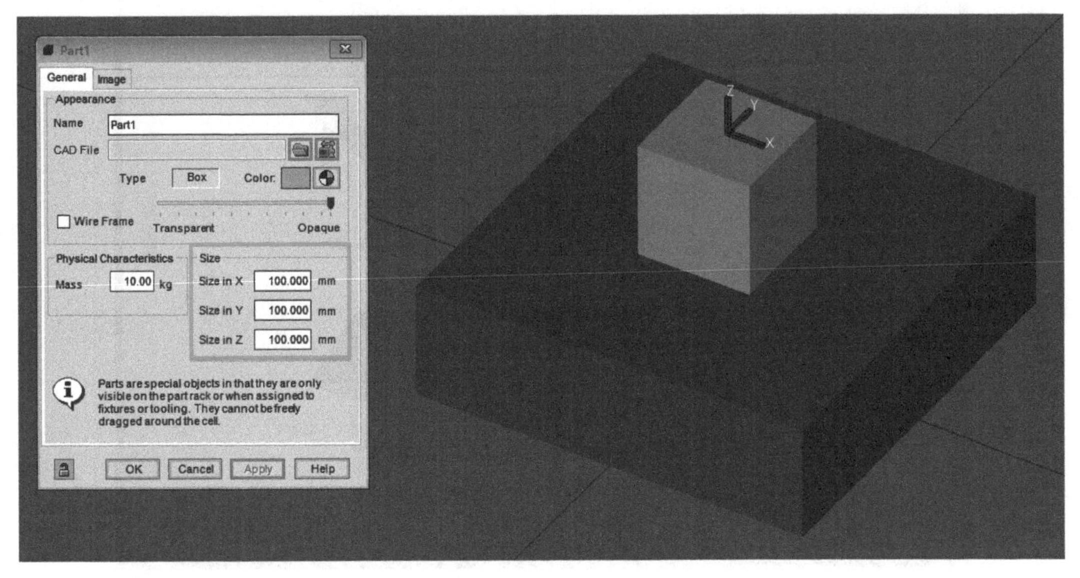

图 2-34　Part 模型的尺寸设置

2. 添加法创建工件模型

① 在“Cell Browser”窗口中，鼠标右键单击“Parts”，执行菜单命令“Add Part”→“CAD Library”，如图 2-35 所示。

② 在弹出的模型资源库中选择连杆“Conrod”，如图 2-36 所示，单击“OK”按钮将其添加到场景中。

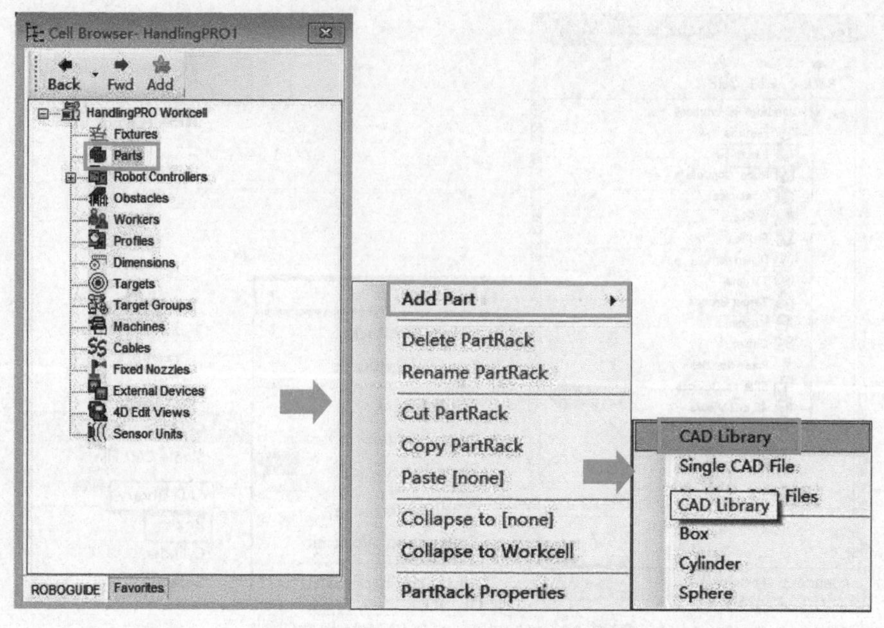

图 2-35　添加 Part 模型的操作步骤

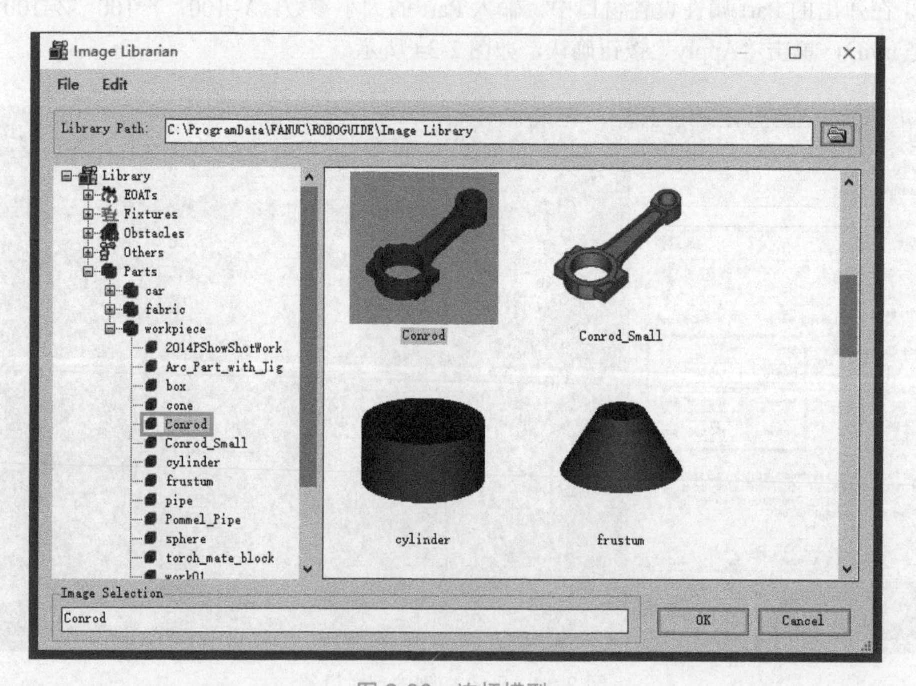

图 2-36　连杆模型

③ 由于连杆模型的尺寸较大，所以将模型所有方向上的尺寸倍数设置为 0.5（Scale X/Y/Z），如图 2-37 所示。

3. 工件（Part）与工装（Fixture）的关联设置

① 双击之前创建的工装台 Fixture1 模型，打开其属性设置窗口，单击“Parts”选项卡，出现该模型关于 Part 模型的设置界面，如图 2-38 所示。

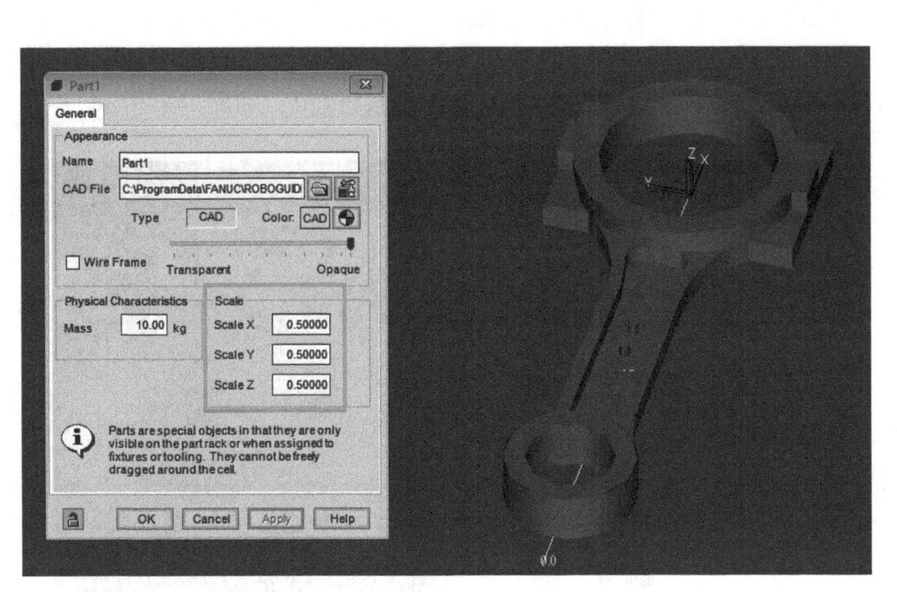

图 2-37　Part1 模型的尺寸倍数设置

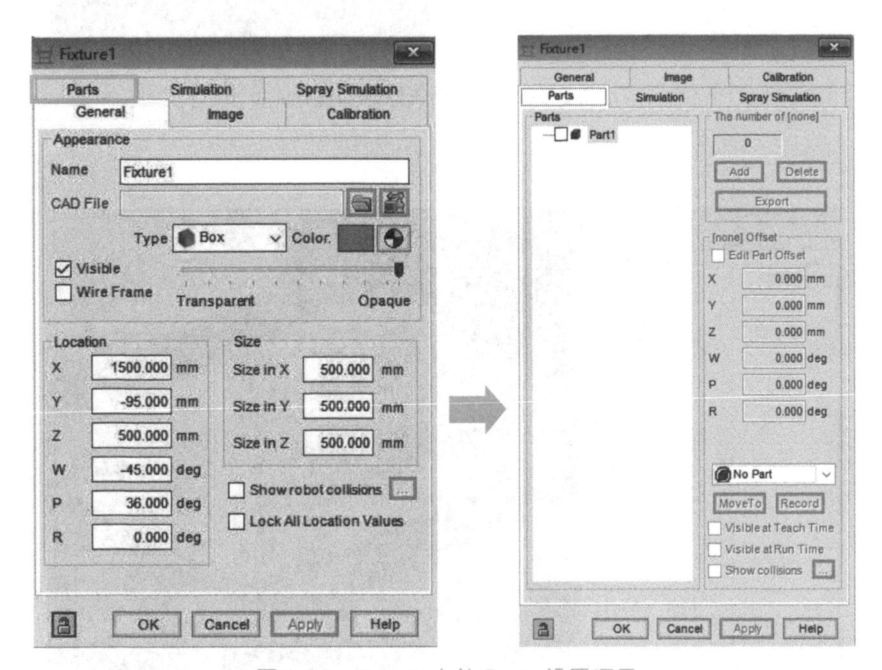

图 2-38　Fixture 上的 Parts 设置项目

② 在空白区域的 Parts 列表中，勾选之前创建的 Part1 模型，单击“Apply”按钮确认，在 Fixture1 上出现 Part1，如图 2-39 所示。

③ 可以观察到连杆模型的位置相对于工装台是错误的，这主要是由于模型坐标系导致的，需要进行手动调整。勾选“Edit Part Offest”选项（编辑 Part 偏移位置），定义 Part1 相对于 Fixture1 的位置和方向。

设置方法如下。

方法一：拖动界面中连杆模型的坐标系，调整至合适的位置，单击“Apply”按钮确认。

方法二：直接输入偏移的数据，单击“Apply”按钮确认，如图 2-40 所示。

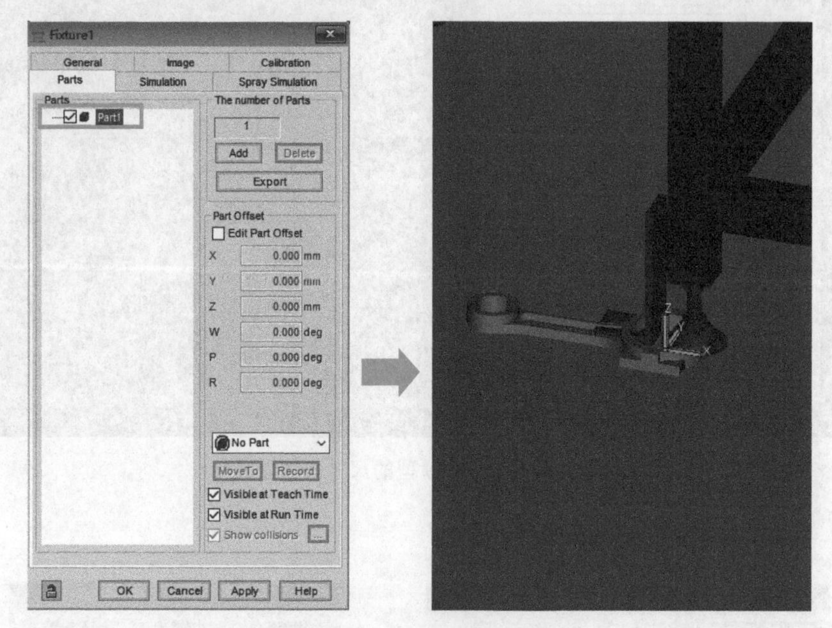

图 2-39　Part 的关联添加操作

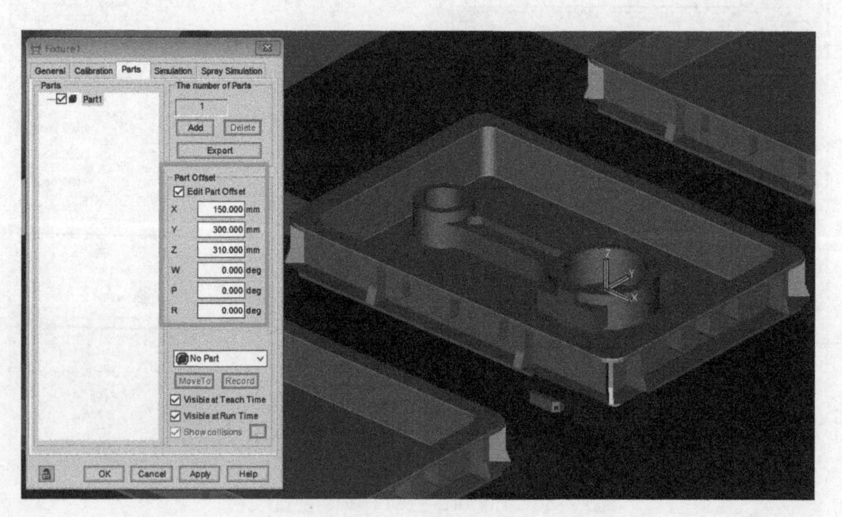

图 2-40　Part1 在 Fixture1 上的位置

经过工具、工装台、工件的创建和设置，工程文件中具备了机器人、工具、工装和工件 4 种基本要素，从而完成了一个基础的仿真工作站的搭建，如图 2-41 所示。

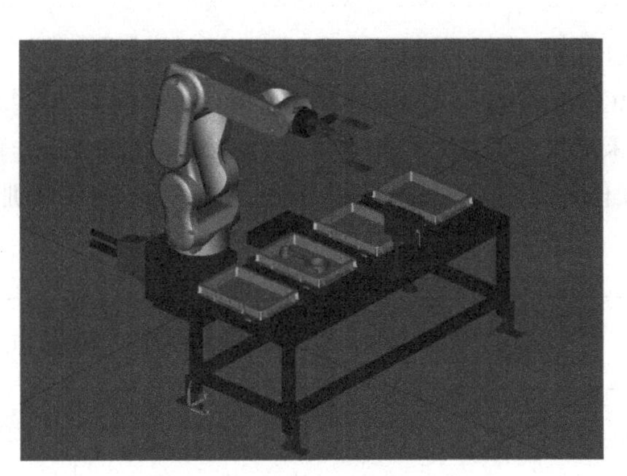
图 2-41　完成后的仿真工作站

【思考与练习】

1. 工件模型在仿真工作站中有哪些作用？
2. 工件模型的位置如何进行设置？

【项目总结】

技能图谱如图 2-42 所示。

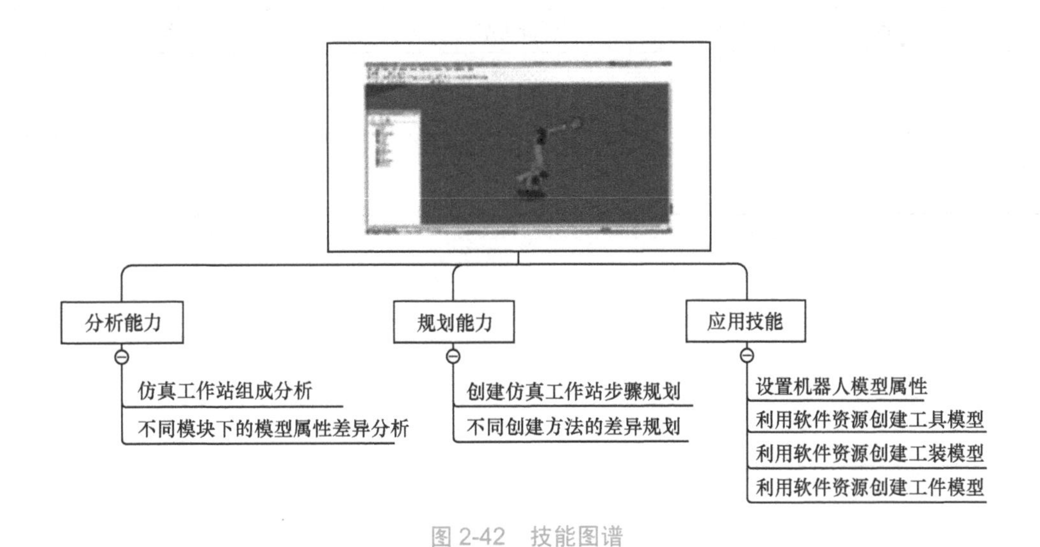

图 2-42　技能图谱

【拓展训练】

【创建焊接仿真工作站】ROBOGUIDE 中含有几大仿真模块，可以模拟焊接、搬运、倒角、去毛刺等作业，创建相应的仿真工作站。

任务要求：运用 ROBOGUIDE 的焊接仿真模块创建一个简易的焊接工作站。选择 FANUC M-10*i*A 系列机器人，末端执行工具为焊枪，工装台和焊接件可任意选择。

考核方式：现场操作，并进行课上讲解。完成表 2-1 所示的拓展训练评估表。

表 2-1　拓展训练评估表

项目名称： 创建焊接仿真工作站	项目承接人姓名：	日期：
项目要求	**评分标准**	**得分情况**
仿真模块选择（10分）		
机器人选择（10分）	是否适用于焊接作业	
机器人模型一般设置（20分）	1. 显示设置（10分） 2. 位置设置（10分）	
创建焊枪（20分）	1. 模型选择（10分） 2. 模型调整（10分）	
创建工件（20分）		
创建工装台（20分）	1. 模型创建（10分） 2. 关联工件（10分）	
评价人	**评价说明**	**备注**
个人：		
老师：		

项目三
离线示教编程与程序修正

【项目引入】

小白："小罗同学，快出来，交给你一个任务。"

小罗："啥任务啊？"

小白："下面这只企鹅的外轮廓轨迹可不可以用离线编程的方法实现？而且在仿真中还要进行运行演示。"

小罗："不急，凡事都要慢慢来，我先教你个简单的吧，然后你提升提升自己，再去完成这个任务。"

小白："那也行吧！你就先教我画下面的矩形轨迹。"

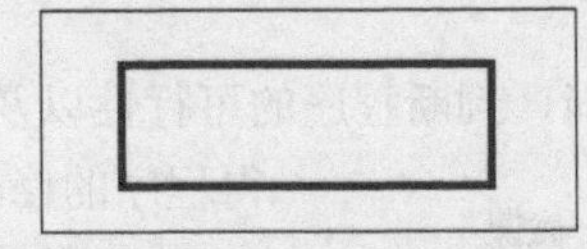

小罗："没问题，这个对于我来说真的是小菜一碟！"

通过学习本项目，引导学生养成遵守国家规范、规程和标准的习惯，培育学生的守正创新能力。

【知识图谱】

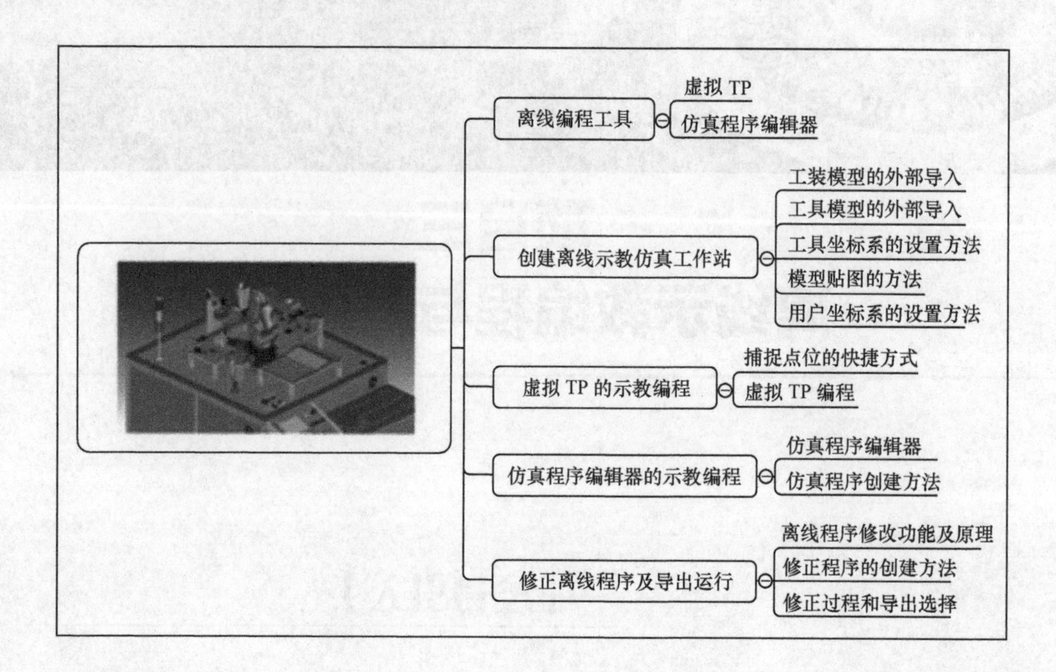

离线编程是ROBOGUIDE的重要应用之一，离线编程的初级应用就是离线示教编程。离线示教编程是在仿真工程文件中移动机器人的位置、调整机器人的姿态，并配合虚拟TP或者仿真程序编辑器来记录机器人位置信息，从而编写机器人的运行控制程序。仿真机器人工程文件支持虚拟TP的使用，其操作方法几乎与真实的TP相同，这就使得示教编程的方法同样适用于仿真的环境中。另外，仿真程序编辑器的使用极大地简化了示教编程的操作，提高了编程速度。离线示教编程与在线示教编程的方法虽然相同，但相对于在线示教编程还是存在以下的优势。

① 编程时可脱机工作，在无实体机器人的情况下进行编程，避免占用机器人正常的工作时间。

② 可运用软件的快捷操作，使机器人TCP位置和姿态的调整更加方便和快速，从而缩短编程的周期。

③ 运用软件的仿真功能，判断程序的可行性以及是否达到预期，提前预知运行结果，使得程序的修改更方便和快速。

1. 虚拟TP简介

图3-1所示为ROBOGUIDE中的虚拟TP，其按键的布置与真实的TP基本相同，操作方法也基本无异。在操作虚拟TP时，通过单击各个按键模拟手指的按压。由于仿真环境不涉及现实中的安全

问题或者突发情况，所以虚拟 TP 没有急停按钮和 DEADMAN 按键。但是为了操作更加方便，虚拟 TP 的右侧和下方分别设置了 6 个按钮和 3 个选项卡。

（1）TP 右侧的 6 个快捷按钮

①：打开 / 关闭 TP 键控面板，打开时高亮显示 68 个键控按键，关闭则只显示 TP 的显示屏。

②：计算机键盘控制 TP/ 计算机键盘输入字符，高亮显示时键盘可控制虚拟 TP。例如按下键盘上的 Q 键，TP 上的“–J1”键动作；图标关闭时，键盘不再控制 TP，可进行字符输入。

③：虚拟 TP 窗口在 ROBOGUIDE 界面中始终置顶，高亮有效。

④ iP：彩屏版 TP/ 单色版 TP 切换，高亮时为彩屏版。

⑤：系统冷启动按钮。

⑥：使机器人 TCP 快速到达记录的某一点。

（2）TP 下方的 3 个选项卡 TP KeyPad | Current Position | Virtual Robot Settings

① TP KeyPad（键控面板）：显示 68 个键控按键，如图 3-2 所示，单击可进行操作。虚拟 TP 面板上放置了 ON/OFF 开关，与真实 TP 开关的作用相同。

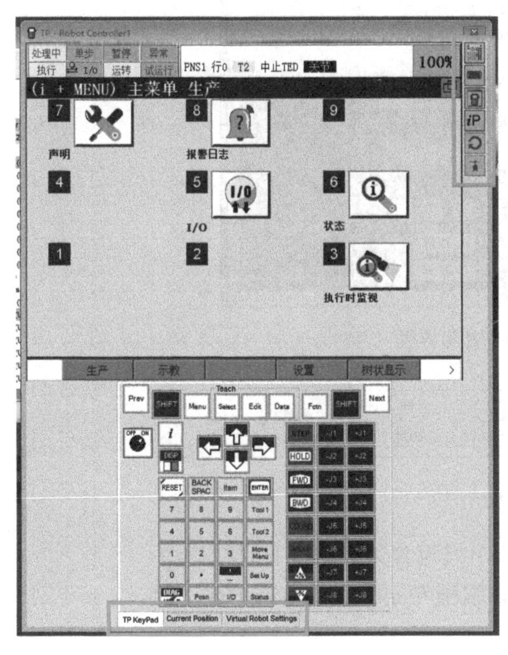

图 3-1 虚拟 TP

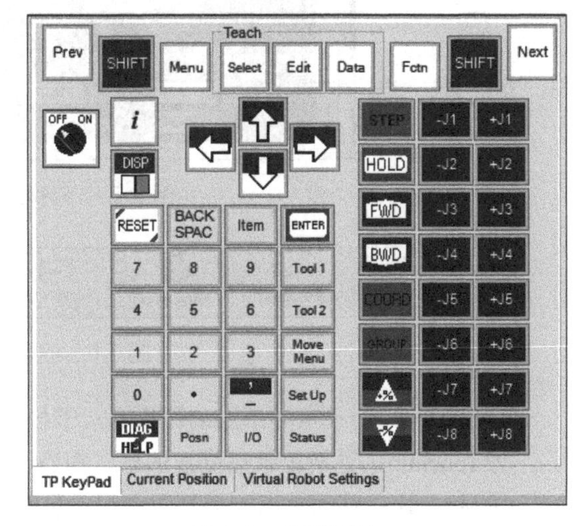

图 3-2 键控面板

② Current Position（当前位置信息）：表示机器人当前的位置信息，可切换至不同坐标系（关节、用户等）并输入一个位置。单击“MoveTo”按钮使机器人的 TCP 到达此位置，如图 3-3 所示。

③ Virtual Robot Settings（虚拟设置）：设置虚拟机器人的程序备份与恢复路径，该路径模拟的是控制柜上的外部存储路径，如图 3-4 所示。

2. 仿真程序编辑器简介

用来创建仿真程序的编辑窗口被称为仿真程序编辑器。实际上仿真程序编辑器相当于简化版的 TP 编程界面，如图 3-5 所示。仿真程序编辑器在编程时比 TP 操作更简便，编程更快速，但是只能进行部分程序指令的编辑，其功能相对于 TP 编程界面较少。仿真程序编辑器的工具栏如图 3-6 所示。

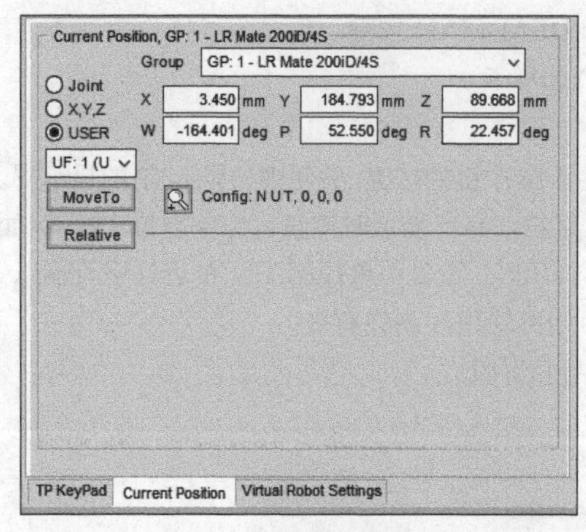

图 3-3　位置信息面板

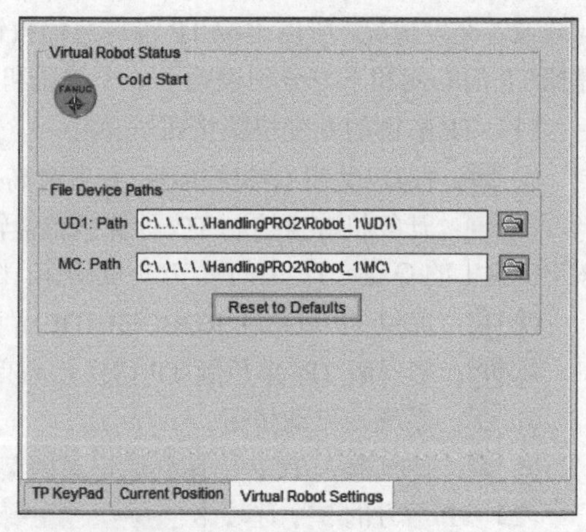

图 3-4　模拟存储路径面板

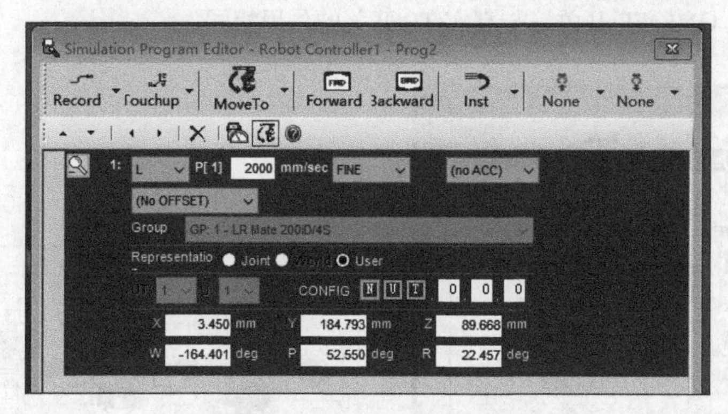

图 3-5　仿真程序编辑器界面

图 3-6　编辑器的工具栏

① Record：记录点并添加动作指令，下拉选项中只包含关节指令和直线指令。

② Touchup：更新记录点位置信息，相当于 TP 编程界面的点位重新示教功能。

③ MoveTo：移动机器人至任意的记录位置。

④ Forward：顺序单步运行程序。

⑤ Backward：逆向单步运行程序。

⑥ Inst：添加控制指令，包含时间等待、跳转、I/O、条件选择等常用的控制指令。

任务一　创建离线示教仿真工作站

【任务描述】

小罗：“小白，在进行离线编程与仿真之前，需要相应的仿真工作站作为其平台。”

小白：“小罗同学，是不是按照之前的方法创建就行？”

小罗：“基本步骤一样，但方法有点差异。”

小白：“有何差异？”

小罗：“之前我们创建工作站所用的模型都是软件内部资源，可是光靠这些是远远不够的，所以大多数情况下都是用外部模型来进行创建。在本次任务中我们将运用 IGS 格式的图形文件导入到软件中来创建仿真工作站。”

小白：我：“原来是这样，那赶紧开始吧……。”

【知识学习】

在 ROBOGUIDE 中搭建仿真工作站的过程其实就是模型布局和设置的过程。项目二中采用绘制简单几何体模型和添加软件自带模型的方法来创建仿真工作站，是一种快速构建工作站的方式。但是同时也产生了较大的局限性，软件本身较弱的建模能力导致了仿真工作站很难做到与真实的现场统一。如果要进行机器人工作站的离线编程和仿真，应该尽量使软件中的虚拟环境和真实现场保持高度一致，离线程序与仿真的结果才能更加贴近实际。此时，ROBOGUIDE 的建模能力就远远不能满足实际的需求，外部模型的导入就成为了解决这一问题的有效手段。通过工作站的工程图纸或者现场测量获得数据，在专业三维绘图软件中制作与实物相似度极高的模型，然后转换成 ROBOGUIDE 能识别的格式（常用 IGS 图形格式）后导入到工程文件中进行真实现场的虚拟再现。

图 3-7 所示为一个简易的仿真工作站，由 FANUC LR Mate 200*i*D/4S 迷你型搬运机器人、笔形工具、轨迹画布和工作站基座组成。其中，工作站基座和末端执行工具采用专业绘图软件制作的 IGS 格式图形，轨迹画布则是由简单的立方体模型进行贴图制作。

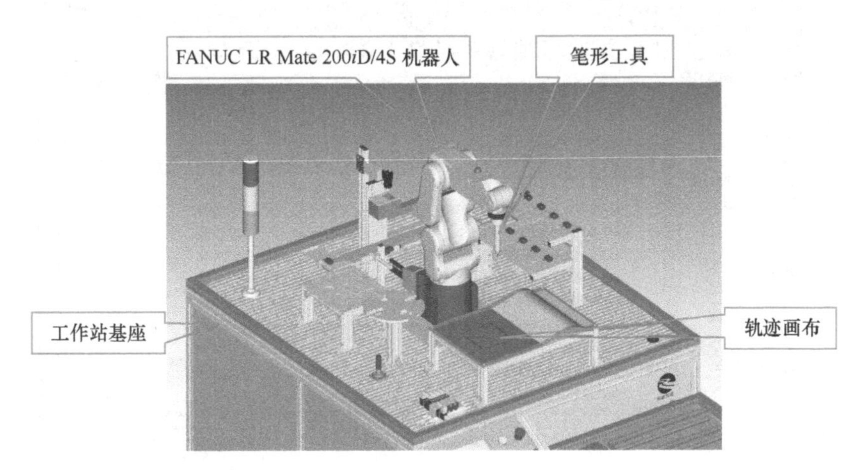

图 3-7 离线示教仿真工作站

首先，需要在此仿真工作站上，利用虚拟示教的方法编写画布中矩形的轨迹程序，然后进行试运行，确认无误后将程序导出并上传到真实的机器人中。由于仿真工作站与真实工作站存在着不可避免的偏差，即机器人与各部分的相对位置在仿真工作站和真实工作站中是不同的，所以在程序导出之前需要对程序进行修正。

本任务中构建仿真工作站的方法将涉及模型的导入方法、工具坐标系的设置方法、用户坐标系设置方法和模型贴图的方法。

【任务实施】

1. 导入工作站基座

① 首先打开“Cell Browser”窗口，从 Fixtures 导入一个工作台。鼠标右键单击“Fixtures”，执行菜单命令“Add Fixture”→“Single CAD File”，导入外部模型，如图 3-8 所示。

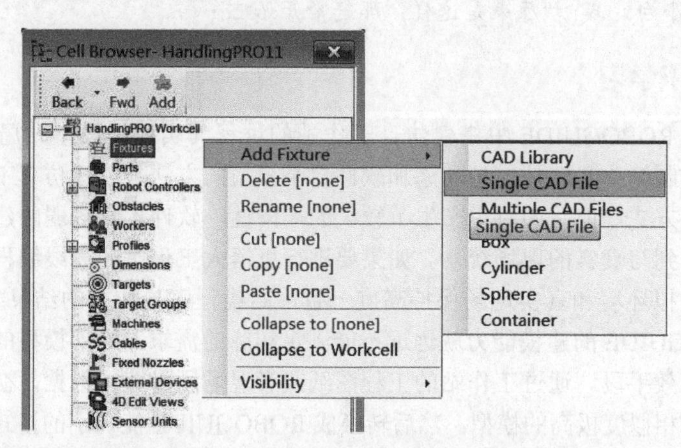

图 3-8　导入 Fixture 模型的步骤

② 从计算机的存储目录中找到相应的文件（文件格式为 IGS），选择“HZ-Ⅱ-F01-00 工作站主体 .IGS”文件，单击“打开”按钮，如图 3-9 所示。

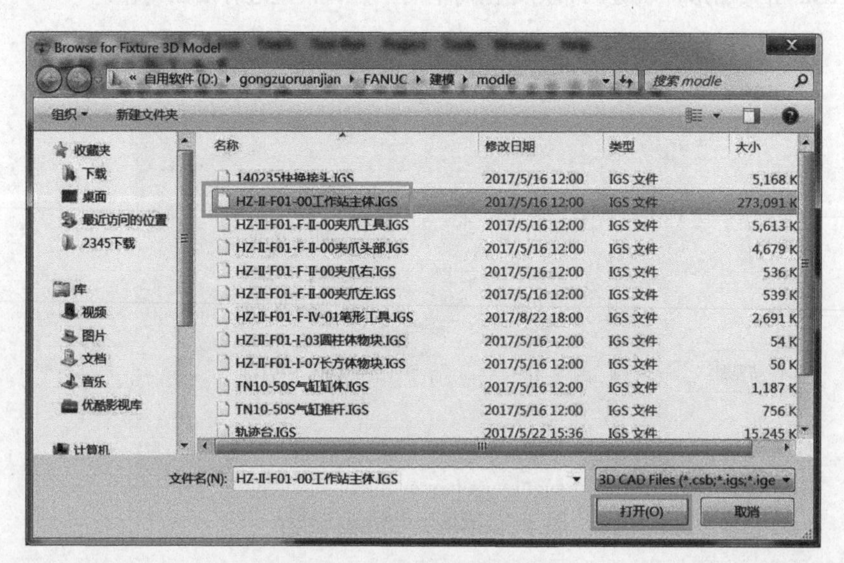

图 3-9　外部模型存放目录

③ 输入“Location”的 6 个数据值，移动工作台主体至合适的位置并旋转至正确的方向，勾选“Lock All Location Values”选项锁定位置，如图 3-10 所示。

④ 用鼠标左键按住机器人模型上的坐标系，拖动机器人到工作台上的合适位置，勾选“Lock All Location Values”选项锁定位置，如图 3-11 所示。

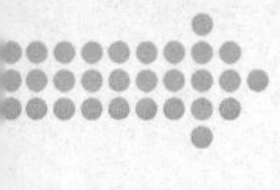

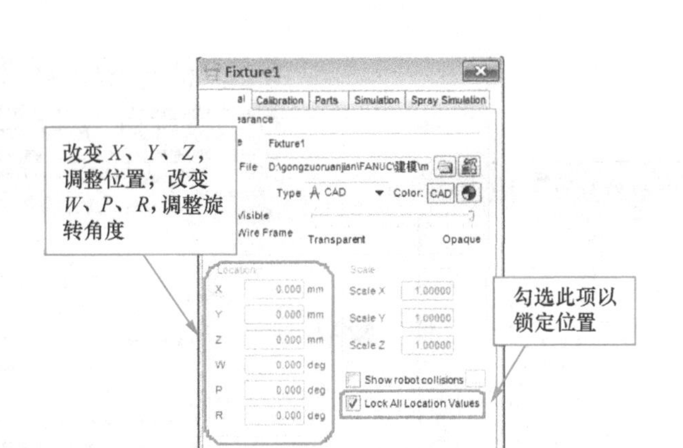

图 3-10　模型位置的设置

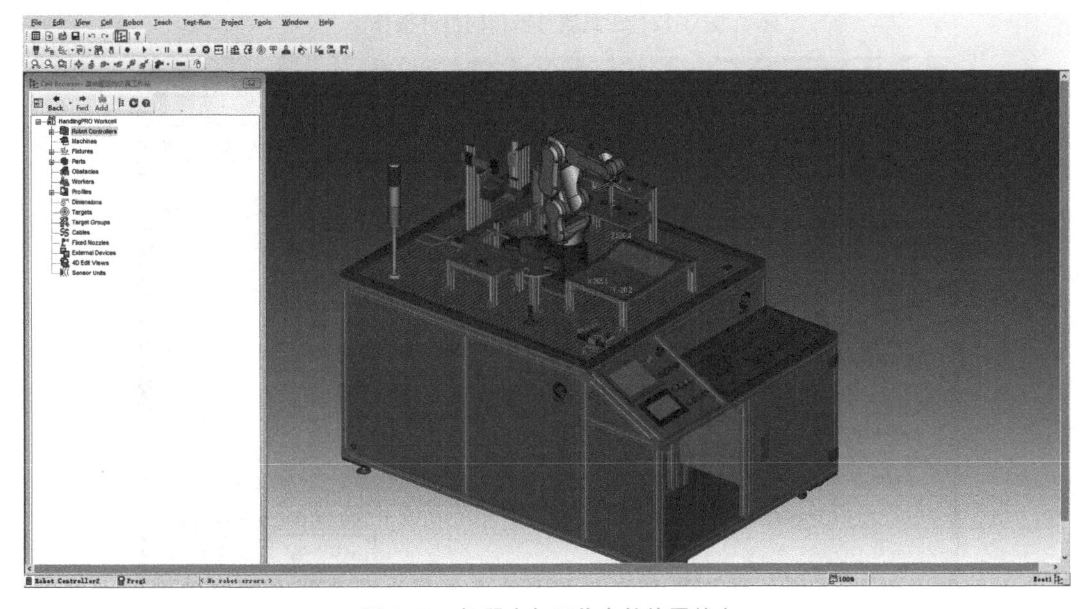

图 3-11　机器人与工作台的位置状态

2. 导入笔形工具

① 打开“Cell Browser”窗口，双击“Tooling”中的“UT:1”，打开工具的属性设置窗口，如图 3-12 所示。

② 注意在安装笔形工具之前需要安装一个快换接头，单击图标打开模型存放的目录，选择“140235 快换接头 .IGS”文件，单击“打开”按钮，如图 3-13 所示。

③ 模型加载后，调整至适当的位置，使其正确地安装在机器人第 6 轴的法兰盘上，如图 3-14 所示。勾选属性设置窗口中的“Lock All Location Values”选项锁定位置。

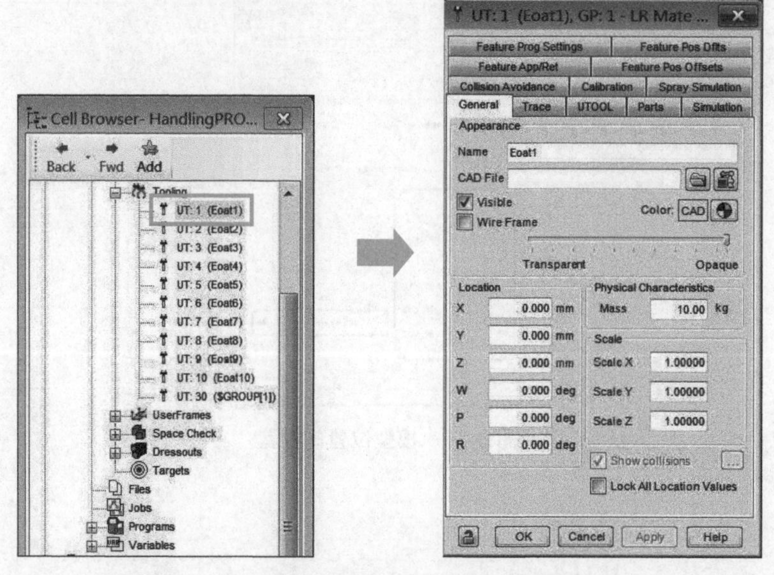

图 3-12　工具属性窗口的打开操作

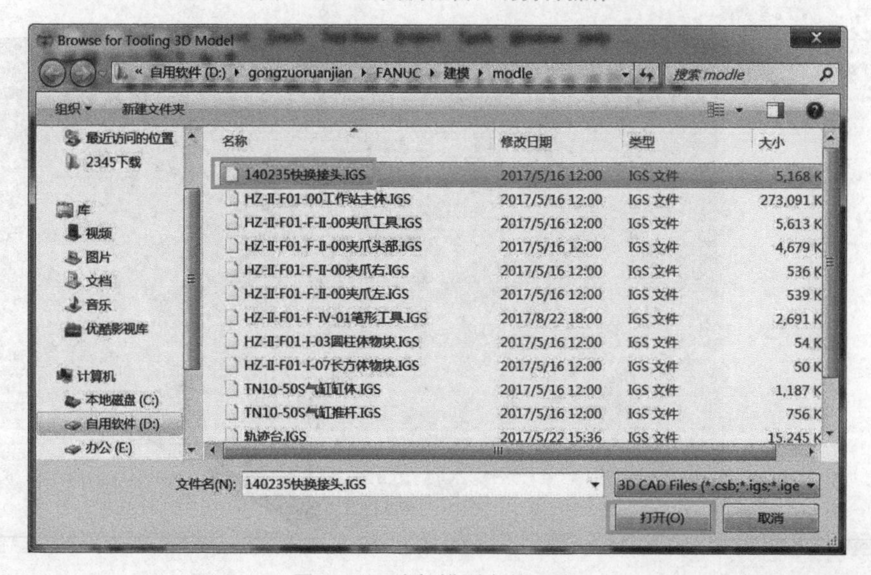

图 3-13　外部模型存放目录

④ 快换接头安装完成以后，在此基础之上安装笔形工具。由于工具“UT:1”上已经存在一个工具模型了，如果想在此工具的基础上再增加新的工具模型，则需要将新的模型链接到原有的模型上。鼠标右键单击工具“UT:1”，执行菜单命令“Add Link”→“CAD File”，如图 3-15 所示。

⑤ 在模型存储目录中选择“HZ-II-F01-F-IV-01 笔形工具 .IGS”文件，单击“打开”按钮，如图 3-16 所示。

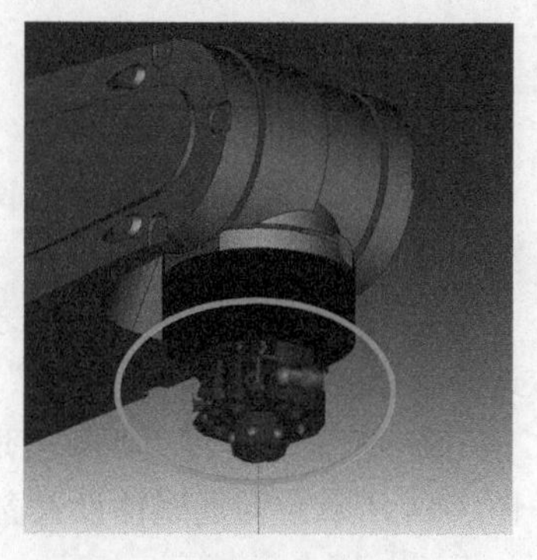

图 3-14　快换接头的安装状态

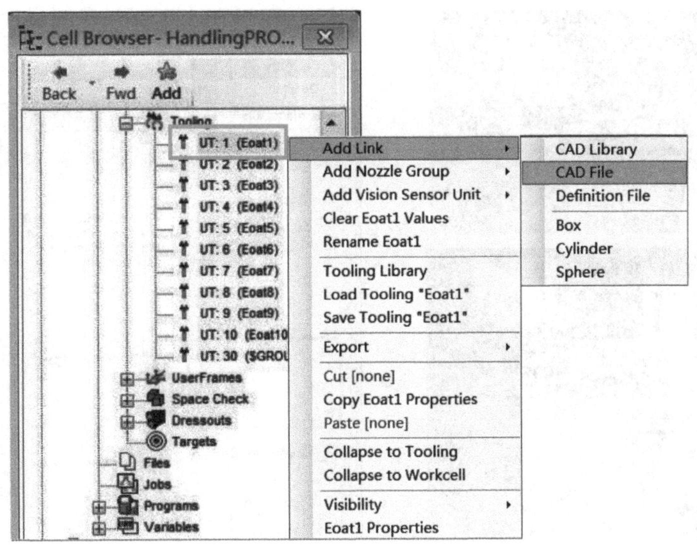

图 3-15　工具链接模型的操作步骤

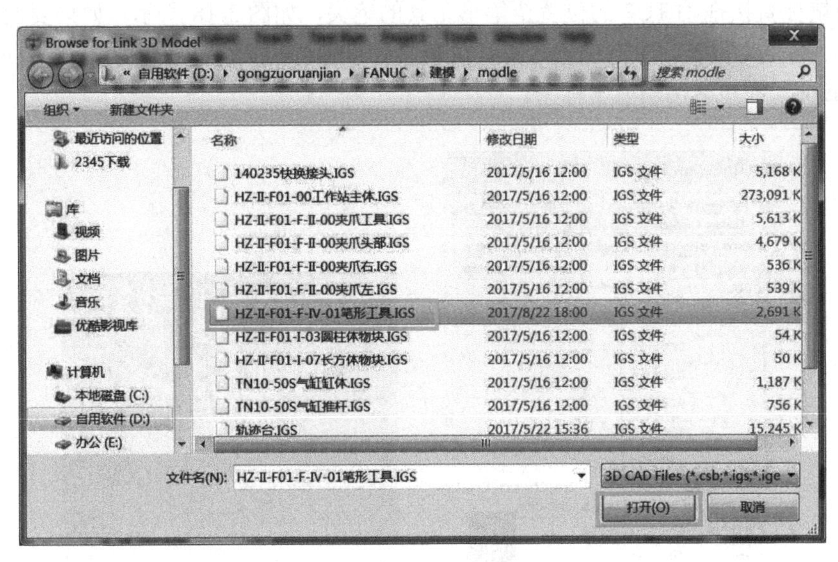

图 3-16　外部模型存放目录

⑥ 由于三维绘图软件坐标系的设置问题会使模型导入到 ROBOGUIDE 中时出现图 3-17 所示的错位情况，此时应通过调节模型 *X*、*Y*、*Z* 偏移量和轴的旋转角度，使得笔形工具正确安装在快换接头上。调整完毕后勾选“Lock Axis Location”选项锁定其位置数据。

3. 设置工具坐标系

在真实的机器人上设置工具坐标系时，常用到的方法是三点法和六点法。如果将上述方法应用在仿真机器人上，那么操作起来同样是相当烦琐的，并且也会产生精度误差，所以 ROBOGUIDE 提供了一种更为直观与简易的工具坐标系快速设置功能。

① 双击工具坐标系“UT:1”打开工具的属性设置窗口，选择“UTOOL”工具坐标系选项卡，勾选“Edit UTOOL”选项编辑工具坐标系。

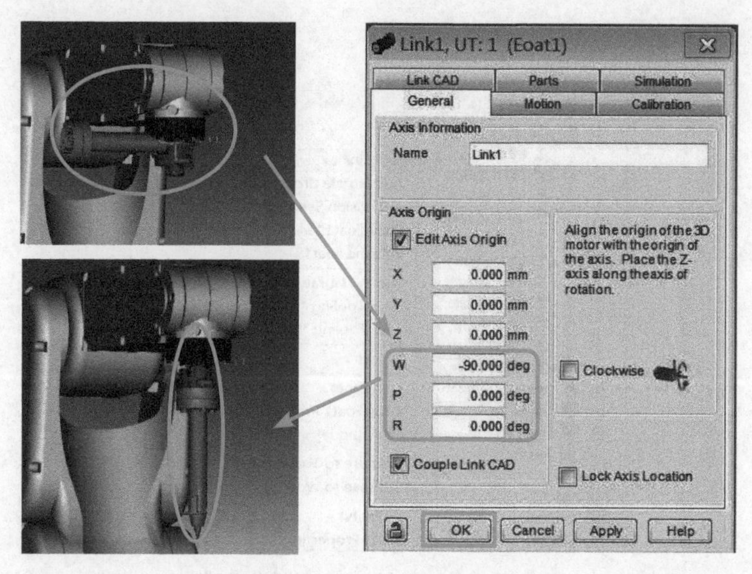

图 3-17　笔形工具的调整

② 用鼠标直接拖动 TCP 的位置至笔形工具的笔尖，如图 3-18 所示。如果要调整工具坐标系方向，在“W”“P”“R”中输入具体的旋转角度值即可。调整完毕后单击“Use Current Triad Location”按钮应用当前坐标系。

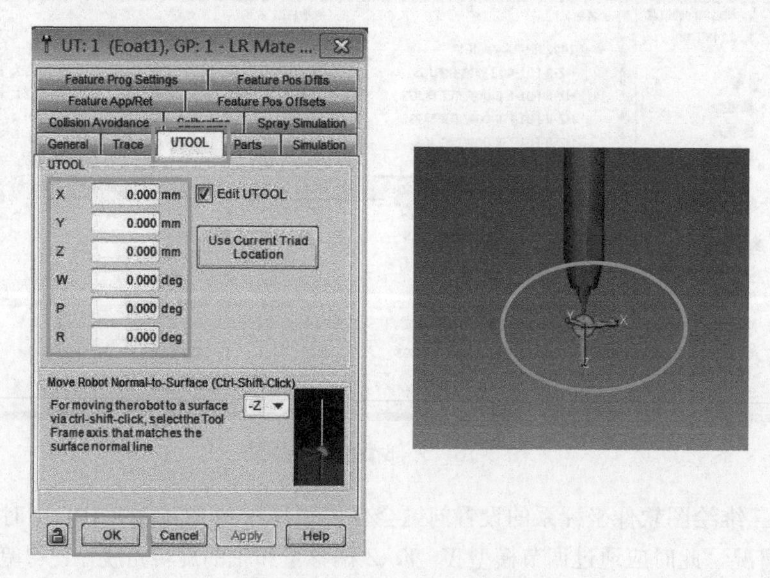

图 3-18　工具坐标系的编辑

4. 模型贴图

在 ROBOGUIDE 中，只有规则的六面立方体模型支持贴图功能。要想查看某一模型是否支持此功能，可双击打开模型的属性设置窗口，查看是否存在“Image”选项卡。贴图源文件的图片可支持 BMP、GIF、JPG、PNG 和 TIF 文件格式。

① 打开“Cell Browser”窗口，再创建一个 Fixture 模型，默认名称为“Fixture2”。调整模型的大小与位置，使其与画板的平面部分重合，如图 3-19 所示。

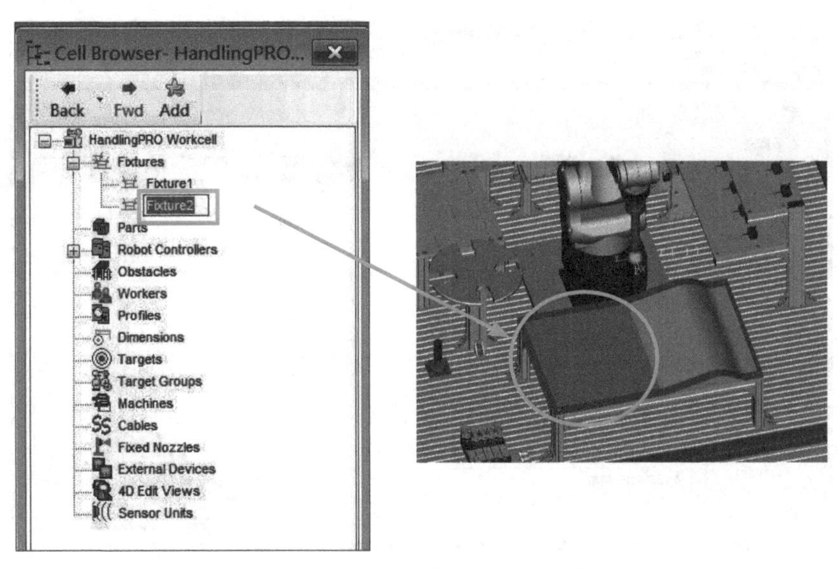

图 3-19　Fxiture2 模型的大小和位置

② 选择要添加贴图的 Fixture2 模型，如图 3-19 所示，双击“Fixture2”打开属性设置窗口。选择“Image”选项卡，如图 3-20 所示，单击图标打开图片存放的目录。

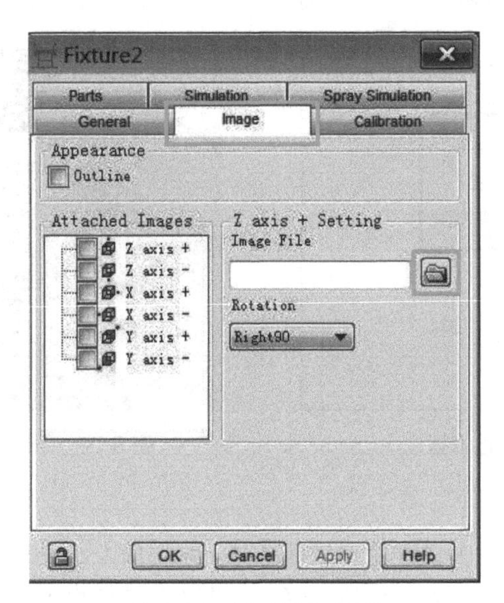

图 3-20　贴图设置界面

③ 选择“画布”文件，单击“打开”按钮，如图 3-21 所示。

④ 在“Attached Images”中选择贴图要覆盖的模型表面，在“Rotation”中可选择图片的旋转方向，单击“OK”按钮，如图 3-22 所示。

⑤ 贴图导入和设置成功，矩形框为贴图中所画的内容，如图 3-23 所示。

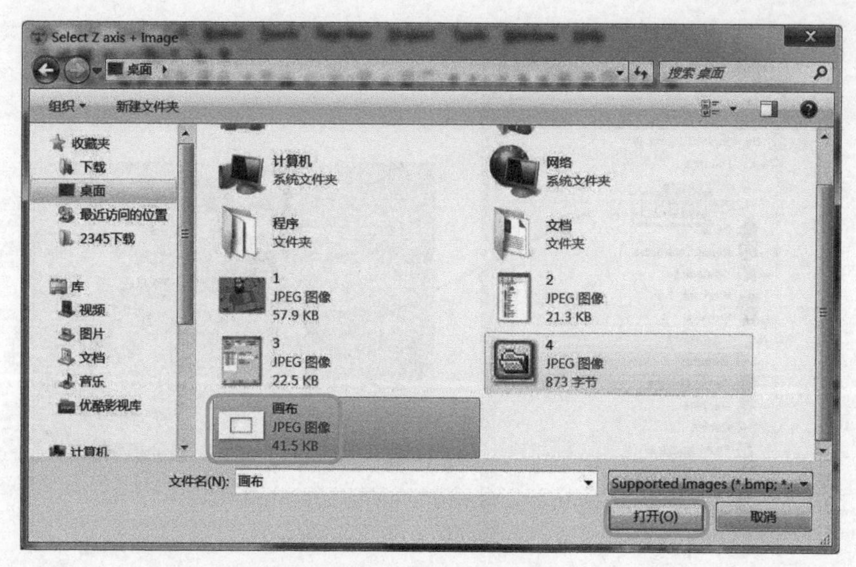

图 3-21　图片存放目录

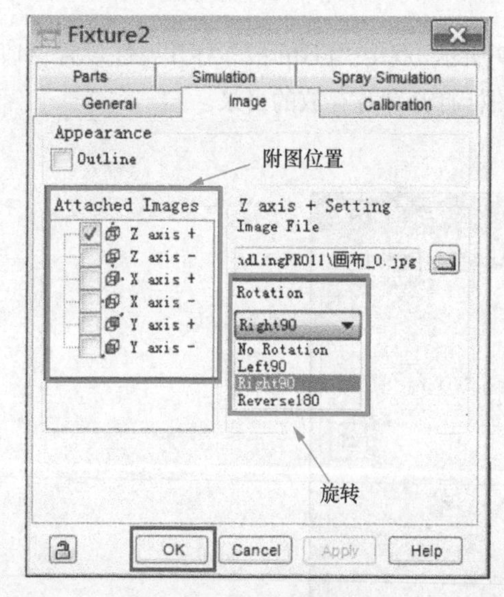

图 3-22　贴图位置设置

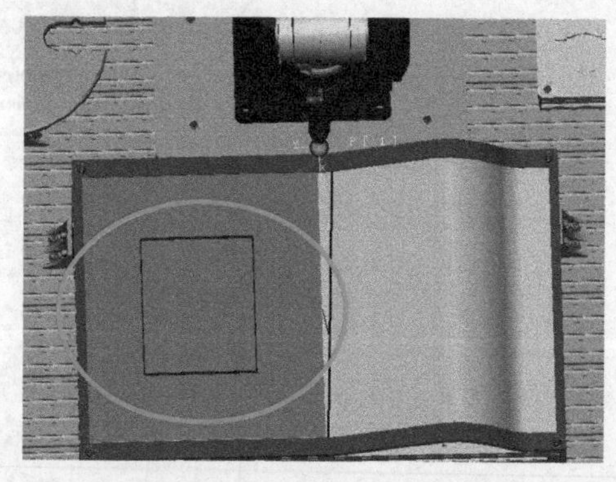

图 3-23　导入的贴图显示打开

5. 设置用户坐标系

在真实的机器人工作站中设置用户坐标系时，常用的方法是三点法和四点法，现实中的设置方法同样适用于仿真机器人工作站。ROBOGUIDE 同样也支持用户坐标系的快速设置功能，其设置方式更直观、快速。

微课

设置用户坐标系

① 打开“Cell Browser”浏览窗口，如图 3-24 所示，依次点开工程文件结构树，找到“UserFrames”用户坐标系。双击“UF:1”（UF:0 与世界坐标系重合，不可编辑）弹出用户坐标系设置界面。

② 勾选“Edit Uframe”选项，机器人周围会出现相应颜色的平面模型。平面模型的一个角点将带有坐标系标志，如图 3-25 所示。ROBOGUIDE 将用户坐标系以模型的形式直观地展现在空间区域内，可以清楚地表达

坐标系的原点位置和轴向。

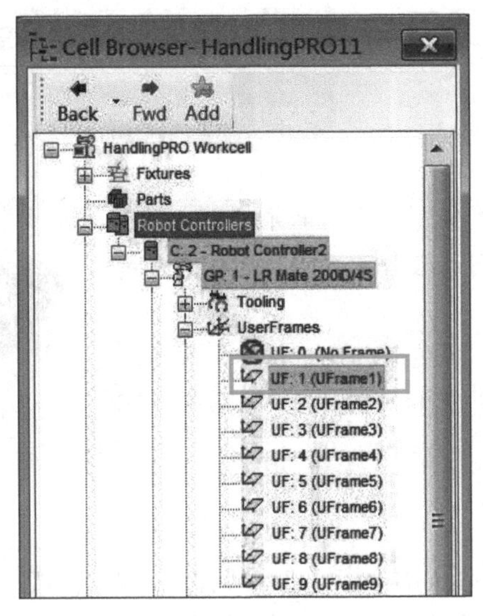

图 3-24　用户坐标系的结构位置

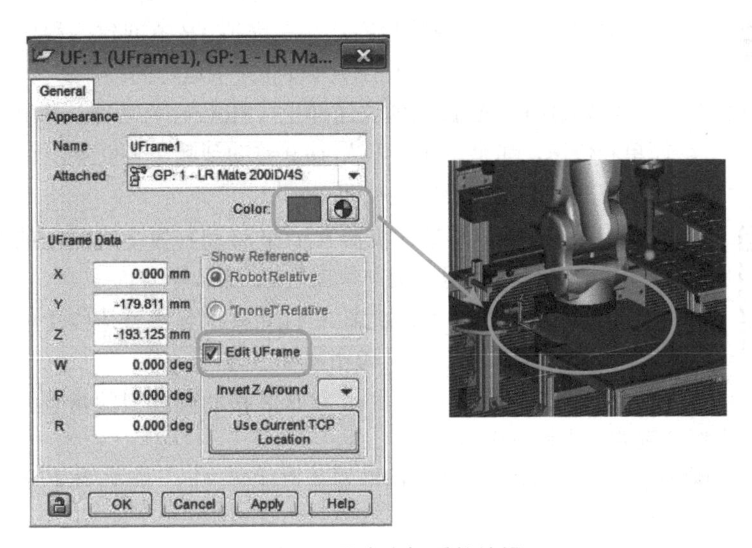

图 3-25　用户坐标系的编辑

③ 用鼠标直接拖动用户坐标系模型的位置或者设置 X、Y、Z 偏移数据和 W、P、R 旋转角度，将坐标系与画板对齐，形成新的用户坐标系，如图 3-25 所示，单击“Apply”按钮完成设置。

【思考与练习】

1. 外部模型可以支持什么格式的文件？一般采用哪种格式？
2. 仿真中设置坐标系与真实机器人设置坐标系的哪种方法类似？

任务二　虚拟 TP 的示教编程

【任务描述】

小白：“小罗同学，在仿真工作站中可以像操作真的机器人那样，用 TP 进行编程吗？我觉得那样的方式我们比较容易接受。”

小罗：“当然可以啦，不然怎么能叫仿真。仿真工作站中有一个虚拟的 TP，它和真的 TP 并无两样，可以放心操作。”

【知识学习】

微课

虚拟示教器示教编程

ROBOGUIDE 生成离线程序的方式不只一种，其中最简单、最直观的莫过于虚拟 TP 示教法，即采用虚拟 TP 进行示教编程，其操作方法与真实的示教编程几乎相同。虚拟 TP 示教编程是离线示教编程的一种，也是最容易上手的一种编程方法。在虚拟 TP 中创建的程序称为 TP 程序，是不需要转化就可以直接上传到机器人中运行的程序。

微课

捕捉位置点

ROBOGUIDE 提供的快速捕捉（MoveTo）功能让示教点的操作变得简单和快速，如果想让机器人 TCP 移动到某一个位置，无须点动机器人，直接将其移动到捕捉的点位即可。

① 单击 Face 和模型，机器人 TCP 移动到模型表面上的点。快捷键是按住“Ctrl+Shift”组合键并单击鼠标左键。

② 单击 Edge 和模型，机器人 TCP 移动到模型边缘上的点。快捷键是按住“Ctrl+Alt”组合键并单击鼠标左键。

③ 单击 Vertex 和模型，机器人 TCP 移动到模型的角点。快捷键是按住“Ctrl+Alt+Shift”组合键并单击鼠标左键。

④ 单击 Arc Ctr 和模型，机器人 TCP 移动到模型圆弧特征的圆心。快捷键是按住“Shift+Alt”组合键并单击鼠标左键。

本任务将通过对画板矩形轨迹的示教编程，展示虚拟 TP 的使用方法、移动机器人 TCP 的方法以及精确示教点的方法。

【任务实施】

微课

虚拟示教器编程和程序运行

① 单击工具栏上的图标，打开虚拟 TP。打开 TP 的有效开关，单击“Select”键创建一个程序，如图 3-26 所示。

② 选择大写字符，输入程序名，单击 TP 上的 ENTER 键，如图 3-27 所示。

③ 执行菜单命令“编辑”→“插入”插入空行，输入要插入的行数，单击 ENTER 键确定，如图 3-28 所示。

④ 单击 点 按钮，添加动作指令，如图 3-29 所示。

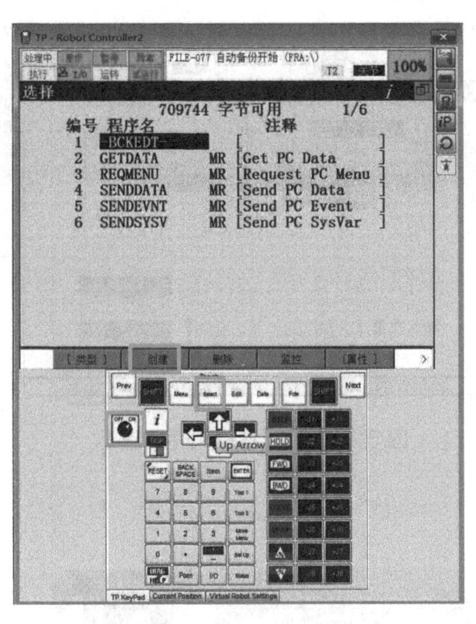

图 3-26　虚拟 TP

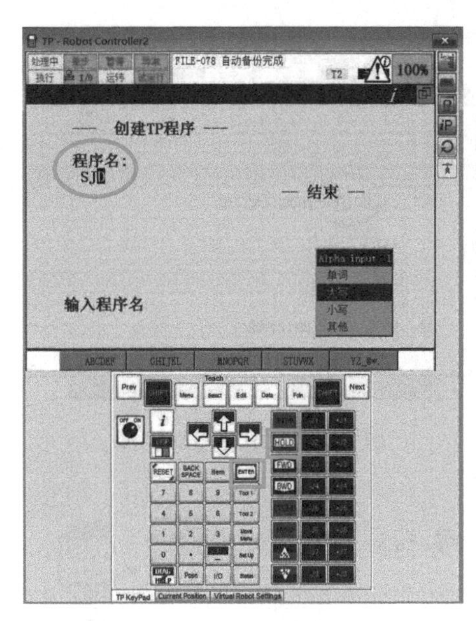

图 3-27　程序创建

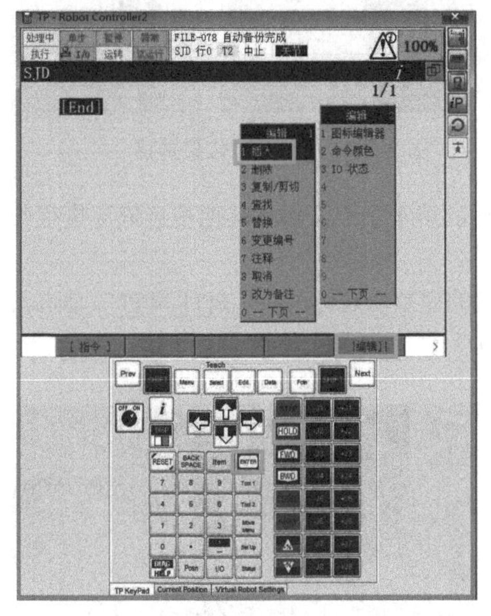

图 3-28　程序编辑

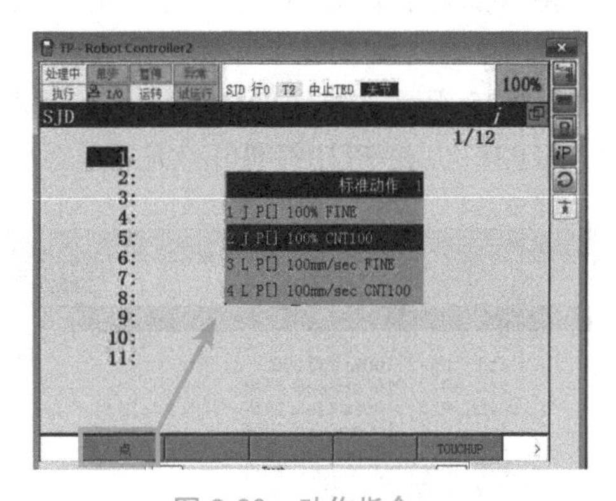

图 3-29　动作指令

⑤ 创建一个“HOME”点，把光标移至图 3-30 所示位置，单击“位置”按钮，调出点的位置信息。

⑥ 执行菜单命令“形式”→“关节”，把 J5 轴设置为 -90，其他轴均为 0，如图 3-31 所示。

⑦ 单击工具栏上的图标，弹出点位捕捉功能窗口，选择表面点捕捉，如图 3-32 所示。

⑧ 或者直接按“Ctrl+Shift”组合键，将光标移动到要示教的位置上并单击，机器人的 TCP 将自动移至此点，如图 3-33 所示。

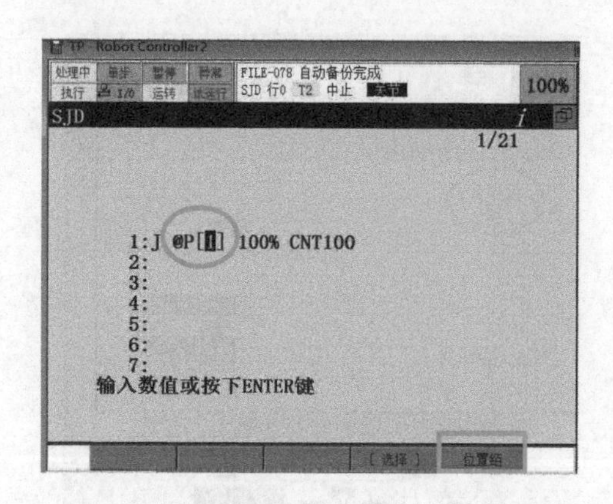

图 3-30 动作指令的修改

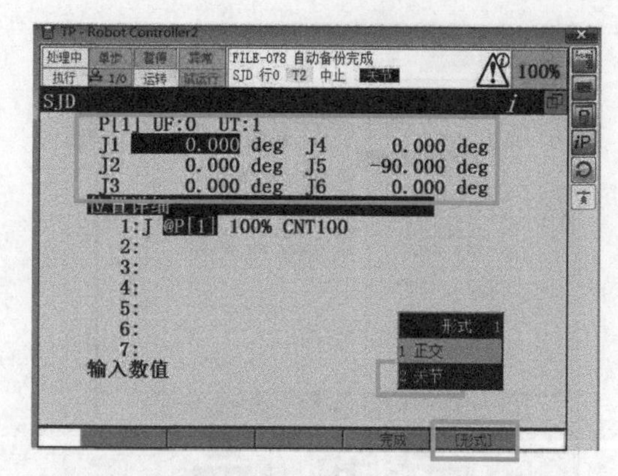

图 3-31 位置数据的手动输入

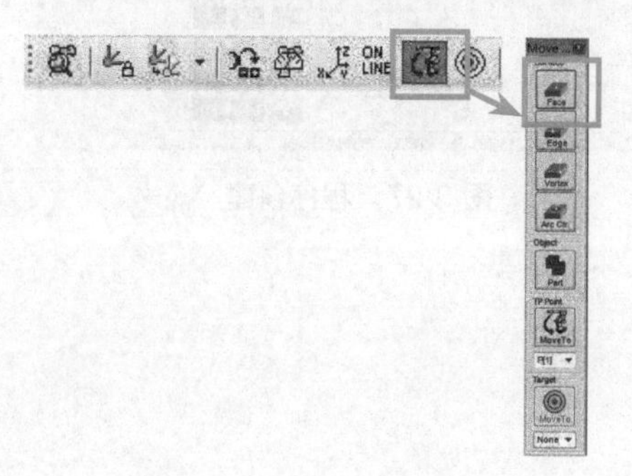

图 3-32 点位捕捉工具栏

图 3-33 第 1 个点位置捕捉

⑨ 添加合适的动作指令（线性运动）记录矩形的第 1 个点，然后其他各点依次执行此操作并全部记录，如图 3-34 所示。

图 3-35 所示为从“HOME”点开始并走完矩形的完整轨迹。其中，P[1] 和 P[7] 是机器人的“HOME”点，P[2] 到 P[6] 点是记录矩形轨迹的点。

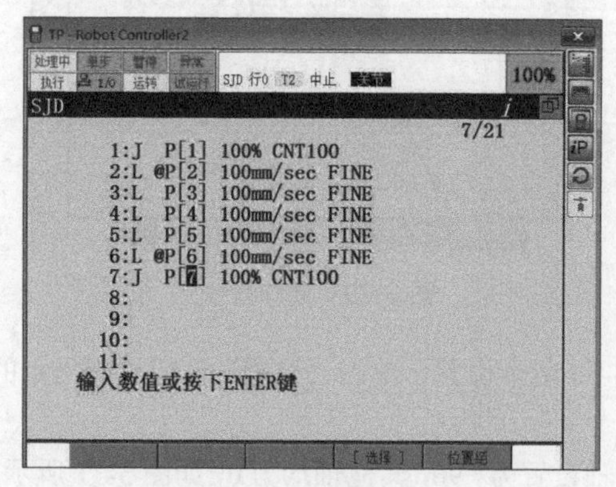

图 3-34 轨迹程序

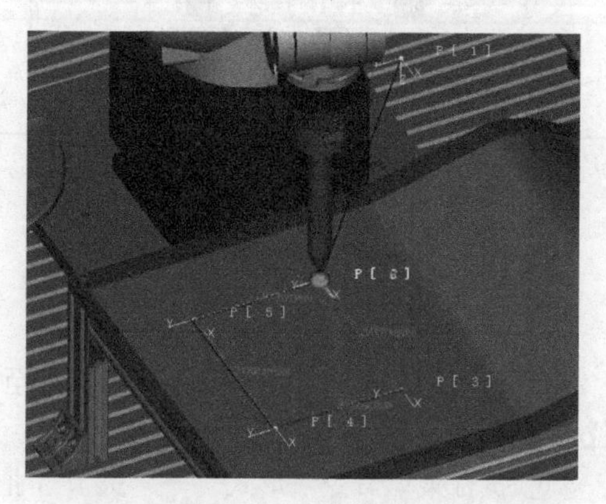

图 3-35 程序轨迹

⑩ 将虚拟 TP 界面的光标放在程序的第 1 行，先单击SHIFT键，然后单击FWD键执行程序，如图 3-36 所示。

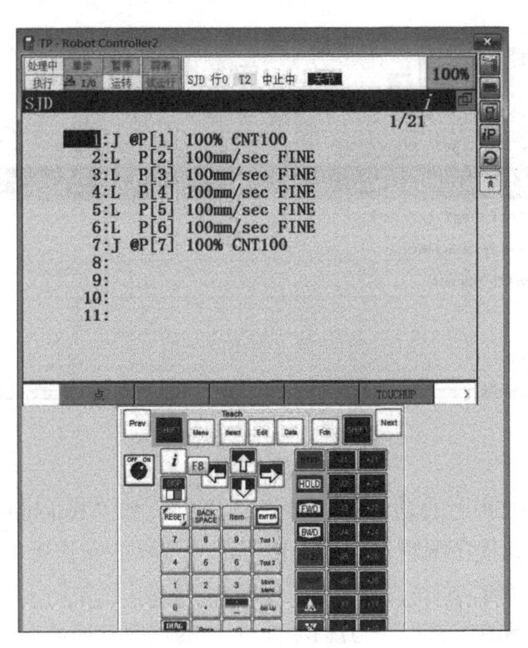

图 3-36　执行程序的操作

【思考与练习】

1. 将机器人 TCP 移动到模型边缘上的点的快捷键是什么？
2. 虚拟 TP 的按钮的作用是什么？

任务三　仿真程序编辑器的示教编程

【任务描述】

小罗：“今天我再教大家一种新的编程方法，并且这种方法将成为以后主流的编程方式之一。”

小白：“哦？什么方法？”

小罗：“就是创建虚拟程序的方法，利用仿真程序编辑器进行示教编程。”

小白：“这种方式与刚才的方式有何不同？又有什么值得我们使用的地方呢？”

小罗：“我先不解释，等我们实际操作一遍后，相信你以后会更倾向这种编程方式。”

【知识学习】

离线示教编程的第 2 种方法就是采用创建仿真程序的方式进行示教编程。仿真程序编辑器是 ROBOGUIDE 将 TP 的程序编辑功能简化后的产物，它提供示教点动作指令添加、位置更新、常用控制指令添加等几个主要功能，如图 3-37 所示。

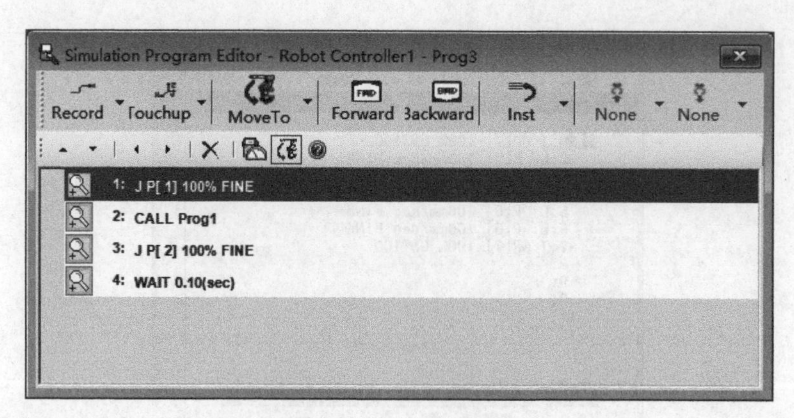

图 3-37 仿真程序编辑器

仿真程序编辑器将 TP 上的功能组合键进行压缩，如“Touchup”命令相当于 TP 上的“Shift+F5”组合键。仿真程序编辑器的应用使得示教编程的操作更加简便，记录点的速度更快，编程的周期极大地缩短。

仿真程序编辑器创建的仿真程序与虚拟 TP 创建的程序有所不同，虚拟 TP 创建的程序与真实的 TP 创建的程序完全一致，而仿真程序中的某些特殊指令其实是仿真指令，并不存在于真实的机器人中，只是作用于软件中的动画效果。如果需要将仿真程序上传到机器人中运行，就必须对程序中的仿真指令进行控制指令的转化和替换。

【任务实施】

① 执行菜单命令“Teach”→“Add Simulation Program”，创建一个仿真程序，如图 3-38 所示。

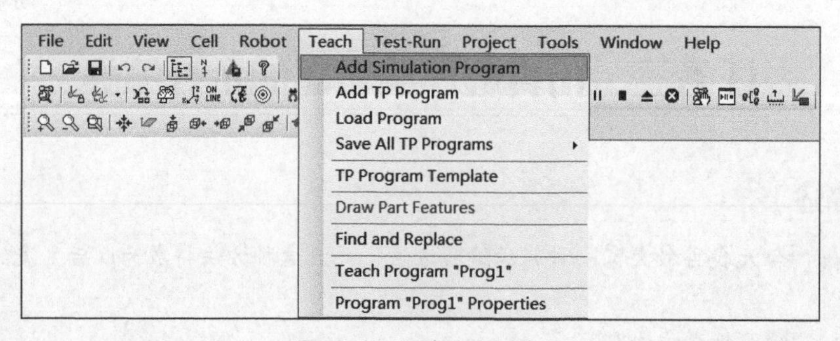

图 3-38 创建仿真程序

② 输入程序的名称“Prog2”，选择工具坐标系和用户坐标系，单击“OK”按钮，如图 3-39 所示。

③ 进入编程界面，单击 Record 的下拉按钮，在弹出的下拉选项中选择动作指令的类型，记录第 1 个点，如图 3-40 所示。

④ 将第 1 个点设置为“HOME”点。选择关节坐标，将 J5 轴设置成 −90，其他轴均设置为 0，此时“HOME”点已被更新至 P[1]，如图 3-41 所示。

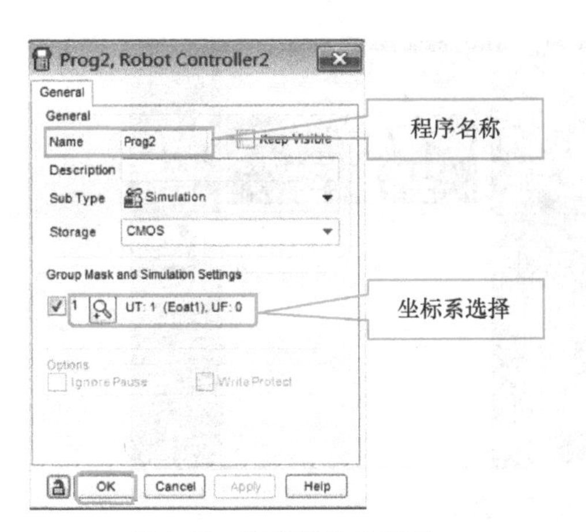

图 3-39　程序属性的设置

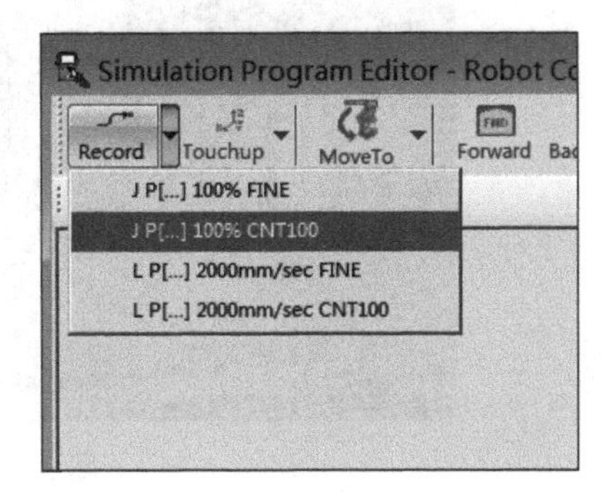

图 3-40　添加动作指令

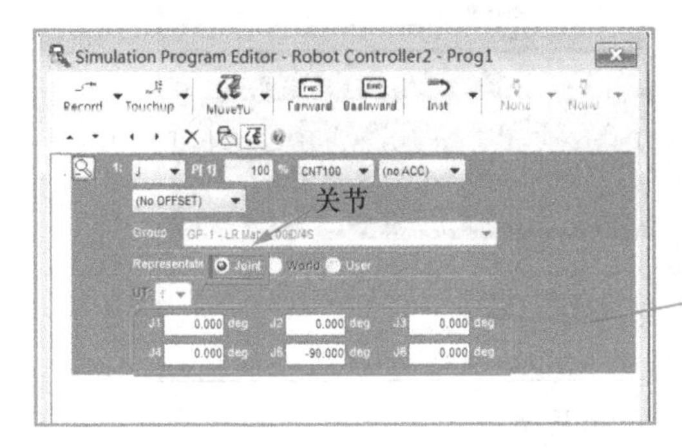

图 3-41　修改动作指令

⑤ 单击工具栏上的图标，弹出点位捕捉功能窗口，选择表面点捕捉，如图 3-42 所示。

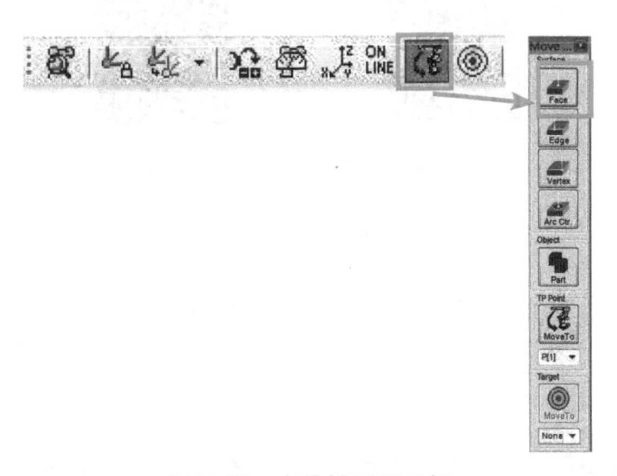

图 3-42　点位捕捉工具栏

⑥ 或者直接按“Ctrl+Shift”组合键，将光标移动到要示教的位置上并单击，机器人的 TCP 将自动移至此点，如图 3-43 所示。

⑦ 用此方式将所有的点全部记录下来，并修改运行速度和定位类型等，如图 3-44 所示。

图 3-43　第 1 个点位置捕捉

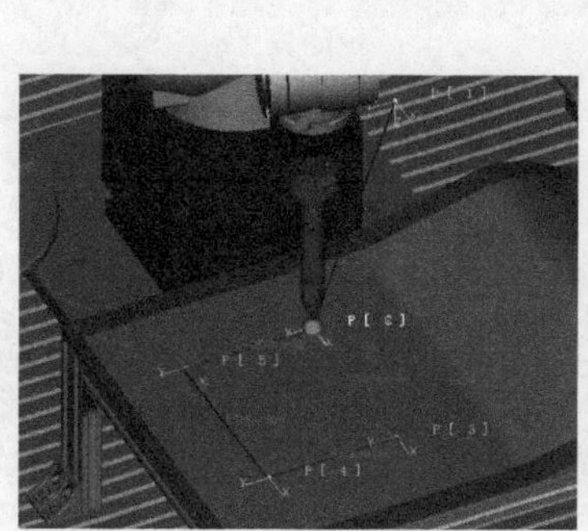

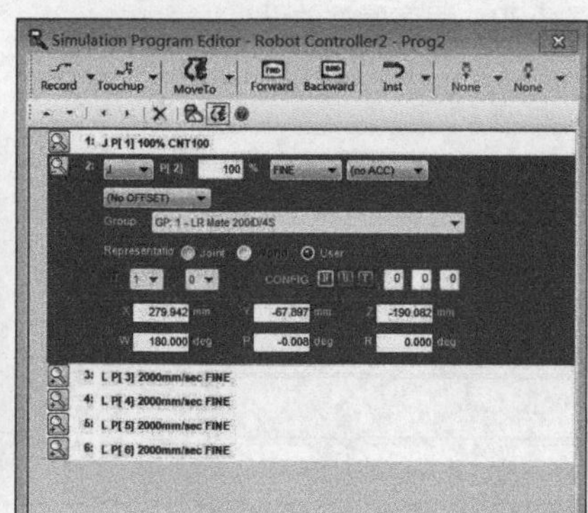

图 3-44　轨迹和程序

⑧ 单击工具栏中的 ▶ 启动按钮，运行程序并观察运行的结果是否符合预期。

微课

仿真运行程序

微课

视频录制

【思考与练习】

1. 仿真程序与 TP 程序没有区别，请问这种说法是否正确，为什么？
2. 仿真程序中示教点和添加指令的 2 个按钮分别是什么？

任务四　修正离线程序及导出运行

【任务描述】

小白：“小罗同学，这个矩形的离线程序已经编好，是不是可以直接上传到真实的机器人中运行了？”

小罗：“稍安勿躁，请问仿真环境下机器人与画板的相对位置和真实环境下机器人与画板的相对位置是否完全一致？”

小白：“怎么可能一致，仿真环境那可是理想状态。”

小罗：“那么离线程序在真实机器人上运行后，轨迹位置还会保持正确吗？”

小白：“这……那有什么办法，难道要重新示教，不可能吧？”

小罗：“不要急，幸好我有一个功能叫作程序修正，可以快速纠正程序记录位置。”

【知识学习】

微课

修正离线程序及导出运行

在 ROBOGUIDE 的虚拟环境中，模型尺寸、位置等数值的控制是一种理想的状态，这也是现实世界难以到达的境界。即使仿真工作站与真实工作站相似度再高，也无法避免由于现场安装精度等原因引起的误差，这就会导致机器人与其他各部分间的相对位置在仿真和真实情境下有所不同，也就造成了离线程序的轨迹在实际现场运行时会发生位置偏差。虽然重新标定真实机器人的用户坐标系可解决这一问题，但是会影响机器人本身其他程序的正常使用。

程序的校准修正是 ROBOGUIDE 解决这种问题的有效手段，它的作用机理是在不改变坐标系的情况下，直接计算出虚拟模型与真实物体的偏移量（以机器人世界坐标系为基准），将离线程序的每个记录点的位置进行自动偏移以适应真实的现场。在对程序进行偏移的同时，相对应的模型也会跟随程序一同偏移，此时真实环境与仿真环境中机器人与目标物体的相对位置是一致的。

微课

程序的校准

CALIBRATION 校准功能是通过在仿真软件中示教 3 个点（不在同一直线上），在实际环境里示教同样位置的 3 个点，生成偏移数据。ROBOGUIDE 通过计算实际与仿真的偏移量，进而可以自动对程序和目标模型进行位置修改。

总体流程如下。

Step1：Teach in 3D World（在三维软件中示教程序）。

Step2：Copy & Touch-Up in Real World（将程序复制到机器人上并修正其位置点）。

Step3：Calibrate from Touch-Up（校准修正程序）。

【任务实施】

① 双击前面任务中创建的“Fixture2”模型，在弹出的属性设置窗口中选择“Calibration”选项卡，单击“Step1：Teach in 3D World”按钮，自动生成校准程序“CAL*****.TP”，如图 3-45 所示。

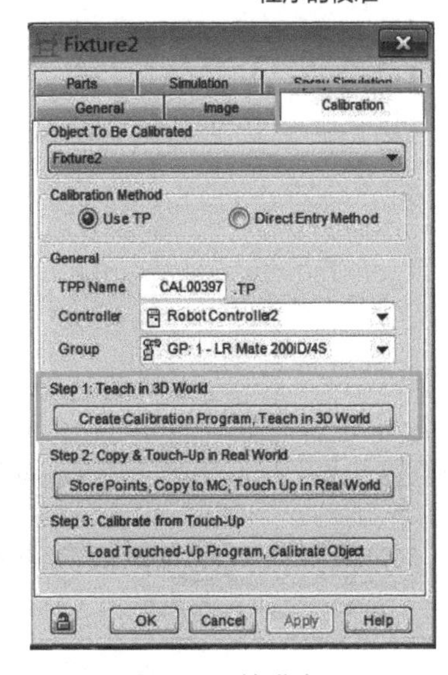

图 3-45　校准窗口

② 用程序中调用的“工具坐标系 1”和“用户坐标系 0”示教指令中的 3 个位置点。注意 3 点不能在同一条直线上，如图 3-46 所示。

③ 单击“Step2：Copy & Touch-Up in Real World”按钮，自动将校准程序备份到对应文件夹里，如图 3-47 所示。

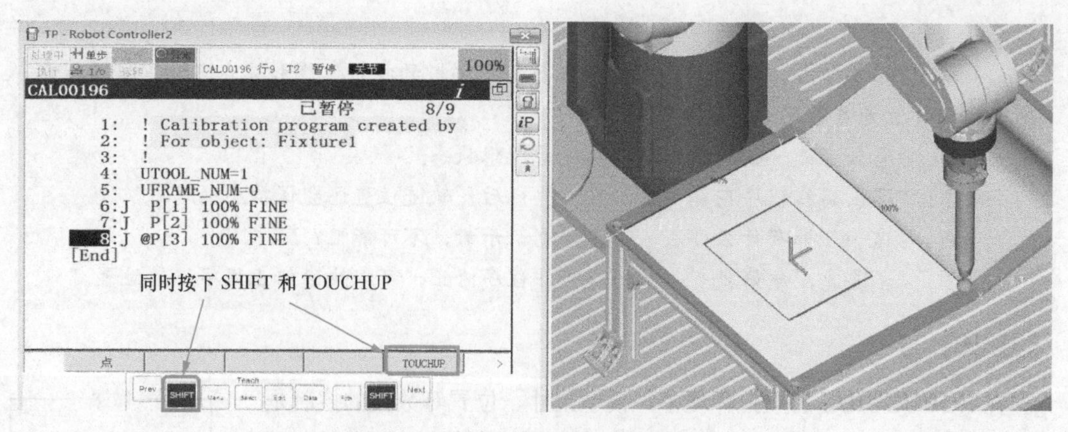

图 3-46 仿真中示教 3 个位置点

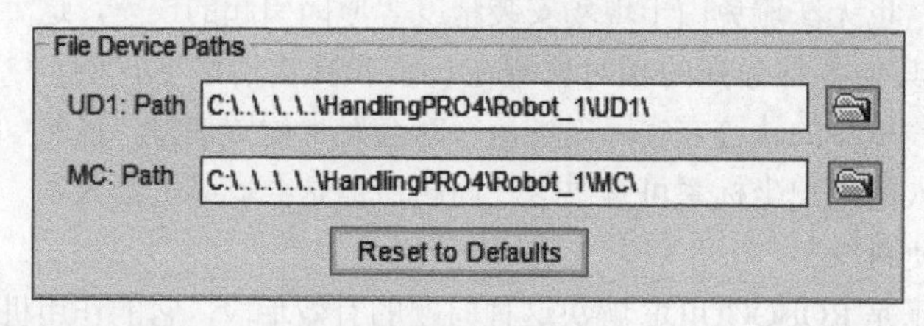

图 3-47 自动将校准程序备份到相应的文件夹里

④ 使用存储设备将校准程序“CAL*****.TP”上传到机器人上，如图 3-48 所示。

⑤ 在真实的机器人上设置同一个工具坐标系号和用户坐标系号，并在实际环境中相同的 3 个位置上分别示教更新 3 个特征点的位置。

⑥ 修正好的程序再放回原来文件夹中（直接覆盖），单击“Step3：Calibrate from Touch-Up”按钮后出现图 3-49 所示界面，界面中的数据即所生成的偏移量，单击“Accept Off”按钮，即可选择需要偏移的程序。

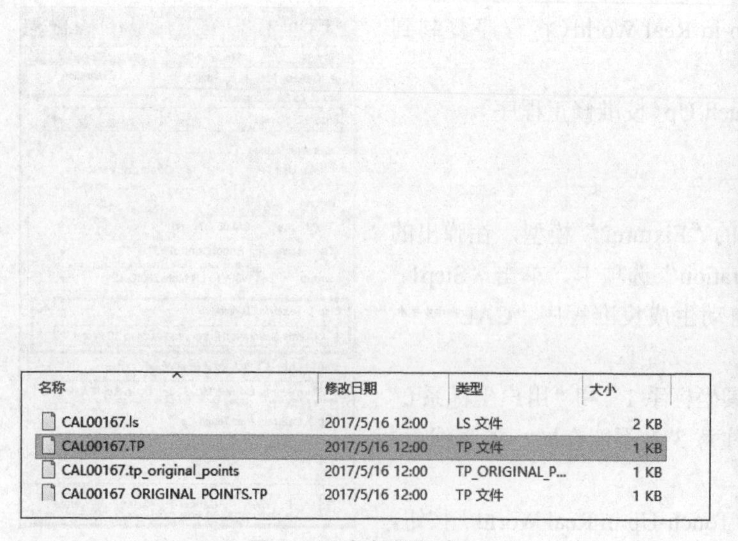

图 3-48 备份的程序

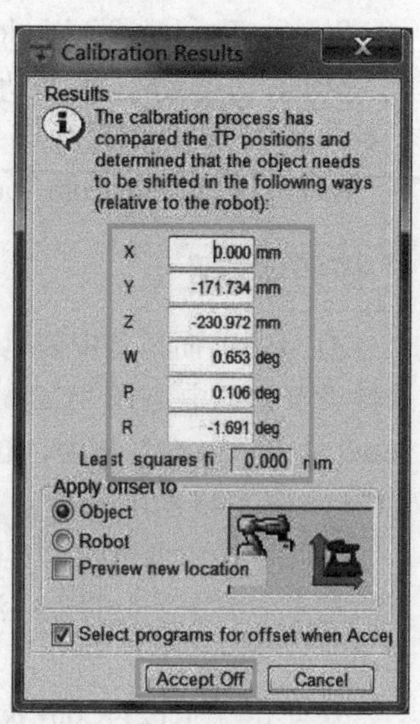

图 3-49 程序偏移数据

⑦ 以之前创建的程序“Prog2”为例，选择该程序，单击“OK”按钮进行偏移，会发现三维视图中的 Fixture 模型与程序关键点一同发生了偏移。

⑧ 将程序“Prog2”导出并上传到真实的机器人中，即可直接运行程序。

【思考与练习】

1. 程序校准功能以什么坐标系为基准？
2. 校正程序有几个示教点？其位置关系有何要求？
3. 程序修正的作用原理是什么？

【项目总结】

技能图谱如图 3-50 所示。

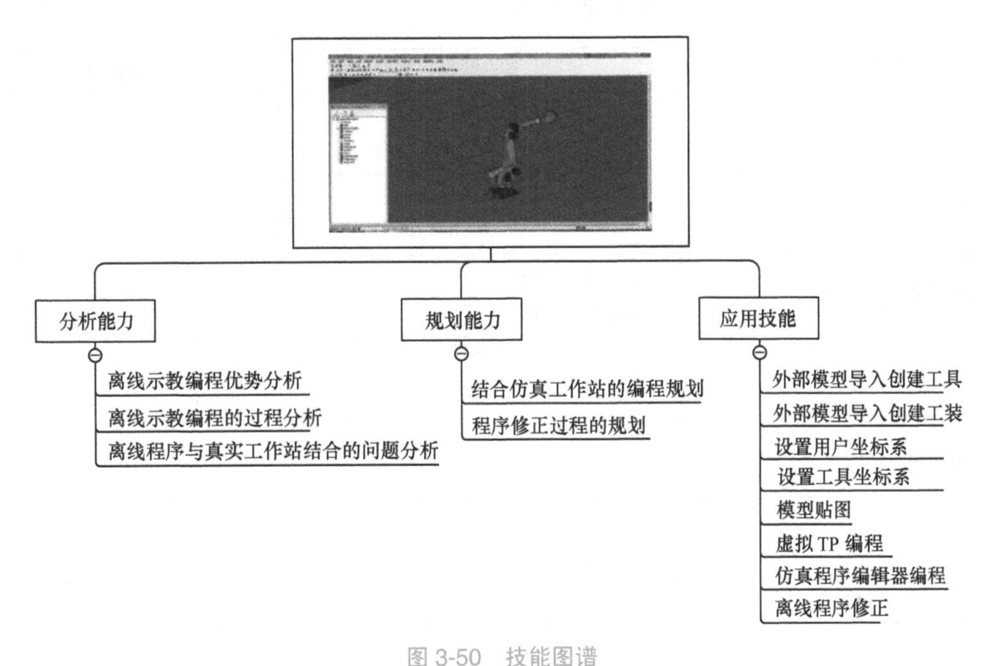

图 3-50 技能图谱

【拓展训练】

【离线示教企鹅外轮廓轨迹程序】企鹅外轮廓（见图 3-51）曲线比较多，轨迹相对来说难以示教，如果选取的关键点位置不准，很容易造成轨迹偏移。

图 3-51　企鹅外轮廓

任务要求：将图片导入到仿真工作站中，用离线示教的方法，示教出企鹅外轮廓轨迹。将此程序加以修正以适用于真实的机器人工作站，并上传到真实的机器人中运行。

考核方式：实际操作并模拟运行，如果硬件设备满足条件，可进行实际运行。完成表 3-1 所示的拓展训练评估表。

表 3-1　　拓展训练评估表

项目名称：离线示教企鹅外轮廓轨迹程序	项目承接人姓名：	日期：
项目要求	**评分标准**	**得分情况**
贴图导入（10分）		
虚拟TP使用（20分）		
仿真程序的使用（20分）	1. 程序创建（10分） 2. 指令编辑（10分）	
捕捉点功能的使用（20分）		
最终程序演示（10分）		
程序修正（20分）	1. 误差计算（10分） 2. 程序偏移（10分）	
评价人	**评价说明**	**备注**
个人：		
老师：		

模拟仿真篇

项目四
基础搬运的离线仿真

【项目引入】

小罗:“大家好!各位学习使用我已经有一段时间了,觉得掌握得如何?小白,你来说说吧。”

小白:“我觉得小罗同学最重要的功能就是生成离线的程序,这也是最终版的目的,之前所有的铺垫都是为此。”

小罗:“你说的没错,但是也不完全正确。其实我的仿真功能也是与离线编程并列的主要应用。仿真即模拟现实,不仅伴随着离线程序的验证,也是项目结果的预演。有时,我的最终目的并不是要输出程序,而是展示给大家项目运行的最终结果。”

小白:“哦……我懂了,离线编程与仿真的过程是统一的,但是用户的目的却是有侧重的,关键在于我们想要的是程序还是演示结果。”

小罗:“对的,那么从现在开始我们就来学习模拟仿真的应用。本项目要完成一次点对点简单搬运的仿真演示。”

【学思融合】

通过学习本项目,培养全方位思考,综合分析问题、解决问题能力。培养良好的职业道德素质,具备严谨的工程技术思维习惯和精益求精的大国工匠精神。

【知识图谱】

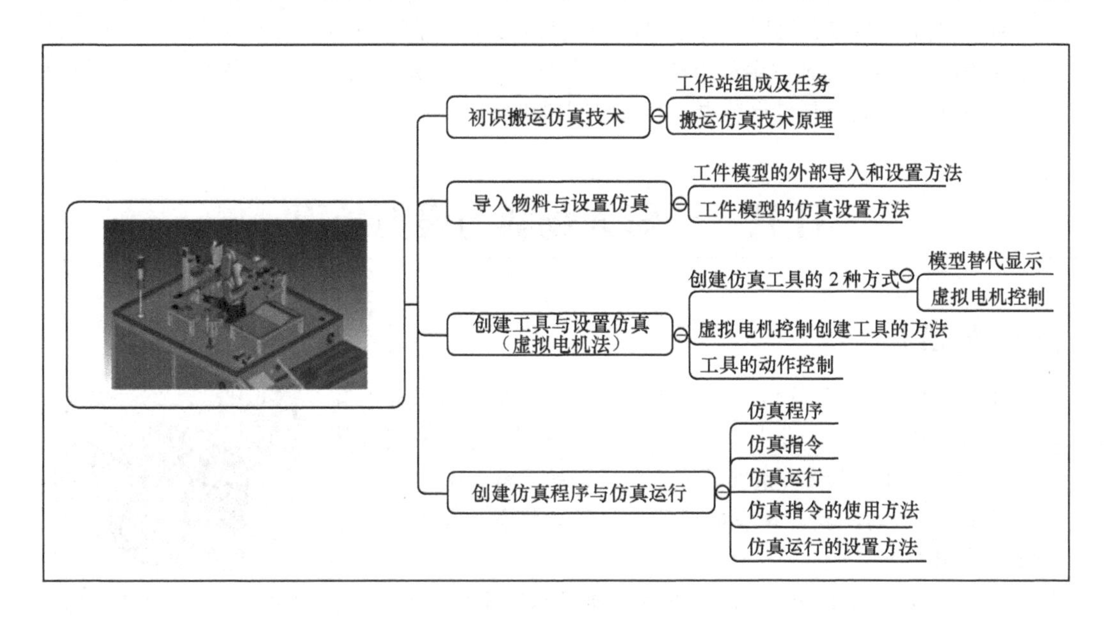

1. 仿真搬运工作站介绍

仿真搬运工作站由搬运机器人、夹爪、圆柱体物料和工作台组成，如图4-1所示。搬运工作站的主要功能是利用仿真机器人改变物料模型的位置，从而模拟真实的物料搬运。工作站搬运机器人选用FANUC LR Mate 200*i*D/4S迷你型机器人，末端执行工具选用气动夹爪（有开与合2种状态），圆柱体物料作为被搬运的工件。

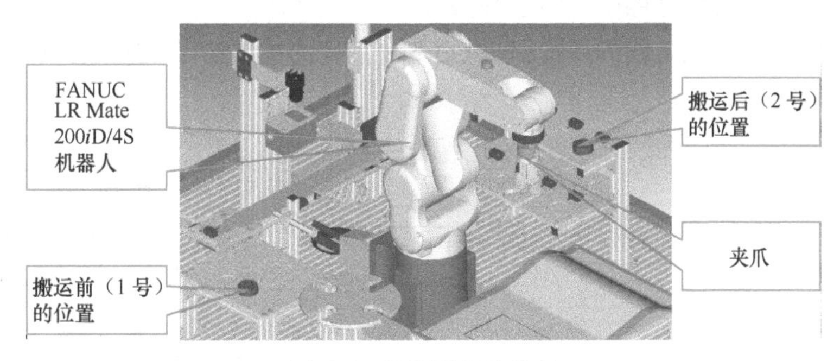

图4-1　仿真搬运工作站

搬运机器人要实现将圆柱体物料从左侧搬运到右侧的作业，夹爪在1号位置上闭合抓取物料，物料被机器人搬运到2号位置上，松开夹爪后物料被放下，如图4-1所示。

2. ROBOGUIDE搬运仿真技术认知

机器人搬运的仿真是ROBOGUIDE中HandlingPRO模块的典型应用，仿真工作站中的工件模型可以被工具抓取、搬运和放置。在进行仿真的操作之前，需要对ROBOGUIDE搬运仿真的机制有一个简单的了解。在仿真的整个过程中，物料一共在3个位置（1号位置、2号位置和夹爪上）上出现，但是物料 Part 这种模型并不能发生实际的位置改变（操作者手动调节除外），所以并不是 1 号位置的模型最终到达了 2 号位置。

那么，仿真中是如何实现模型位置改变的仿真效果呢？其实，ROBOGUIDE 采用的是模型的隐藏与再现技术，达到了模型“转移”的目的。在物料出现的所有位置都要关联添加同一个 Part 模型，1 号位置物料的显示时间是在夹爪抓取之前，抓取后便自动隐藏；跟随工具运动的物料显示时间是抓取至放下的时间，其他时间段隐藏；最后 2 号位置物料的显示时间是从被放下开始直到仿真过程结束，其他时间段隐藏。

任务一　导入物料与设置仿真

【任务描述】

小罗：“之前的项目由于没有涉及工件的使用，所以并没有进行相关的讲解。本任务中，我会将采用外部模型导入创建工件的方法和为工件设置仿真条件的方法用实例展示给大家。”

小白：“好的，我已经准备好了你所用的模型，你看这个模型还满意吧？”

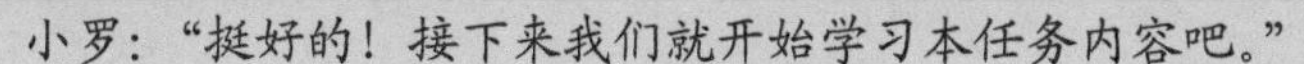

小罗：“挺好的！接下来我们就开始学习本任务内容吧。”

【知识学习】

圆柱体物料作为被搬运的对象，要想实现被抓取、搬运和放置的效果，应满足下列几个条件。

① 搬运的对象必须是 Parts 下的模型，所以圆柱体物料模型应位于 Parts 下。

② 必须关联添加到 Fixture 模型或者其他载体模型上，因为 Part 的抓取和放置都是具有目标载体的，即抓取何处的 Part，放置到何处。

③ 模型需要进行仿真方面的设置，即针对 Part 所在的载体进行仿真条件的设置，如图 4-2 所示。

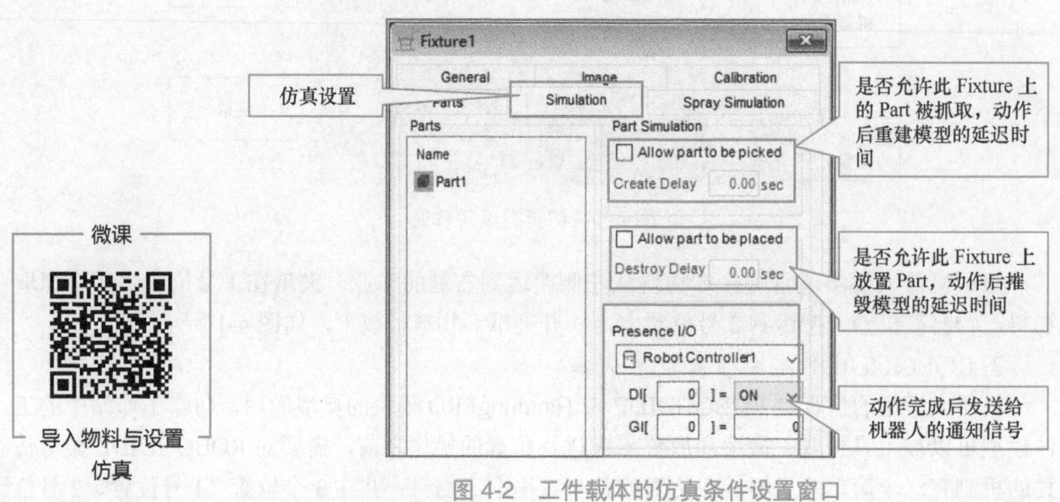

图 4-2　工件载体的仿真条件设置窗口

【任务实施】

① 导入圆柱体物料：鼠标右键单击“Parts”，执行菜单命令“Add Part”→“Single CAD File”，添加外部模型，如图 4-3 所示。

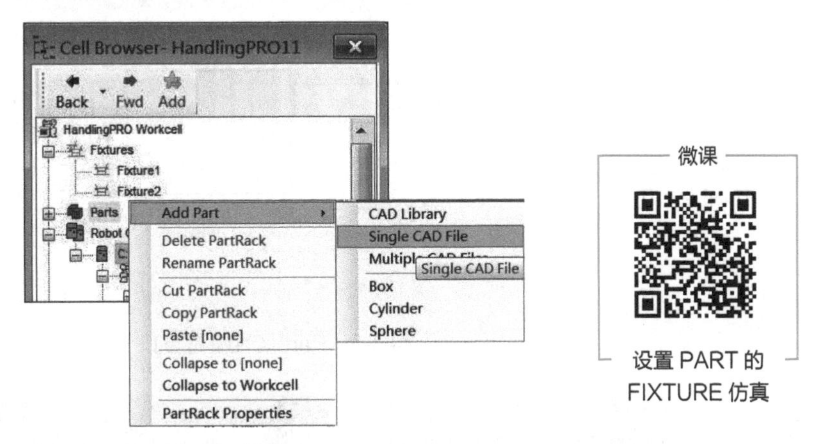

图 4-3　导入 Part 模型的操作步骤

② 选择“HZ-Ⅱ-F01-Ⅰ-03 圆柱体物块 . IGS”模型文件，单击“打开”按钮，如图 4-4 所示。

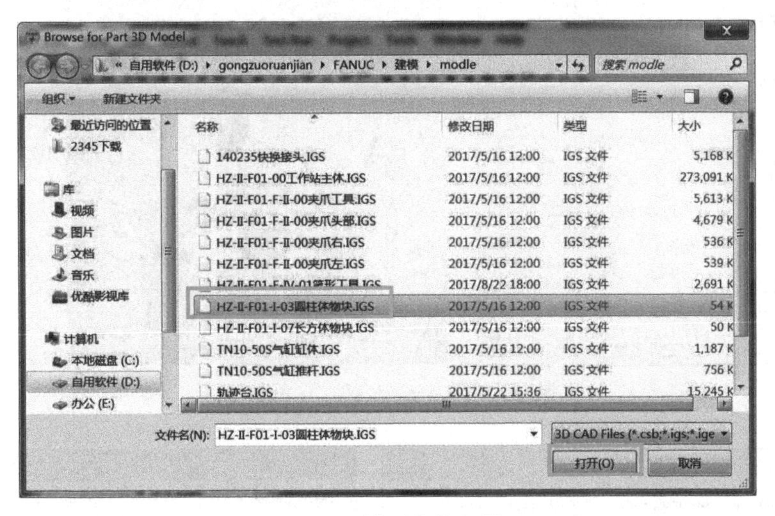

图 4-4　模型文件目录

③ 设置 Part 模型的尺寸和质量。由于三维软件是按照真实物体进行 1:1 建模的，所以不需要调整尺寸等数据，如图 4-5 所示。将导入的 Part2 模型关联添加到 Fixture1 模型上。

④ 在 Fixture1 模型的属性设置窗口中的“Parts”选项卡下，单击“Add”按钮增加 Part1 的镜像模型，并移动物料到相应的位置。第 1 个物料设置在工作站的左侧待抓取的位置，第 2 个物料设置在工作站右侧待放置的位置，如图 4-6 所示。

⑤ 切换到“Simulation”仿真设置选项卡，设置 Part 模型的仿真条件，如图 4-7 所示。

选择“Part1[1]”，勾选“Allow part to be picked”选项并设置时间为 10s。这表示 Fixture 上的 Part 允许被抓取，完成抓取动作后延迟 10s，在原来的位置重新生成一个 Part。

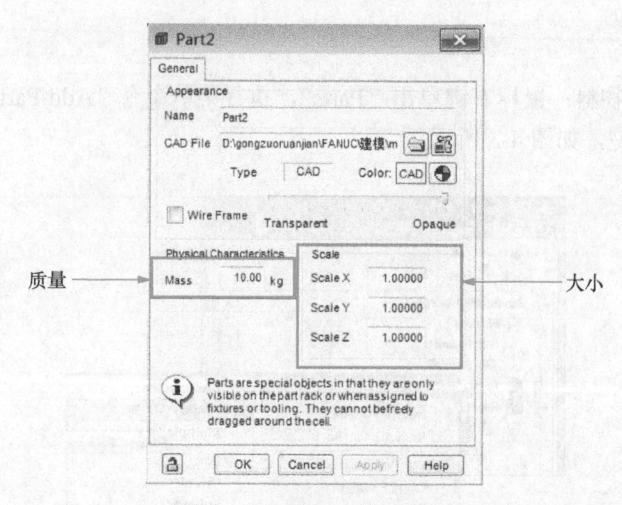

图 4-5 Part 属性设置窗口

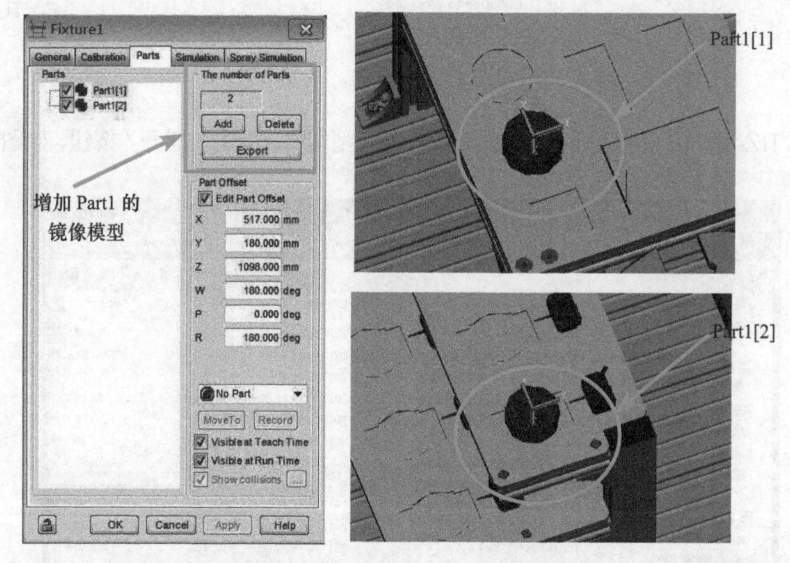

图 4-6 Part 在 Fixture 上的位置

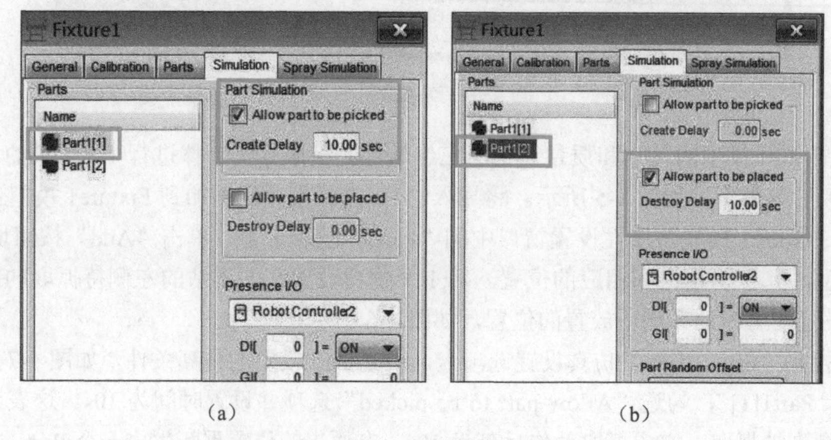

图 4-7 仿真条件的设置

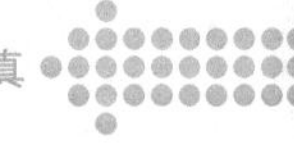

选择“Part1[2]”，勾选“Allow part to be placed”选项并设置时间为 10s。这表示 Fixture 上的 Part 允许被放置，完成放置动作后延迟 10s，放置位置上的 Part 自动消失。

【思考与练习】

1. 在仿真中只有哪种模型可以被抓取？

2. 设置某 Fixture 模型上的 Part1 模型被抓取后，原位置上不得重生模型，整个仿真过程的总时间为 30s，应该怎么设置？

任务二　创建工具与设置仿真（虚拟电机法）

【任务描述】

小白：“小罗同学，接下来要创建末端执行工具了。我现在担心的是工具能不能实现开合动作。”

小罗：“当然可以，这个你大可放心，并且动作可以由相关指令来控制。另外，创建的方法也不只一种，可以根据任务的实际情况选择创建方式。接下来我会介绍 2 种方法，由你来选择。”

【知识学习】

由于本项目中用于仿真的工具是夹爪，所以在仿真过程中会涉及夹爪工具的 2 种状态：打开与闭合。在 ROBOGUIDE 中有 2 种方法可实现这 2 种状态的切换：一种是模型的替代显示，另一种是虚拟电机驱动。虚拟电机是 ROBOGUIDE 中除机器人以外的运动模组，为其他设备进行仿真运动提供解决方案，其运动的类型包括直线运动和旋转运动，可由机器人、外部控制器进行伺服控制和 I/O 信号控制。

微课

创建工具与设置仿真（虚拟电机法）

1. 模型的替代显示

设置工具的打开状态调用一个固定模型，再设置工具的闭合状态调用另一个固定模型。利用软件对不同模型的隐藏和显示来模拟工具的打开与闭合，如图 4-8 所示。这种情况下只能利用仿真程序控制工具的动作，比如 Pickup 拾取指令，而 TP 中并不存在这种指令，机器人无法通过真实的指令控制工具动作。仿真指令既能实现工具的开合动作，又可以实现工件被抓取、搬运、放置的仿真。

2. 虚拟电机驱动

采用虚拟电机创建的工具与模型替代的工具不同，整个工具不是单一的模型，而是由固定部件和运动部件组成的一个模型组，如图 4-9 所示。创建该模型组之前应用三维绘图软件将这个工具所需要的模型进行拆分，再逐一导入。

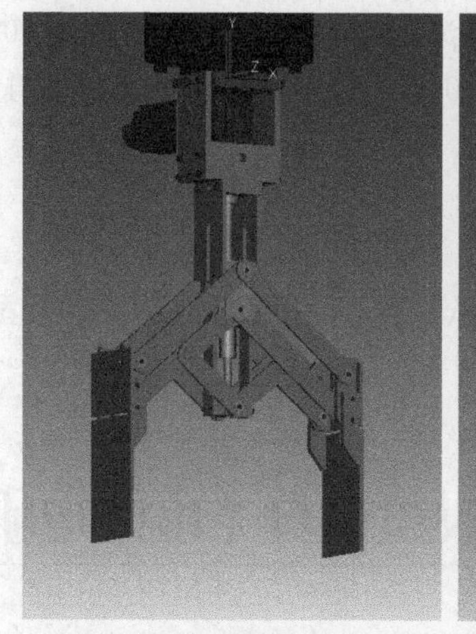

（a）工具打开

（b）工具闭合

图 4-8　表示 2 种状态的 2 个模型

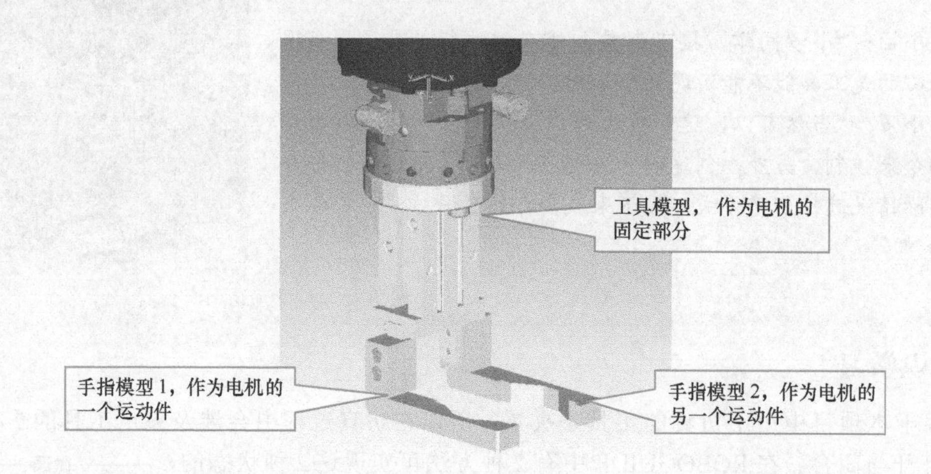

图 4-9　虚拟电机模型组

虚拟电机形式的工具可以接收机器人的 I/O 信号，意味着工具的打开与闭合可由机器人的 I/O 指令进行控制。但是仅仅用 I/O 指令只能实现工具动作的仿真，并不能实现工件抓取、搬运、放置的仿真，必须有仿真程序和仿真指令的配合。

本任务中将会采用虚拟电机来创建仿真的夹爪，详细地介绍虚拟电机的创建及设置方法和 Part 模块关联工具的仿真设置。

【任务实施】

① 首先在工具“UT:2”上导入一个工具快换接头的模型，然后在快换接头上链接一个模型——夹爪头部，显示模型的名称为“Link1”（具体过程参考项目三中工具模型导入的方法）。夹爪头部将作为虚拟电机的固定部件，相当于电机的定子。

② 鼠标右键单击“Link1”，执行菜单命令“Link”→“Add Link”→“CAD File”，如图 4-10

所示。

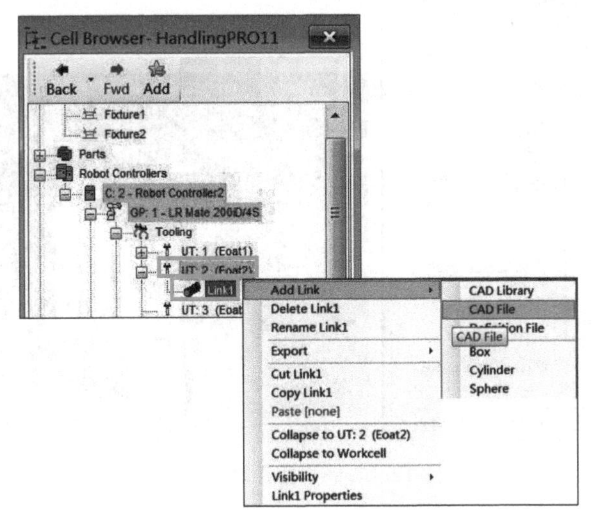

图 4-10　工具链接的操作步骤

注：Eoat1 使用的是笔形工具，此处选用工具坐标 Eoat2。

③ 选择“HZ-Ⅱ-F01-F-Ⅱ-00 夹爪右 .IGS”模型文件，单击“打开”按钮，将夹爪一侧的手指导入进来，如图 4-11 所示。

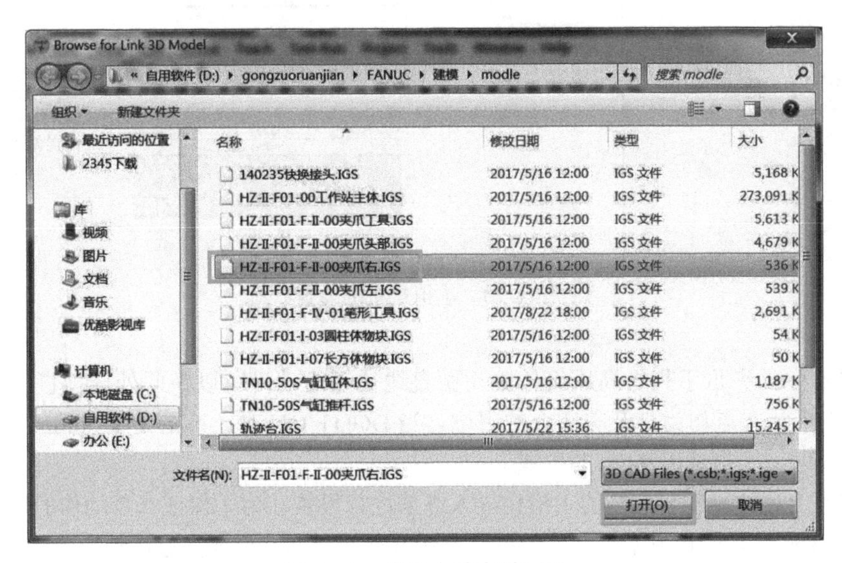

图 4-11　模型文件存储目录

④ 在其属性设置窗口中的“General”通用设置选项卡下，调整好手指的安装位置，此时手指的坐标系原点与夹爪头部的坐标系原点重合，如图 4-12 所示。

⑤ 选择“Motion”设置选项卡，选择内部 I/O 控制，设置虚拟电机的运动类型和驱动信号，如图 4-13 所示。

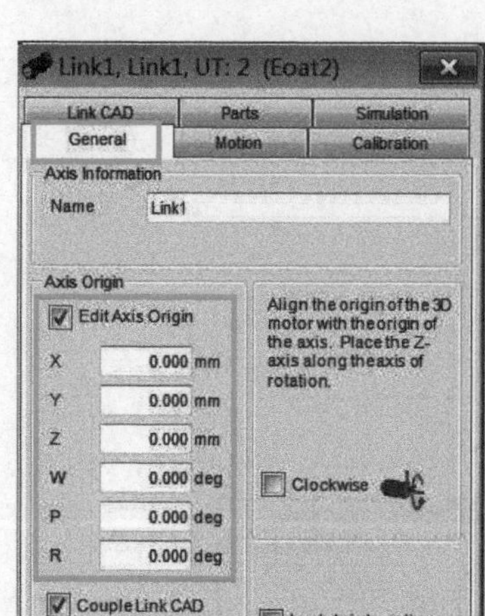

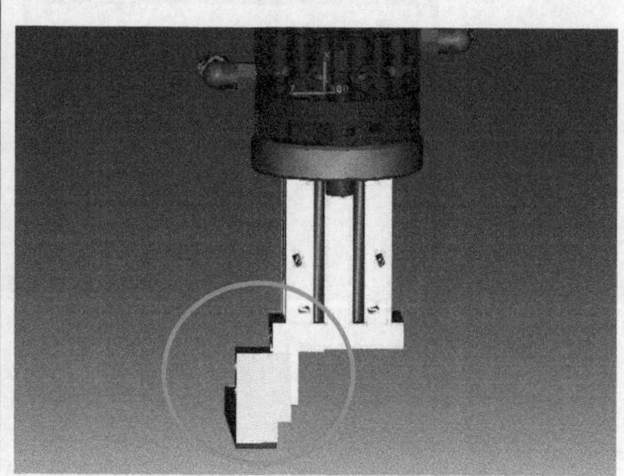

图 4-12　右侧手指正确安装状态

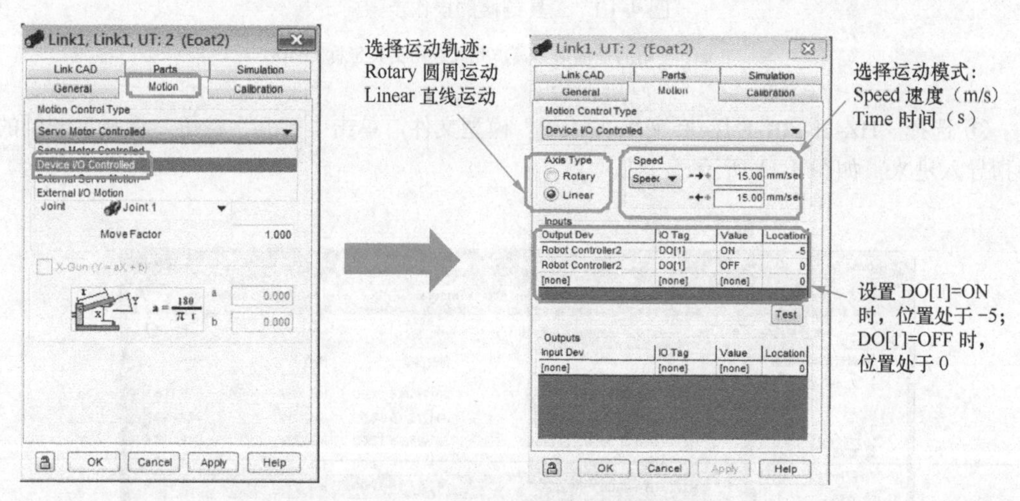

图 4-13　虚拟电机的设置

⑥ 现实中的夹爪手指由高压气体驱动做直线往返运动，所以在此处选择直线运动的类型，设置 2 个状态点作为打开与闭合的限位。当 DO[1]=ON 时，手指处于 -5mm 的位置上；DO[1]=OFF 时，手指处于 0mm 的位置上。

⑦ 按照上述的步骤将左侧的手指也导入进来进行设置，为了保证二者动作的统一，应使 2 个手指处于同一信号控制下，动作的范围和速度都应相同，但要注意运动方向相反。

⑧ 双击工具“UT:2”，打开工具 2 的属性设置窗口，将工具坐标系的原点设置在夹爪的 2 个手指之间的区域，如图 4-14 所示。

⑨ 执行菜单命令“Tools”→“I/O Panel Utility”，打开 I/O 状态模拟面板，如图 4-15 所示。

⑩ 单击图中选项编辑面板内容，添加 I/O 信号，如图 4-16 所示。

⑪ 在“Name”中选择 I/O 类型为数字通用信号“DO”，开始地址为 1，长度为 1，单击“Add”按钮添加，勾选左侧已添加的选项，单击“OK”按钮，如图 4-17 所示。

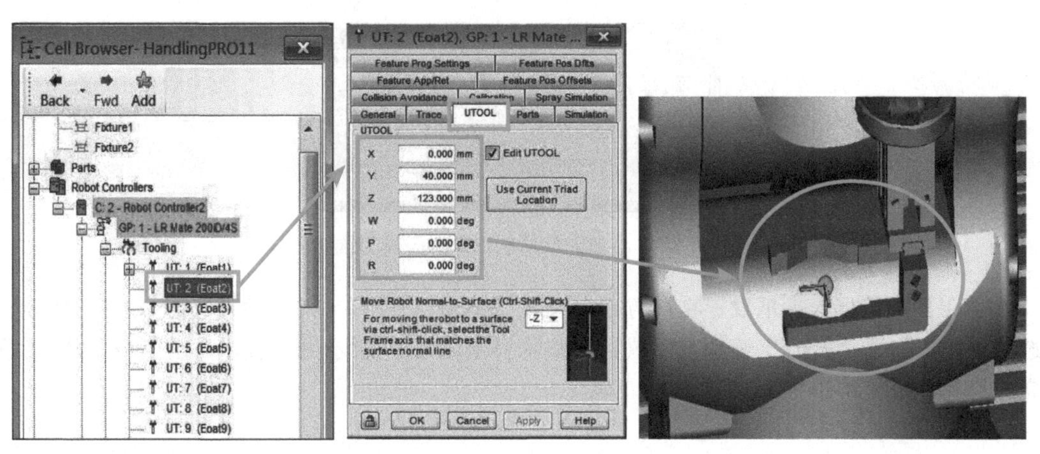

图 4-14　工具坐标系设置

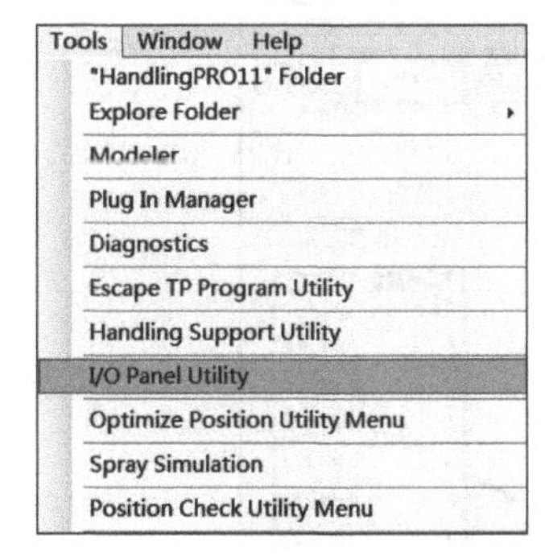

图 4-15　软件菜单栏的“Tools”菜单

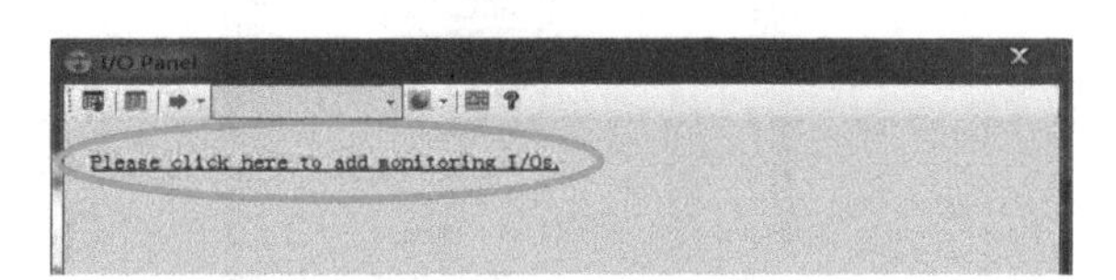

图 4-16　I/O 状态模拟面板的初始状态

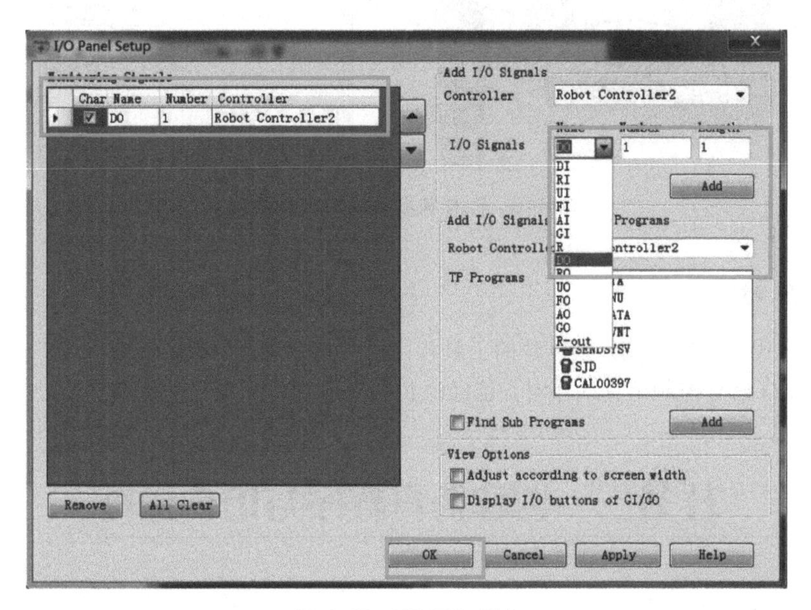

图 4-17　I/O 添加操作

⑫ 此时 I/O 面板会出现图 4-18 所示的状态，按下“DO[1]”表示为“ON”，再次单击松开表示为“OFF”。单击 DO[1] 图标即可看到夹爪的闭合与打开动作。

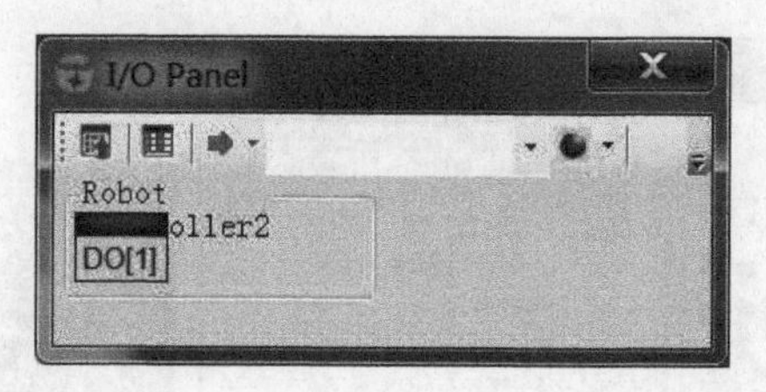

图 4-18　添加完成后的 I/O 状态模拟面板

⑬ 最后为机器人夹爪设置物料仿真。双击“Eoat2”，在弹出的属性设置窗口中的“Parts”选项卡下，勾选“Part1”选项，用鼠标调整物料至图 4-19 所示的位置，单击“Apply”按钮完成设置，如图 4-19 所示。

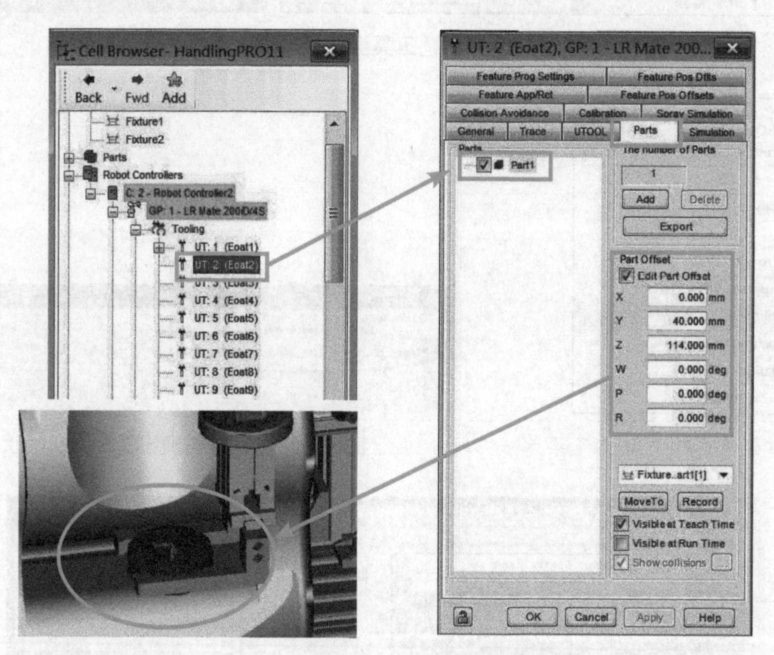

图 4-19　Part 关联工具的仿真设置

【思考与练习】

1. 模型替代与虚拟电机分别创建的工具各由何种指令进行驱动？
2. 当用 I/O 信号控制工具动作时，已经添加的 Part 模型是否会显示在工具上，为什么？

任务三　创建仿真程序与仿真运行

【任务描述】

小罗：“经过前面的任务准备，仿真工作站已经就绪，可以进行编程工作和项目仿真演示了。”

小白：“这次看我的吧，我还是很有信心的！”
小罗：“那我先问问你，其中的关键是什么？”
小白：“首先必须使用仿真程序，再使用仿真指令，这些我都了然于胸。”
小罗：“那是自然，不过在编程过程中还要注意应用一些小技巧，可以让工作轻松不少哦。”

【知识学习】

微课

创建仿真程序与仿真运行

1. 仿真程序认知

仿真程序是由仿真程序编辑器创建的程序。与 TP 程序有所不同，仿真程序中包含一些并不存在于 TP 上的特殊指令，即虚构的仿真指令。例如，搬运的仿真效果只能通过仿真程序来实现，普通的 TP 程序无法进行此类仿真的运行。在 ROBOGUIDE 中，仿真程序用图标来表示，TP 程序用图标来表示，仿真程序可以转换成 TP 程序，但是 TP 程序无法转换成仿真程序。

用 TP 打开仿真程序，如图 4-20 所示。程序中有些指令行前方加“！”，这些指令行就是仿真程序虚构的仿真指令或者注释行。仿真程序运行时既能运行上述的注释行，也可以运行正常的 TP 程序指令行；而 TP 运行时则无法识别这些仿真程序的指令，会自动跳过，执行正常的程序指令。

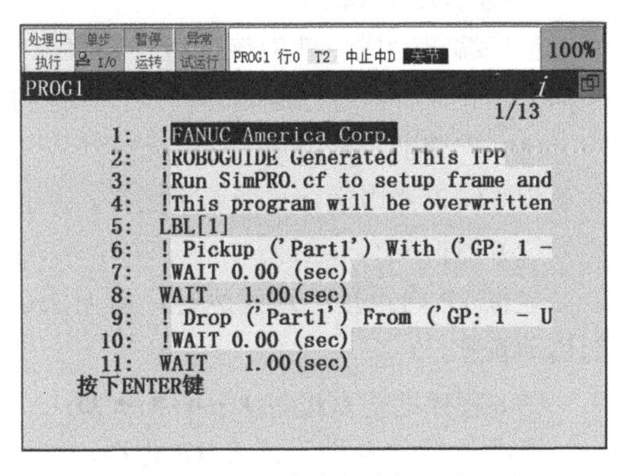

图 4-20 仿真程序的语句

2. 仿真指令认知

仿真指令是 ROBOGUIDE 中 HandlingPRO 模块针对搬运的仿真功能虚构出来的控制指令。运行搬运程序时，真正的控制指令无法使模型附着在工具上随之而动，也无法使模型在 Fxiture 消失和重现，而仿真指令可以将这些效果在仿真程序运行的过程中展示出来。实际上可以理解为仿真指令是软件运行的指令而非机器人控制系统的指令。

（1）抓取仿真指令，如图 4-21 所示。

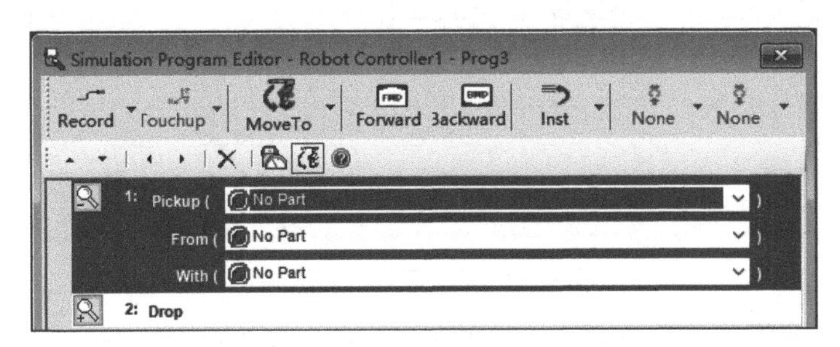

图 4-21 抓取仿真指令

① Pickup：选择抓取的工件 Part。
② From：选择工件 Part 位于的 Fixture 模型。
③ With：选择抓取所用的工具。

（2）放置仿真指令，如图 4-22 所示。

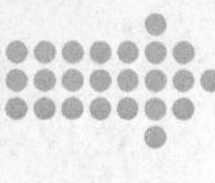

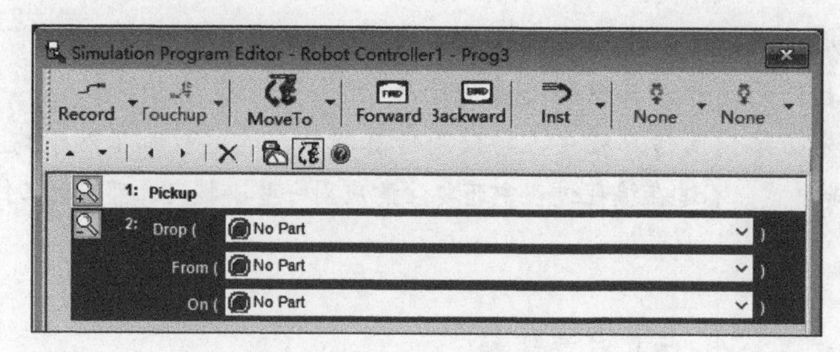

图 4-22　放置仿真指令

① Drop：选择要放下的工件 Part。

② From：选择工件 Part 要放置的 Fixture 模型。

③ On：选择夹持工件所用的工具。

3. 仿真运行认知

程序编辑完成后就应该试运行程序，检验程序的可行性并观察仿真的效果。其中运行程序的方法有 3 种：程序编辑器内运行、虚拟 TP 内运行和软件的仿真运行。

（1）程序编辑器内运行

程序编辑器内运行只能单步运行，并且没有仿真动画效果，只演示机器人的运动轨迹。

（2）虚拟 TP 内运行

虚拟 TP 内运行可连续运行，但无法运行仿真指令，没有仿真动画效果，只演示机器人的运动轨迹。

（3）程序的仿真运行

连续运行仿真程序或者 TP 程序，展示仿真动画效果，可模拟搬运时物料的位置变换、焊接时的焊接火花等。

启动工具设置面板如图 4-23 所示。

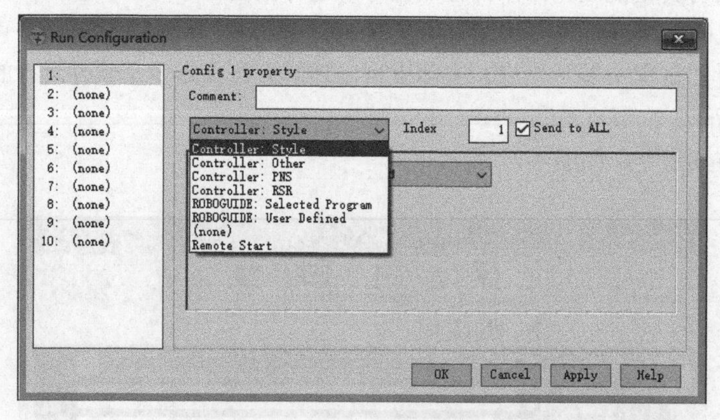

图 4-23　启动工具设置面板

启动工具可预设 10 个运行号，分别指向不同的启动程序，每个运行号中可选择不同类型的启动程序。启动工具可以模拟真实机器人控制柜循环启动按钮，也可以单纯地作为 ROBOGUIDE 中任意程序的启动选项。

启动方式如下。

① “Controller：Style”“Controller：Other”“Controller：PNS”“Controller: RSR”：模拟真实机器人外部启动程序的方式。

② “ROBOGUIDE：Select Program”：启动当前软件选择的程序。

③ “ROBOGUIDE：User Defined”：启动用户指定的程序。

【任务实施】

1. 创建和编辑仿真程序

① 执行菜单命令“Teach”→“Add Simulation Program”，创建一个仿真程序，选择工具坐标系 2 和用户坐标系 1，单击“Apply”按钮，如图 4-24 所示。

② 进入到仿真程序编辑器，先示教一个机器人待机的位置为“HOME”点（具体步骤参见项目三的任务三），如图 4-25 所示。

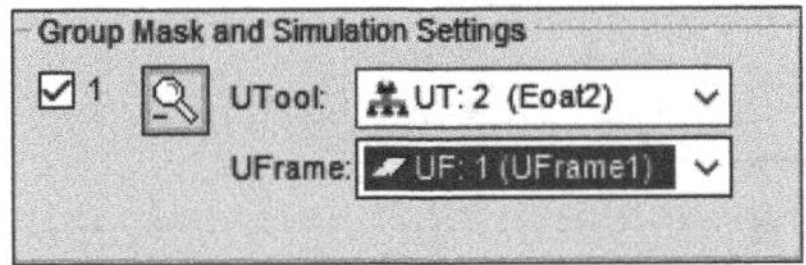

图 4-24 仿真程序坐标系的设置

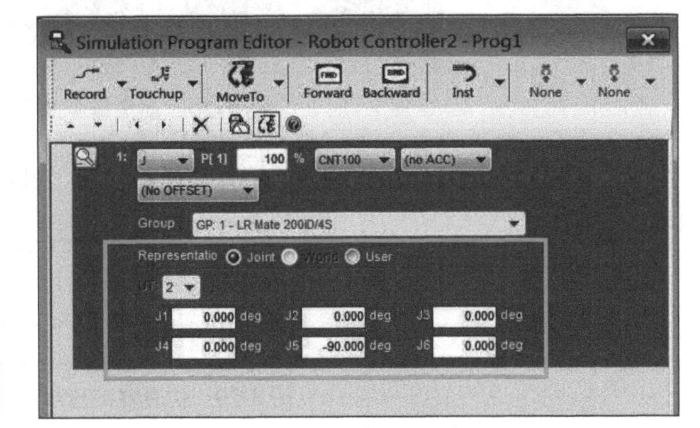

图 4-25 示教“HOME”点的修改

③ 在三维视图中双击“Fixture1”模型，选择“Parts”选项卡界面，如图 4-26 所示。再选择“Part1”，单击“MoveTo”按钮，将夹爪精确地移动到物料的位置上，如图 4-27 所示。

④ 此时机器人移动到 Part1[1] 的位置，将此点示教到仿真程序中，添加动作指令。

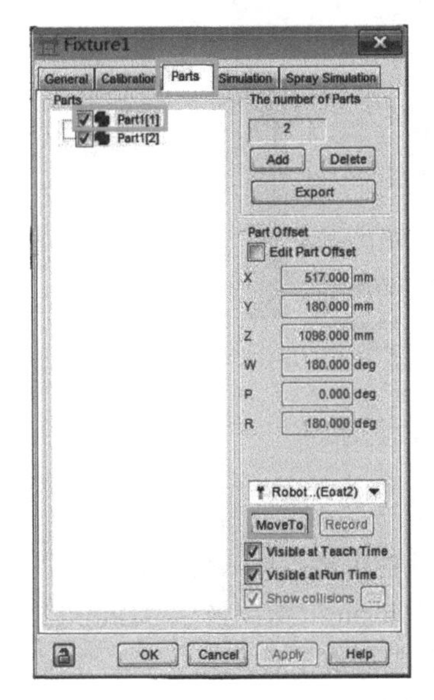

图 4-26 夹爪到抓取位置的操作

图 4-27 抓取位置

⑤ 单击 的下拉按钮，添加一个能让物料附着在工具上的指令，这里选择“Pickup”仿真抓取指令，如图 4-28 所示。

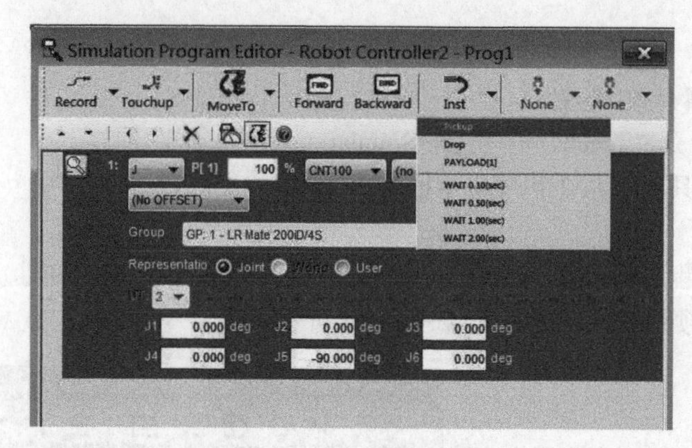

图 4-28　动作指令的设置

⑥ 设置仿真抓取指令的数据，选择被抓的物料、目标位置和抓取工具，如图 4-29 所示。

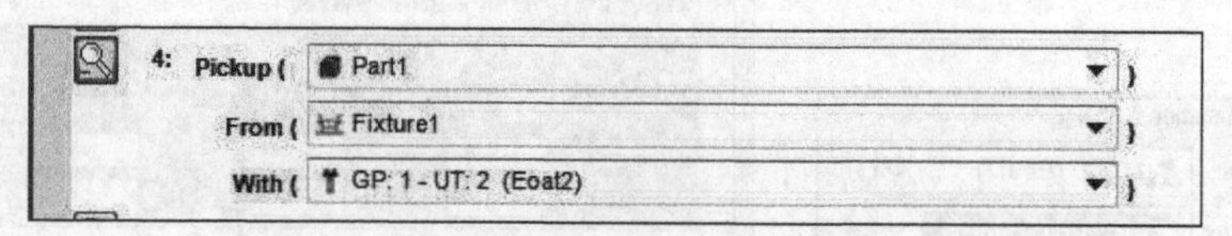

图 4-29　仿真抓取指令的设置

⑦ 单击 的下拉按钮，添加一个控制夹爪手指动作的 I/O 指令，选择“DO[1]=ON”，如图 4-30 所示。

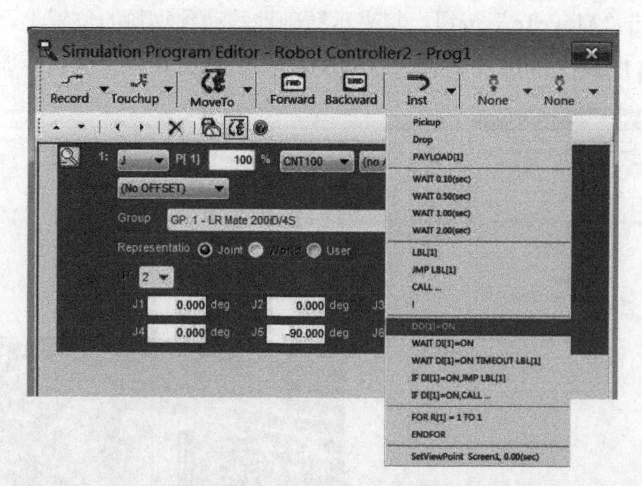

图 4-30　控制指令的添加操作

⑧ 以同样的方法添加时间等待指令，并且将轨迹上其他的关键点也示教出来。

⑨ 在示教 Part1[2] 的点以后，添加仿真指令时要把“Pickup”指令换成“Drop”指令，选择要放下的物料、放置的目标位置和工具，这样可以让物料脱离工具。

⑩ 下一行添加“DO[1]=OFF”，让夹爪手指实现打开的动作。完整的仿真程序语句如

图 4-31 所示。

⑪ 调整动作指令的速度、定位类型，设定等待指令的时间等，对程序进行优化。此时，在三维视图界面会显示所有示教过的点，如图 4-32 所示。

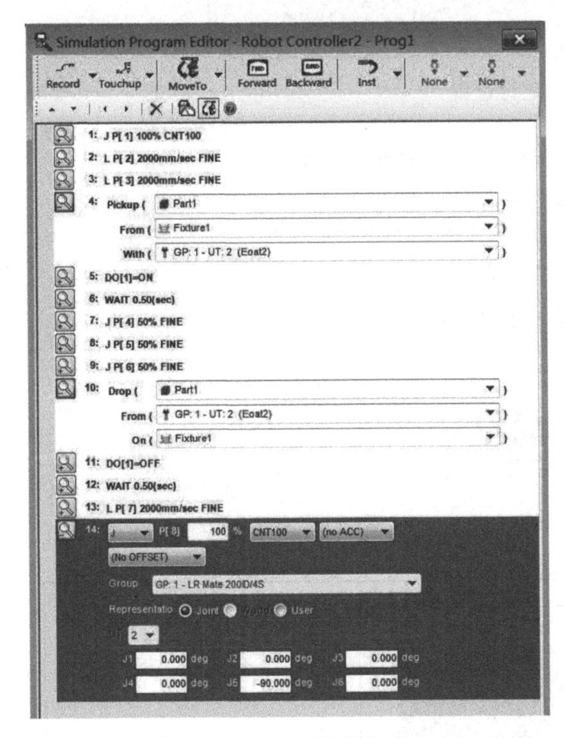

图 4-31　完整的仿真程序

图 4-32　轨迹和关键点显示

2. 程序的仿真运行

① 单击工具栏中启动按钮▶▾的下拉按钮，进入到启动程序设置窗口，如图 4-33 所示。

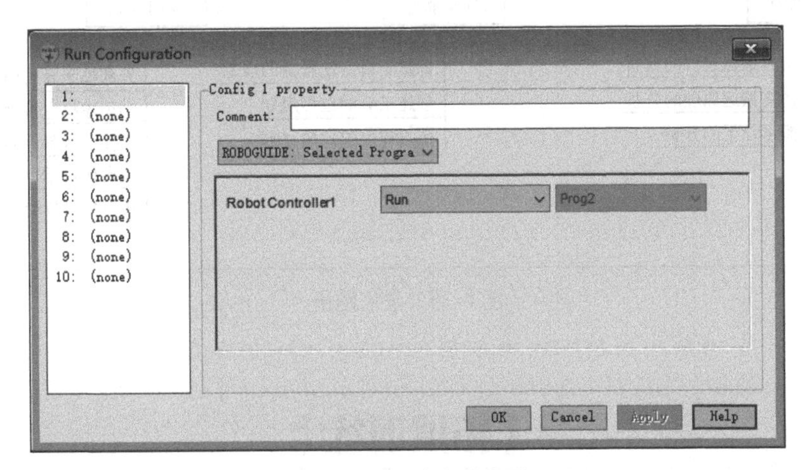

图 4-33　程序启动设置

② 选择“ROBOGUIDE:User Defined”用户自定程序，在“Run”的右侧选择要执行的程序“Prog1”，如图 4-34 所示，单击“Apply”按钮。

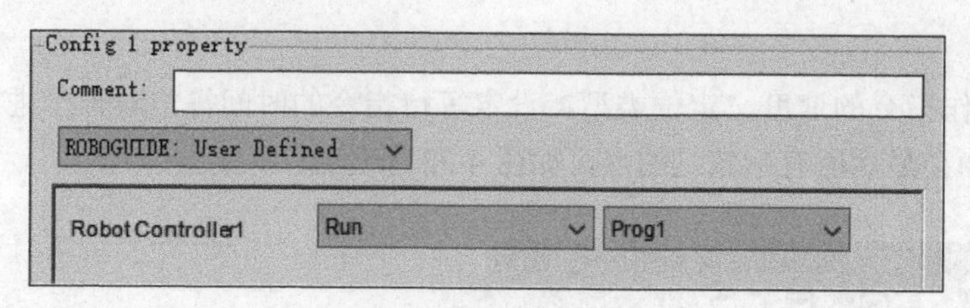

图 4-34　运行设置

③ 此时单击启动按钮，当按钮变为绿色时，则表示程序开始运行。

【思考与练习】

1. 仿真抓取和放置指令由哪几部分构成？分别是什么？
2. 想让工具快速到达拾取位置和放置位置，应该如何操作？

【项目总结】

技能图谱如图 4-35 所示。

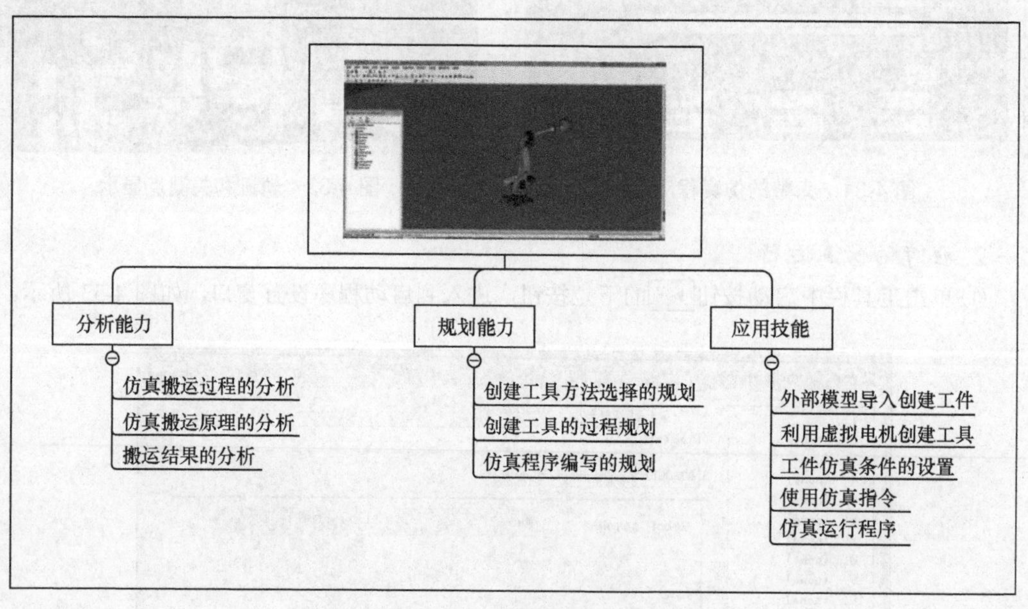

图 4-35　技能图谱

【拓展训练】

【多点对多点的连续搬运仿真】在大多数的情况下，机器人搬运作业的拾取点和放置点不会只有一对，更多的是多点对多点。

任务要求：在本项目工作站的基础上增加工件的种类和数量，并设置不同的抓取位置和放置位置，采用一个程序完成对所有物料的搬运过程。

考核方式：编写搬运的仿真程序，实现多点对多点的连续搬运仿真演示。完成表 4-1 所示的拓展训练评估表。

表 4-1　拓展训练评估表

项目名称： 多点对多点的搬运仿真	项目承接人姓名：	日期：
项目要求	**评分标准**	**得分情况**
模型的补充（20分）	① 模型镜像（10分） ② 导入其他（10分）	
仿真程序编写（20分）		
示教时拾取点与放置点的快速到达操作（40分）	① 拾取点到达（20分） ② 放置点到达（20分）	
仿真演示（20分）		
评价人	**评价说明**	**备注**
个人：		
老师：		

项目五 分拣搬运的离线仿真

【项目引入】

小白：“小罗同学，今天我接到一个新任务，就是将下面这台工作站的工作流程用仿真的功能进行演示。”

小罗：“没问题，不过你要把它的工作流程完完整整地告诉我，因为我要提前规划。”

小白：“好的。搬运机器人首先前往工具架，用快换接头拾取夹爪；然后到达双层料库的位置，用夹爪依次抓取物料，并将所有的物料投放到料井中；搬运机器人回到工具架，将夹爪放回到原来的位置，再拾取吸盘，进入待命状态；料井的推送气缸将第 1 个物料推出，传送带将其传送到末端传感器的位置；机器人握持吸盘将物料从传送带的末端搬运到平面托盘上，并根据形状摆放到合适的位置；料井推送气缸再推出下一个物料，直到所有物料搬运完成并对号入座，最终实现分拣作业；最后机器人将吸盘放回到工具架上，并且回到最开始的“HOME”点位置，进入待机状态。”

小罗：“这个过程听起来还挺复杂的，不过根据你前面所说的内容，我已经将整个过程简化成下面这张图了。”

小白：“对！这个貌似要好很多。那就开始吧！”

拾取夹爪

抓取物料投放料井

放回夹爪

拾取吸盘

推送物料进行传送

吸取物料分拣搬运

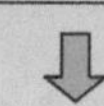

放回吸盘

【学思融合】

通过学习本项目，培养爱岗敬业的价值观，建立专业自信、实践创新的工匠精神。培养资料查阅、文献检索的能力，养成自主学习、终生学习的习惯。

【知识图谱】

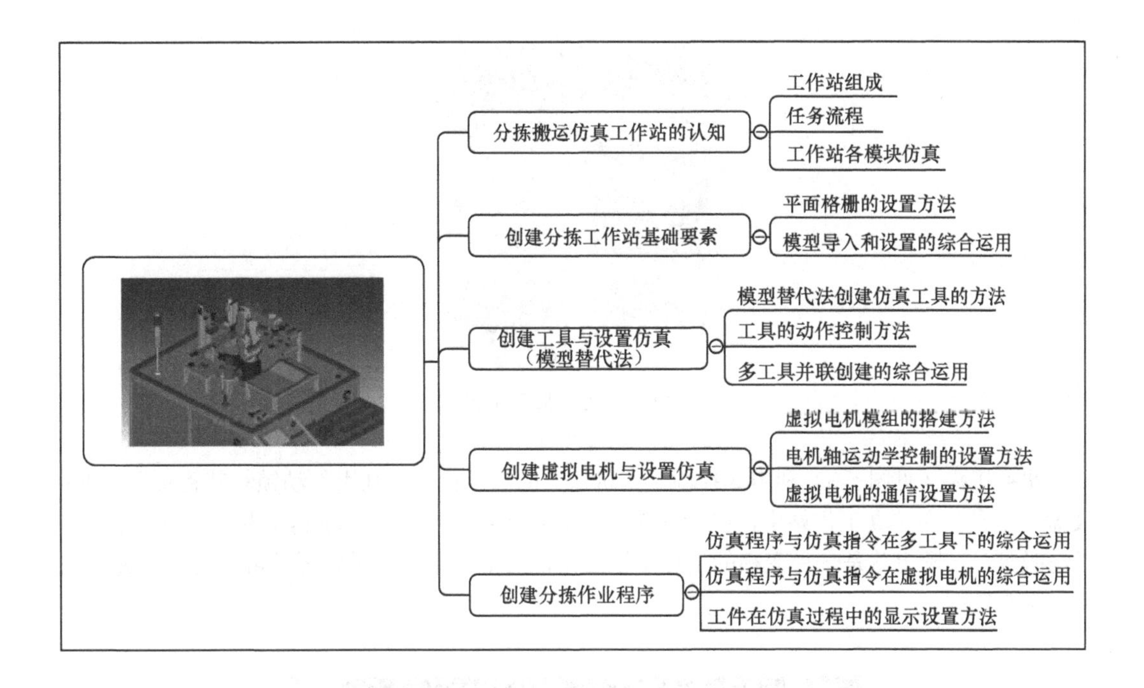

1. 分拣搬运仿真工作站认知

F01 仿真分拣工作站具体由工业机器人、工具架及末端执行器、双层立体料库及物料块、料井及推送气缸、传送装置、平面托盘组成，如图 5-1 所示。工作站选用 FANUC LR Mate 200*i*D/4S 迷你型搬运机器人，使用夹爪和吸盘实现物料的搬运与分拣。

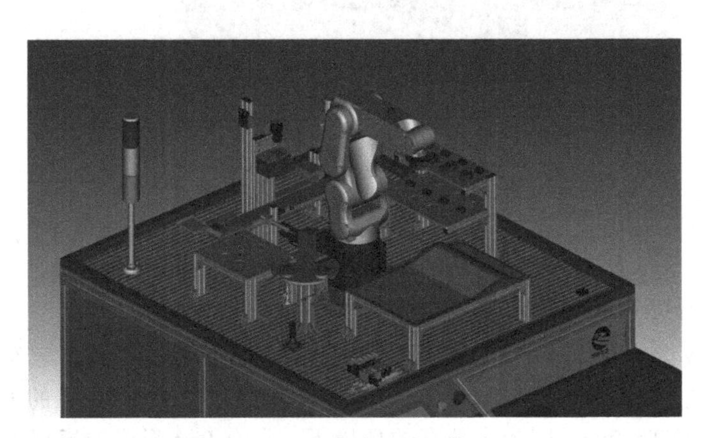

图 5-1 F01 仿真分拣工作站

（1）工具架和工具

工具架模型与工作站基座模型作为一个整体导入到 ROBOGUIDE 的 Fixtures 下，其目的主要是为了精简模型的数量，如图 5-2 所示。如果需要调整工具架相对于基座的位置，必须首先利用绘图软件将工具架的三维模型分拆出来，再单独放到 Fixtures 下。

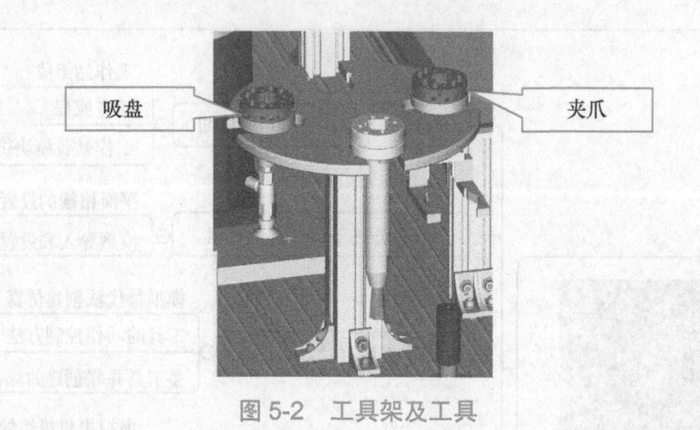

图 5-2 工具架及工具

快换接头（见图 5-3）利用螺栓固定在机器人的法兰盘上，利用气动锁紧装置实现夹爪和吸盘的拾取。在仿真工作站中，快换接头模型属性始终是工具（Tooling）模块。接头拾取夹爪与吸盘，实际上就是一种变相的工件搬运工具，只不过搬运的对象不是常见的物料块模型，而是工具模型。

图 5-3 快换接头

夹爪和吸盘在本仿真工作站中都具有 2 个角色：一个是充当快换接头拾取的对象，另一个是担任搬运物料的工具。正是因为这种特殊性，所以夹爪和吸盘具有 2 个模块属性：一个是位于 Parts 模块下的工件属性，另一个是位于 Tooling 模块下的工具属性。

图 5-4 所示为夹爪和吸盘的整体模型，二者应放置于工具架上。在夹爪模型导入 Parts 之前，应用绘图软件将 2 个手指调成打开的状态，即间距较大的状态。工具架上的工具模型的属性是 Part，而不能是 Tooling，因为在仿真的环境下，只有 Part 形式的模型才能被拾取。

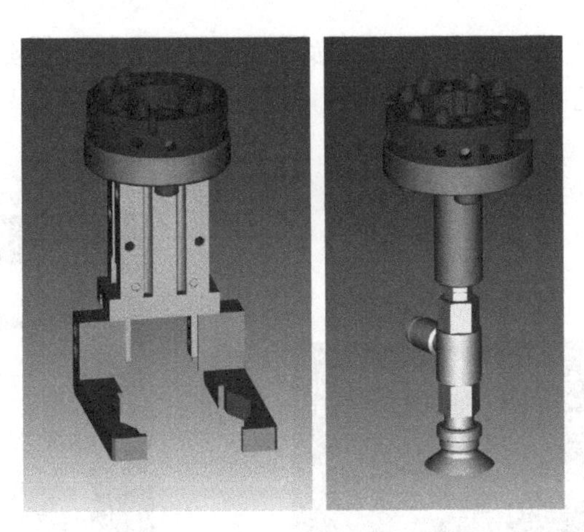

图 5-4　Parts 模块下的工具

图 5-5 所示为安装在机器人上的工具模型，但此处的夹爪和吸盘并不是通过链接的方式安装在快换接头上，而是夹爪或吸盘与快换接头作为一个整体模型导入 Tooling 模块。实际上，夹爪的情况要比吸盘复杂些，因为吸盘在搬运物料时的状态不变，故一个模型文件就足够了。但是夹爪却有开与合 2 种状态，这就需要 2 个模型进行交替显示，从而实现 2 个手指的开合。

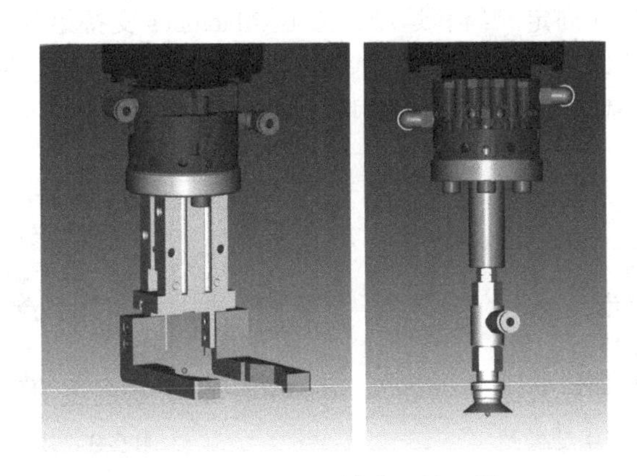

图 5-5　Tooling 模块下的工具

（2）双层立体料库

双层立体料库（见图 5-6）用于随机存放物料。搬运机器人握持夹爪从双层料库抓取物料。双层料库可与工作站基座作为一个整体导入 Fixtures 模块，如果需要调整料库的位置和尺寸等细节，必须利用三维绘图软件将其拆分出来，再单独导入到 Fixtures 模块。

（3）料井和推送气缸

料井模型与工作站基座是一个整体，当然也可以拆分进行单独导入，但是在没有特殊要求的情况下尽量减少模型的数量。

推送气缸是 Machine 模块下的一个模组，用于实现推送动作的仿真。气缸作为模组的固定部分，推杆作为模组的运动部分。

机器人夹爪从双层料库上拾取的物料块会依次投放到料井中，料井底部右侧的推送气缸将物料推送到左侧的传送带上，如图 5-7 所示。整个过程涉及物料的 2 次运动：第 1 次是物料自由落体运动；第 2 次是从料井到传送带的直线运动。要实现这 2 次运动，需要在 Machines（见图 5-8）下创建虚拟的直线电机，通过机器人的数字信号进行控制，携带物料进行运动。

图 5-6　双层立体料库

图 5-7　料井和推送气缸

以推送气缸为例，气缸体模型作为该模组的主体，即固定组件，推杆作为运动组件。推送气缸是一个二级模组（固定一级和运动一级）。Machines 支持组件并联和多级串联链接，也就是说，如果需要，可以在“气缸体”的基础上添加组件与“推杆”并联，也可以在“推杆”的基础上添加组件，形成多级串联模组，如图 5-9 所示。

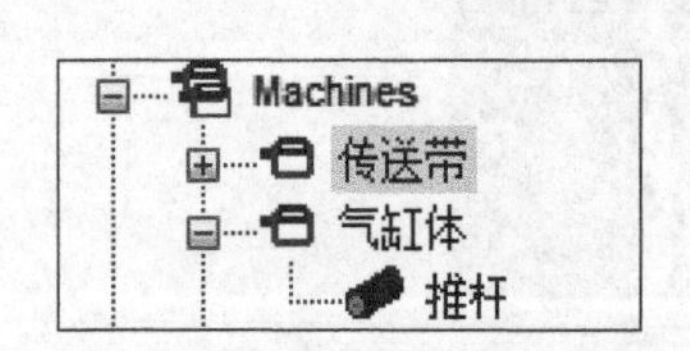

图 5-8　Machine 模组结构图

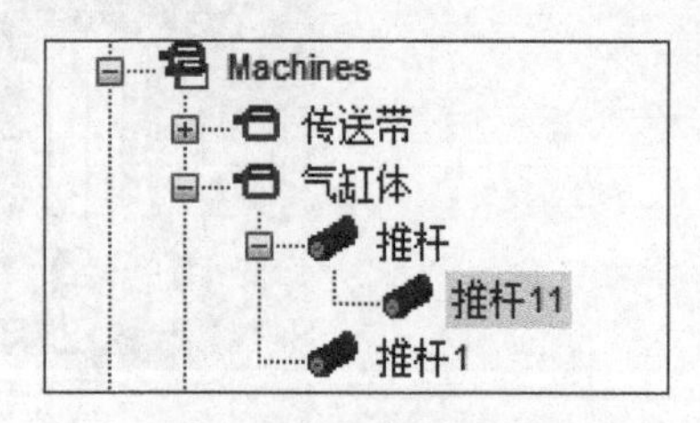

图 5-9　并联与串联模组

（4）传送装置

传送带模型及其附件与工作站基座是一体模型（见图 5-10），并且其本身的皮带也无法转动。要实现物料在传送带上做直线运动，同样需要创建虚拟电机，通过机器人的数字信号控制。

与推送气缸不同的是，传送带除了接收来自机器人的控制信号外，物料达到末端后还要将到位信号反馈给机器人控制器。

（5）平面托盘

平面托盘（见图 5-11）的模型属性为 Fixture，可以与工作站基座作为一个整体导入。但是如果立体料库、基座、平面托盘都是同一模型，在关联物料 Part 时会出现冲突。因为立体料库已经关联了 Part，相当于平面托盘关联过了。所以建议将平面托盘模型分拆出来单独导入，或者在托盘的附近创建一个隐藏的 Fixture，将物料关联到隐藏的模型上。

机器人握持吸盘从传送带的末端拾取物料，搬运到平面托盘上。托盘上有 4 种不同形状的物料摆放坑，面积较大的是码垛位置，其他 3 种为单个物料摆放位置，有正方形、长方形和圆形，分别对应3种物料的形状。

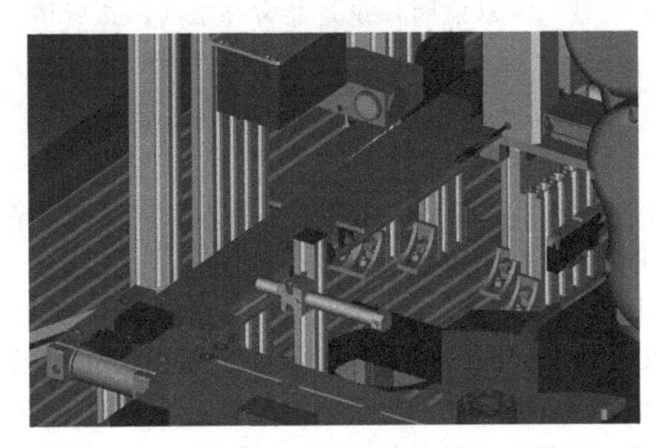

图5-10　传送装置

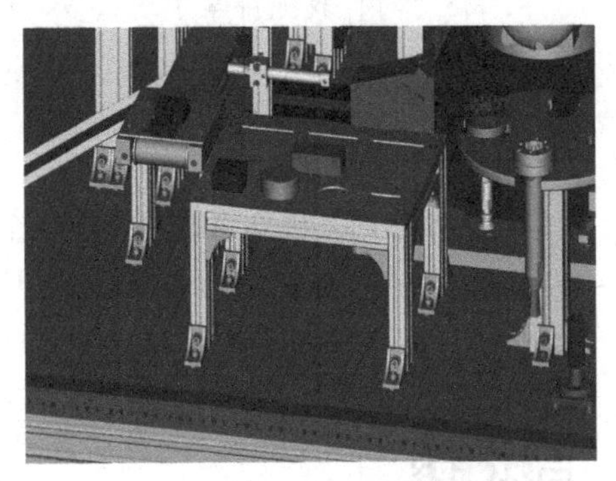

图5-11　平面托盘

（6）物料

物料是垂直投影为圆形、正方形和长方形的3种形状的模型，始终属于Parts。物料关联的位置有：双层料库、料井自由落体直线电机、推送气缸电机、传送带直线电机、平面托盘、夹爪和吸盘。

2. 预测难点分析

（1）机器人拾取工具后抓取物料过程

夹爪和吸盘会出现在2个地方：一个是工具架上；另一个是快换接头，也就是机器人上。以夹爪为例，在项目四中，仿真搬运的情况比较简单，夹爪模型是直接作为工具模型（Tooling）被安装在机器人上的，仿真过程中工具直接抓取物料（Part）；但本项目中则是快换接头工具（Tooling）拾取夹爪（Part）以后，再拾取物料（Part）的过程。但是在ROBOGUIDE中，用已经携带Part的工具去拾取另一个Part是不可能实现的，因为在搬运仿真过程中，一个工具不可能同时搬运2个Part模型文件。

（2）虚拟直线电机动作前和动作完成后物料显示的问题

以推送气缸推出物料到传送带传送物料至末端的过程为例，推送过程时物料在推送气缸直线电机上运动，传送过程时物料在传送带直线电机上运动。气缸推出第1个物料块，传送带开始传送后，气缸直线电机末端的物料应该消失。但事实上如果按照一般的设置和编程，气缸直线电机末端的物料会一直存在，并且传送带传送过程中也不会有物料显示，不能满足仿真的基本要求。

本项目将会在之前学习内容的基础上详细地讲解整个仿真的流程，包括工作站的搭建、仿真的设置、程序的创建和运行，让大家更深入地了解并掌握搬运模块的仿真功能。针对可能出现的难点，在实际实施的过程中通过前后的连接和对比，寻求办法与总结经验。

任务一　创建分拣工作站基础要素

【任务描述】

小罗："由于本次任务比较复杂，是仿真功能的一个综合应用，所以涉及的模块模型较多。考虑到初学者可能会在此项目中混淆模型的模块划分，所以工作站模型的创建会详细讲解。”

小白：“对！我觉得学了这么多，适当地回顾一下以前的知识是非常合理的，正所谓‘温故而知新’。”

【任务实施】

构建工作站的基础要素就是搭建一个工作站的雏形，包括创建初始机器人工程文件、搭建 Fixtures 的模型和导入 Parts 的模型。

微课

创建分拣工作站基础要素

1. 创建工程文件及基本设置

① 创建机器人工程文件。选择搬运模块将其命名为“F01 仿真分拣工作站”，然后选择“LR Handling Tool”搬运软件工具，选用 FANUC LR Mate 200*i*D/4S 迷你型搬运机器人，结果如图 5-12 所示。

② 首先对工程文件进行常规设置，调整软件界面的显示状态，简化界面以提高计算机的运行速度。

执行菜单命令“Cell”→“Workcell“F01 仿真分拣工作站” Properties”，打开工程文件属性设置窗口，选择“Chui World”选项卡，如图 5-13 所示。

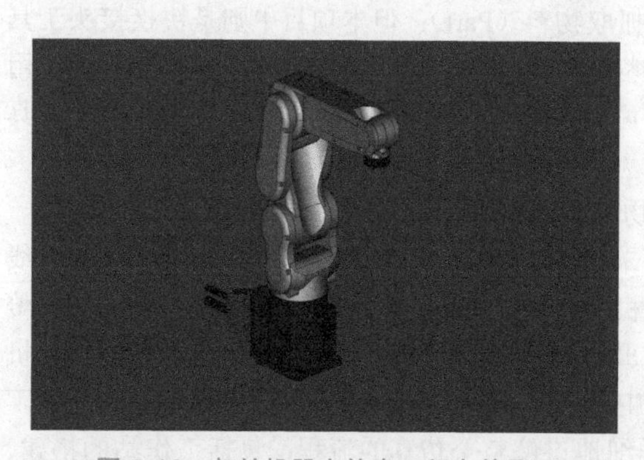

图 5-12　初始机器人仿真工程文件界面

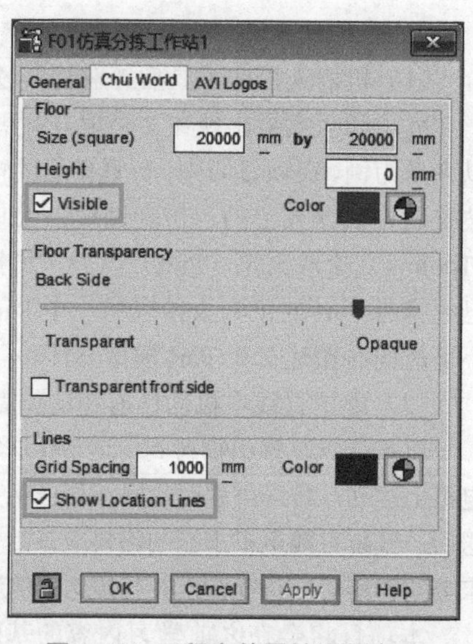

图 5-13　工程文件属性设置窗口

Size（square）：设置平面格栅的尺寸。平面格栅为正方形，数字后的单位是国际单位毫米。

Height：设置平面格栅的高度。工程文件默认的界面中，平面格栅的中心与机器人底座平面的中心都位于界面坐标原点，此原点的位置不可更改。

微课

修改平面格栅的样式

Visible：设置平面格栅是否可见。

Color：设置平面格栅的颜色。

Back Side：设置平面格栅背面的透明度。平面格栅的上方为正面，下方为背面；滑块从左向右，透明度增加。

Transparent front side：设置平面格栅正面的是否透明。

Grid Spacing：设置平面格栅中每个小方格的边长，后方的单位为毫米。

Color：设置格栅线条的颜色。

Show Location Lines：设置 TCP 相对于工程界面坐标原点的位置信息线是否可见，勾选情况下可见，如图 5-14 所示。

如图 5-13 所示，将“Visible”与“Show Location Lines”选项取消勾选，隐藏平面格栅与 TCP 位置信息显示线。设置完成的界面如图 5-15 所示，界面精简的同时提高了计算机的运行速度。

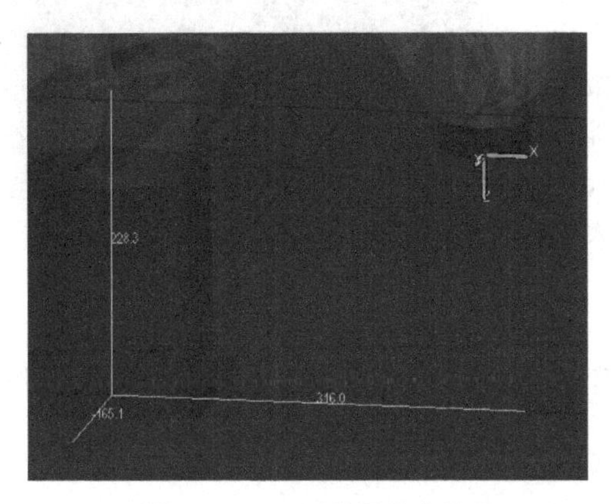

图 5-14　TCP 位置信息显示

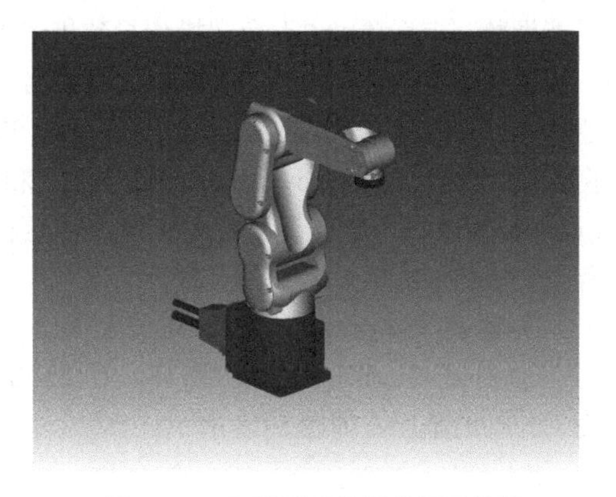

图 5-15　隐藏平面格栅的显示效果

③ 在工程界面中双击机器人模型，打开机器人属性设置窗口，选择“General”选项卡，调整机器人的显示状态和位置，如图 5-16 所示。

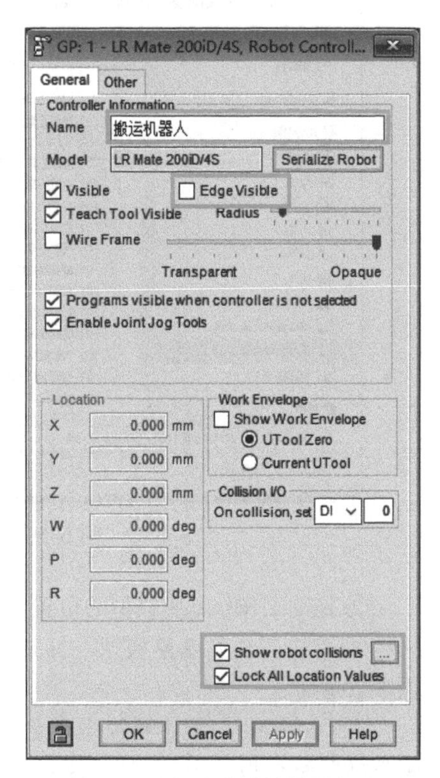

图 5-16　机器人属性设置窗口

Name：机器人控制器命名，支持中文输入。在单一机器人的工程文件中可以默认不做处理，如果工程文件中含有多个机器人，给从事不同作业的机器人赋予相应的中文名称，对于模块查找及操作都是极为方便的。

Model：机器人的型号信息。

Serialize Robot：工程文件配置修改选项，单击进入最开始创建工程文件的界面，修改机器人型号、添加附加轴等。

Visible：设置机器人模型是否可见。

Edge Visible：设置机器人模型轮廓边缘线是否可见。

Teach Tool Visible：设置机器人 TCP 是否可见，右侧的滑块可调整 TCP 显示的尺寸大小。

Wire Frame：设置是否线框显示。勾选该选项则使得机器人模型以线框的样式显示，右侧的滑块可调整机器人模型在实体和线框 2 种样式下的透明度。

Location：设置机器人模型的位置。默认情况下，机器人模型底座的中心与界面的坐标原点重合。

Show Work Envelope：设置是否显示工作范围，勾选则显示机器人 TCP 的最大活动空间。“UTool Zero”显示原始 TCP 的范围，“Current UTool”显示当前设置的 TCP 的范围。

Collision I/O：设置碰撞信号检测。在运行过程中如果模型发生碰撞，会反馈一个信号给机器人控制器。

Show robot collisions：设置是否进行碰撞检测。

Lock All Location Values：设置是否锁定机器人模型的位置。勾选该选项则机器人的坐标变为红色，位置不能调整。该选项可以避免误操作导致机器人移位。

如图 5-16 所示，将机器人控制器命名为“搬运机器人”；取消勾选“Edge Visible”选项隐藏机器人模型轮廓线；勾选“Show robot collisions”和“Lock All Location Values”选项设置检测碰撞和锁定机器人的位置。设置完成后的效果如图 5-17 所示。

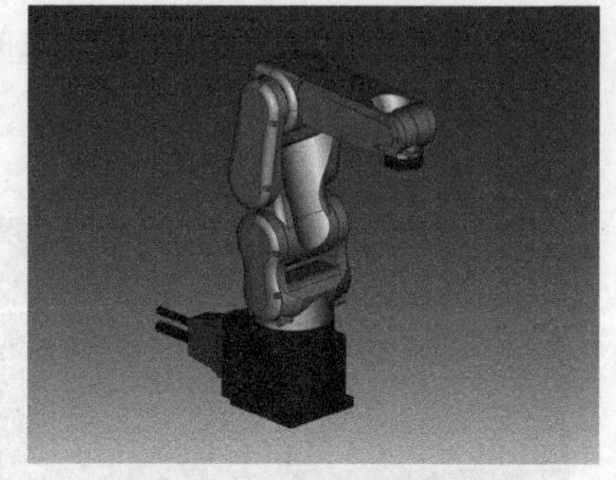

图 5-17 机器人本体模型设置完成

2. 搭建 Fixtures 模块

① 打开“Cell Browser”窗口，在 Fixtures 模块下导入“F01- 工作站主体 .IGS”模型作为工作站的基座，如图 5-18 所示。

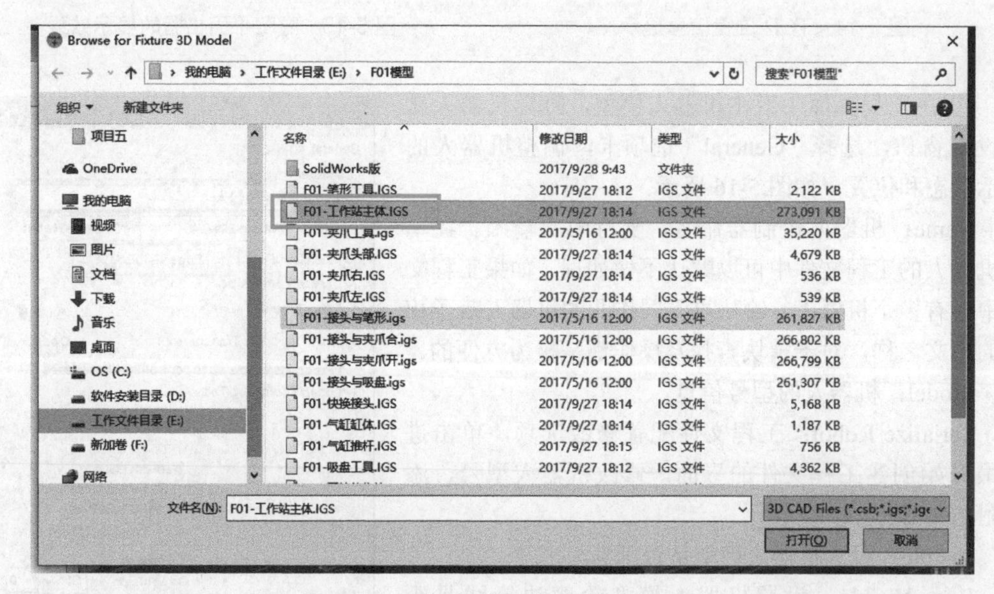

图 5-18 工作站所需要的模型存放目录

② 拖动工作站基座模型的位置，让基座上的安装座与机器人底座对齐，如图 5-19 所示。

③ 双击工作站基座模型，打开属性设置对话框，选择“General”通用设置选项卡，如图 5-20 所示。

在“Name”一栏中将模型命名为“工作站基座”，以便后续的操作。由于模型的尺寸是根据实际物体按照 1:1 的比例来绘制的，所以“Scale”中的参数保持不变；勾选“Lock All Location Values”选项锁定基座模型的位置。

④ 在 Fixtures 模块下再创建一个“Box”。将其命名为“托盘”；调整“Size”中的长、宽、

高的数值，分别设置为 200、200、10（尺寸尽量小于托盘模型，可以将其很好地隐藏到模型里）；用鼠标调整“Box”的位置与基座自带的托盘模型重合，将“Box”隐藏到模型之中；为了避免模型重面造成的破面，勾选“Wire Frame”选项显示线框；最后勾选“Lock All Location Values”选项锁定“Box”模型的位置，如图 5-21 所示。

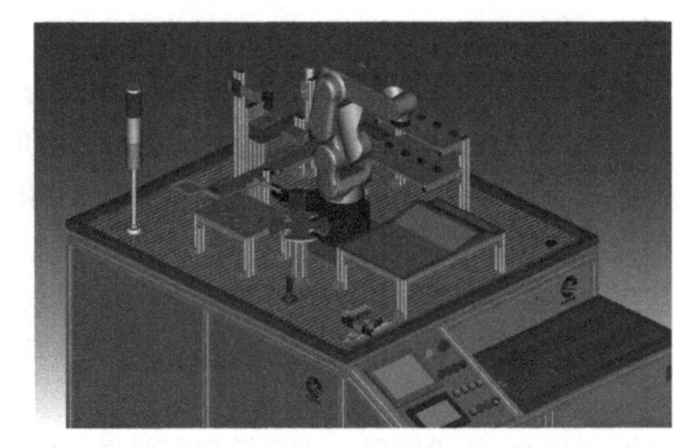

图 5-19　机器人与基座正确安装位置

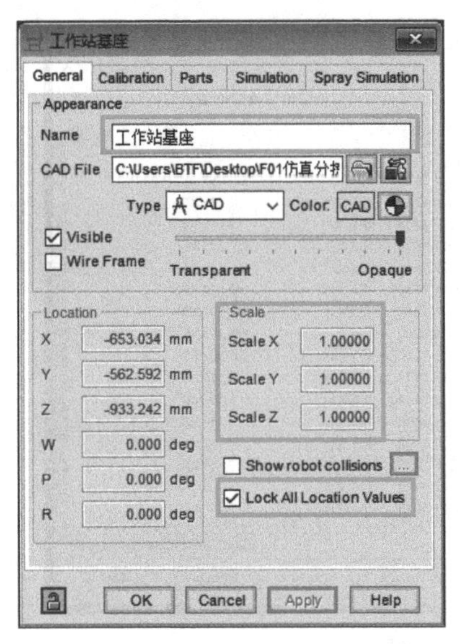

图 5-20　基座属性设置窗口

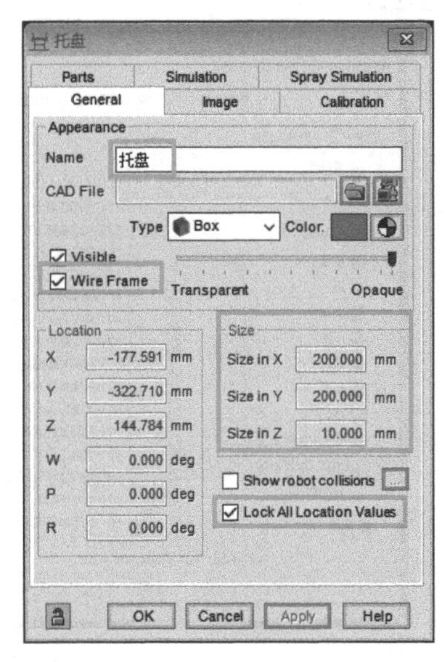

图 5-21　“托盘”设置窗口

设置完成后，“Box”以线框的样式被放进平面托盘中。这个托盘将作为分拣后物料的目标载体模型（见图 5-22）。

此时在“Cell Browser”窗口的工程文件配置结构图如图 5-23 所示。

图 5-22　设置完成后的效果

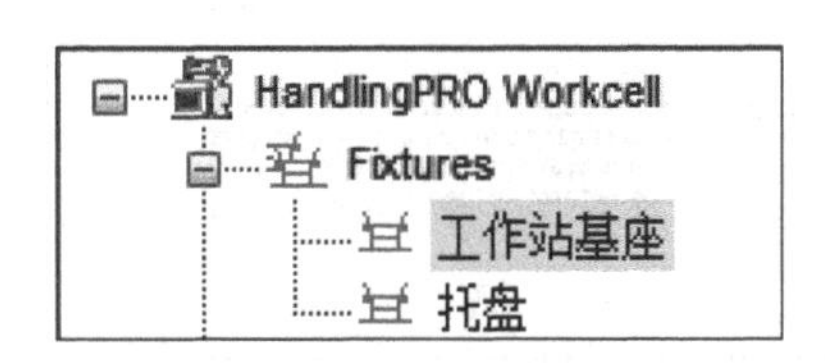

图 5-23　Fixtures 模块结构树

3. Part 模型的导入和关联设置

图 5-24　工作站所需 Part 模型

本项目共用到 5 个 Part 模型文件，分别是圆形物料、长方形物料、正方形物料、夹爪和吸盘，如图 5-24 所示。但是仅仅导入 Part 模型是没有任何意义的，这些模型必须要和其他模型进行关联，将它们添加到不同的地方才能用于后续的仿真。物料模型需要添加到立体料库（立体料库与工作站基座属于同一模型）和平面托盘上（托盘模型），工具模型需要添加到工具架上（工具架与工作站基座属于同一模型）。

① 打开“Cell Browser”窗口，在 Parts 下导入圆形物料模型文件“F01- 圆柱体物块 .IGS”（见图 5-25）。

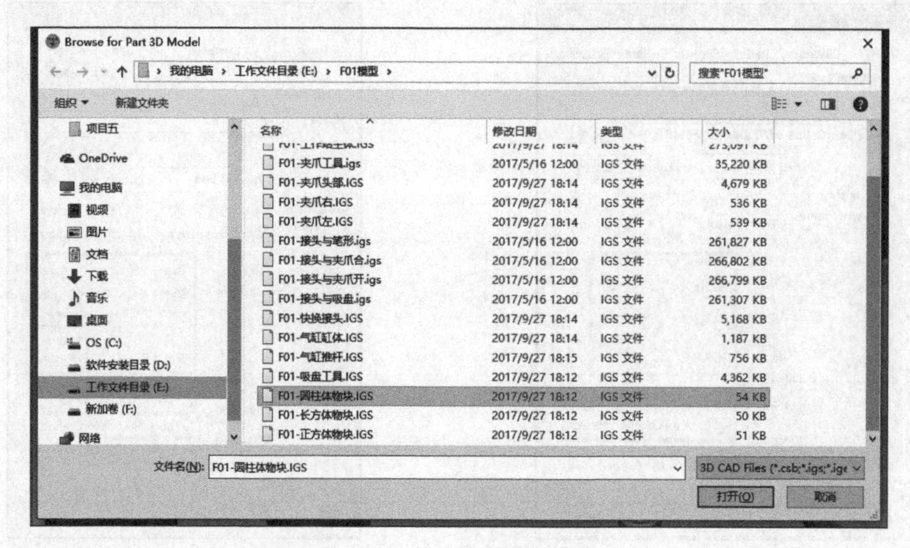

图 5-25　模型文件存放目录

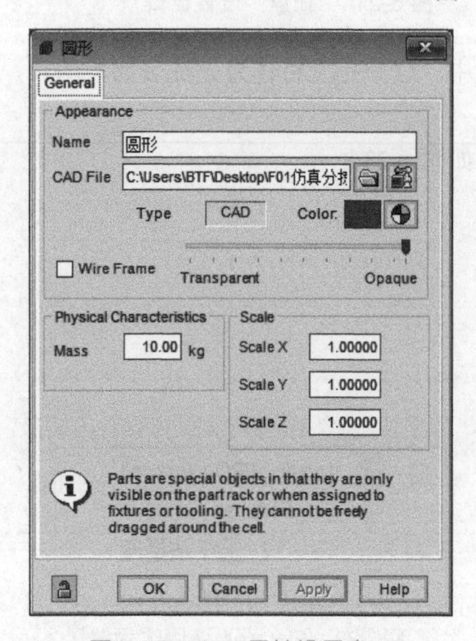

图 5-26　Part 属性设置窗口

② 在弹出的 Part 属性窗口设置圆形物料的基本信息，如图 5-26 所示。

将模型文件命名为“圆形”，以便后续的选择操作；单击“Color”后方的圆形色块图标，更改一个鲜明的颜色，这样的目的是为了在视觉感官上区别于其他模型；其他选项保持默认。

③ 按照导入圆形物料的方法，将长方形物料、正方形物料、夹爪和吸盘也导入进来。导入后都用中文命名，物料都设置鲜明的颜色，工具的一切参数保持默认。模型全部导入后，Cell Browser 工程文件配置结构如图 5-27 所示。

④ 在“Cell Browser”窗口中的 Fixtures 下双击“工作站基座”，或者直接在三维视图中双击工作站基座模型，打开其属性设置窗口，选择“Parts”选项卡，如

图 5-28 所示。

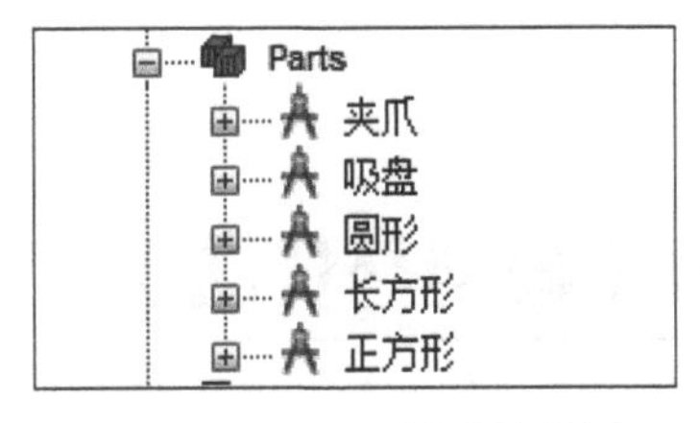

图 5-27　Parts 模块结构树

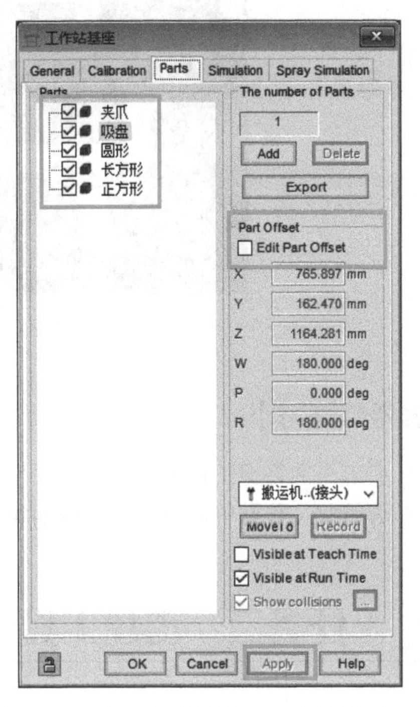

图 5-28　Part 关联到 Fixture 的设置窗口

将 5 个 Part 模型文件全部勾选，单击“Apply”按钮，将其关联添加到工作站基座上，然后单击某个 Part（如“圆形”），再勾选“Edit Part Offset”选项调整“圆形”在“工作站基座”上的位置，调整完毕后单击“Apply”按钮，最后的结果如图 5-29 所示。

⑤ 按照调整“圆形”的方法，将其他 Part 文件的位置调整好，调整完毕后工作站基座上所有 Part 模型的最终效果如图 5-30 所示。

图 5-29　圆形物料在料库上的位置

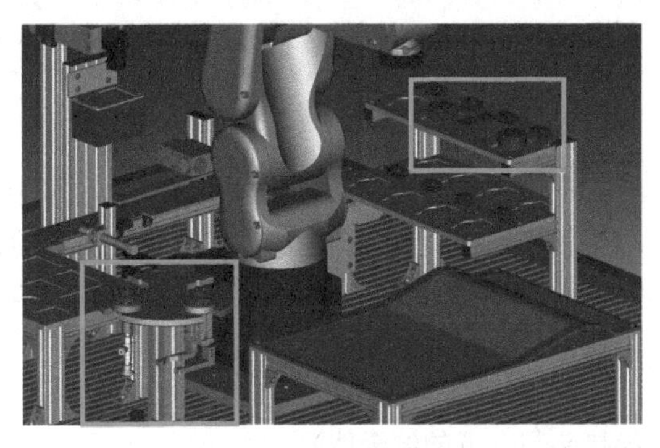

图 5-30　基座上的全部 Part 模型

⑥ 在“Cell Browser”窗口中的 Fixtures 模块下双击“托盘”，打开其属性设置窗口。按照“工作站基座”添加 Part 模型的方法，将 3 个物料模型也添加到“托盘”上，并调整好位置。最终结果如图 5-31 所示。

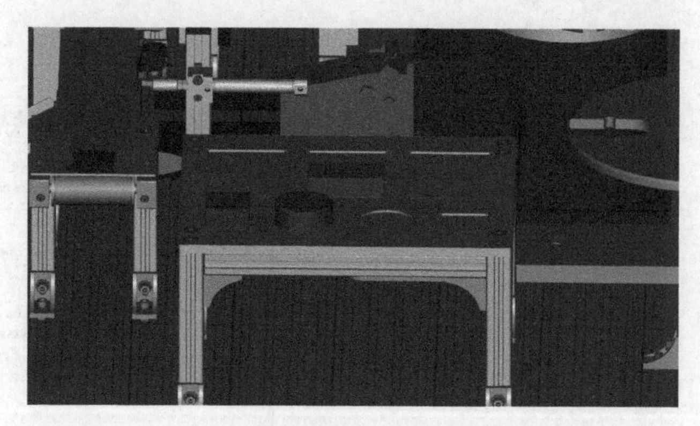

图 5-31　托盘上的 Part 模型

【思考与练习】

1. 要求平面格栅正反面半透明，规格 2m×2m，方格 4×4，如何设置？
2. 说明此工作站中涉及的模型分别属于什么模块？

任务二　创建工具与设置仿真（模型替代法）

【任务描述】

小白："小罗同学，这个创建仿真工具的方法不是介绍过了吗，为什么还要单独拿出来？"

小罗："这个和上次的那个方法是完全不同的，你是否记得我上次简单地提过另一个方法？"

小白："哦……想起来了，那直接用上次的方法不是一样吗？"

小罗："现在下结论还为时尚早，因为方法的选择需要根据任务的需要，首先我们应该先来分析整个流程中涉及工具的过程，再结合 2 种方法的特点加以选择。"

【知识学习】

在创建工具之前，首先分析本项目中机器人参与的搬运过程（传送带的传送也可称为搬运）都有哪些，参考搬运的过程来决定工具的使用。

① 机器人搬运夹爪和吸盘：从机器人拾取工具到最后放下工具，虽然拾取与放下的位置不变，但确实是一种搬运过程。此时使用的工具是快换接头。

② 机器人搬运物料从双层立体料库到料井的上口：此时使用的工具是夹爪（实际上是快换接头与夹爪的结合体）。

③ 机器人搬运物料从传送带的末端到平面托盘上：此时使用的工具是吸盘（实际上是快换接头与吸盘的结合体）。

由此得出结论，在工程文件中需要设置 3 个不同的工具，并分别定义快换接头为工具 1，夹爪（快换接头与夹爪结合体）为工具 2，吸盘（快换接头与吸盘结合体）为工具 3，如图 5-32

所示。另外，在一个机器人上，最多可同时设置 10 个不同的工具，而且每个工具都拥有自己的工具坐标系。

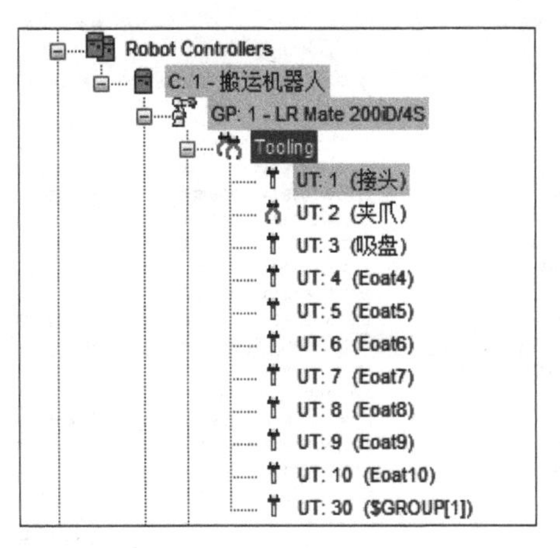

图 5-32　工具模块结构图

【任务实施】

1. 创建快换接头及设置仿真

① 在“Cell Browser”窗口中双击“UT:1”，进入到工具的属性设置窗口，选择“General”选项卡，如图 5-33 所示。

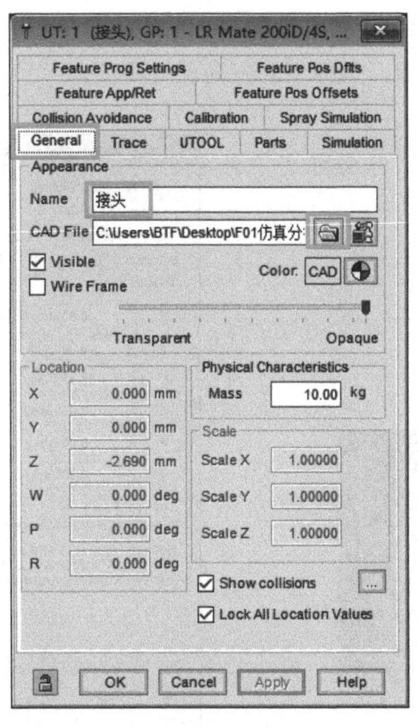

图 5-33　工具属性设置窗口

由于本项目中工具较多，为了增加辨识度，所以将此工具命名为“接头”。单击“CAD

File”右侧的文件夹图标，打开计算机存储目录，添加外部模型，如图 5-34 所示。

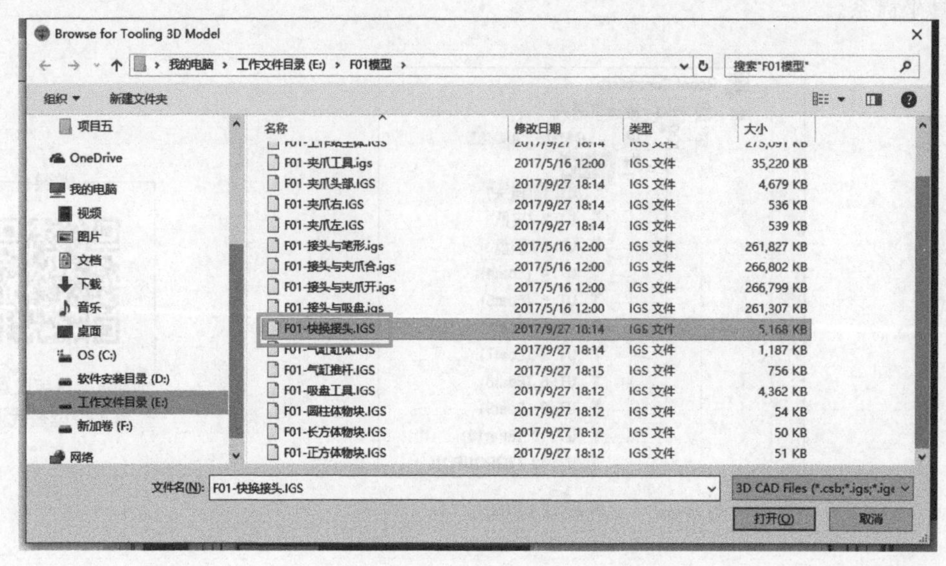

图 5-34　模型文件目录

由于绘图软件坐标设置的问题，在工具模型导入后，可能出现错误的位置和姿态。修改“Location”中的数值并配合鼠标直接拖动，将快换接头调整到正确的安装位置上，如图 5-35 所示。

调整完毕后，勾选“Lock All Location Values”选项锁定快换接头的位置数据。

② 切换到“UTOOL”选项卡（见图 5-36），设置工具 1 的工具坐标系。在这里需要将工具坐标系的原点设置在快换接头的下边缘，坐标系的方向保持不变。

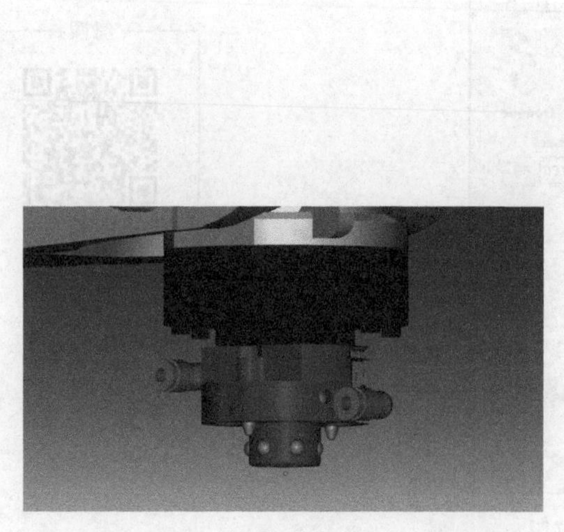

图 5-35　快换接头的正确安装状态

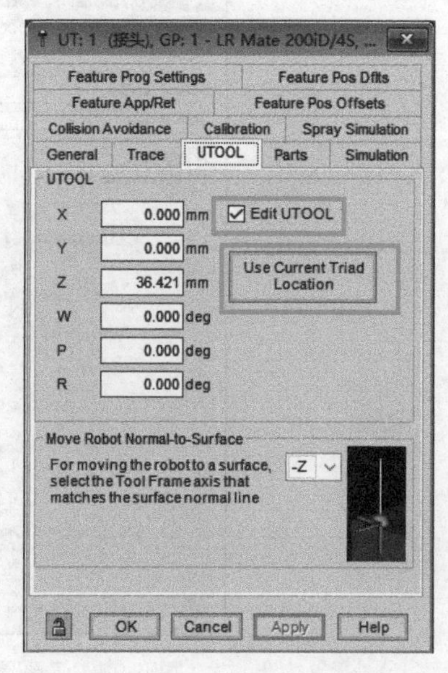

图 5-36　工具坐标系设置窗口

勾选“Edit UTOOL”编辑工具坐标系选项，将鼠标放在坐标系的 Z 轴上，按住并向下拖动至图 5-37 所示的位置，调整完成后单击“Use Current Triad Location”按钮应用当前位置，如图 5-36 所示。

③ 切换到“Parts”选项卡下，将夹爪和吸盘（本项目任务一的 Part 模型）添加到快换接头上，如图 5-38 所示。

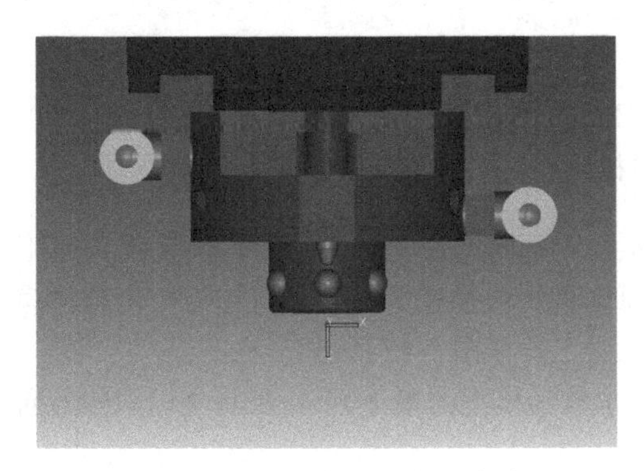

图 5-37　工具坐标系 1 的原点位置

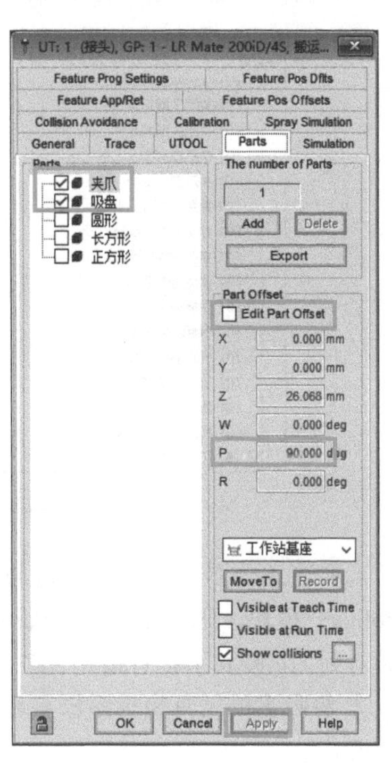

图 5-38　工具添加 Part 设置窗口

在“Parts”列表中勾选“夹爪”和“吸盘”，单击“Apply”按钮将其添加到工具上。单击列表中的“夹爪”，然后勾选“Edit Part Offset”选项编辑夹爪在快换接头上的位置。“P”值为“90”，使其绕 Y 轴旋转 90°，再配合鼠标拖动调整夹爪的位置。调整完成后单击“Apply”按钮，最终的效果如图 5-39 所示。

④ 按照给快换接头工具添加夹爪 Part 模型的方法，将吸盘 Part 模型也添加到接头工具上，完成后如图 5-40 所示。

图 5-39　快换接头拾取夹爪的正确状态

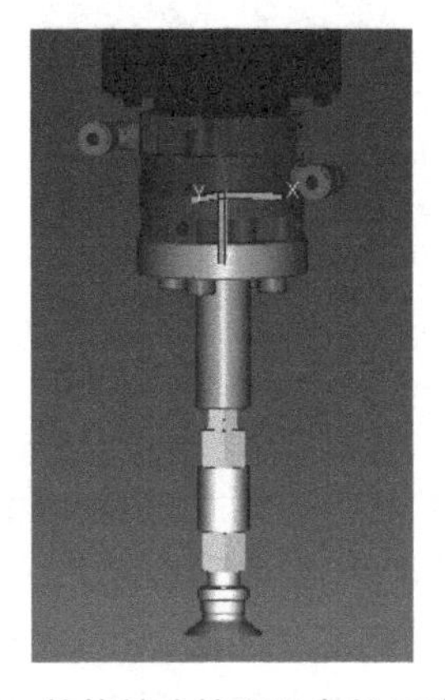

图 5-40　快换接头拾取吸盘的正确状态

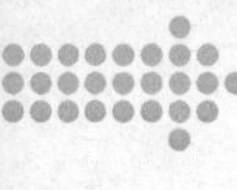

2. 创建吸盘及设置仿真

① 双击“Cell Browser”窗口中的“UT:3”，或者一个其他的未设置的工具，打开其属性设置窗口。按照创建快换接头的方法，创建吸盘的整体模型（接头与吸盘）（见图 5-41），并将此工具重命名为“吸盘”。

名称	修改日期	类型	大小
F01-工作站主体.IGS	2017/9/27 18:14	IGS 文件	275,091 KB
F01-夹爪工具.igs	2017/5/16 12:00	IGS 文件	35,220 KB
F01-夹爪头部.IGS	2017/9/27 18:14	IGS 文件	4,679 KB
F01-夹爪右.IGS	2017/9/27 18:14	IGS 文件	536 KB
F01-夹爪左.IGS	2017/9/27 18:14	IGS 文件	539 KB
F01-接头与笔形.igs	2017/5/16 12:00	IGS 文件	261,827 KB
F01-接头与夹爪合.igs	2017/5/16 12:00	IGS 文件	266,802 KB
F01-接头与夹爪开.igs	2017/5/16 12:00	IGS 文件	266,799 KB
F01-接头与吸盘.igs	2017/5/16 12:00	IGS 文件	261,307 KB
F01-快换接头.IGS	2017/9/27 18:14	IGS 文件	5,168 KB
F01-气缸缸体.IGS	2017/9/27 18:14	IGS 文件	1,187 KB
F01-气缸推杆.IGS	2017/9/27 18:15	IGS 文件	756 KB
F01-吸盘工具.IGS	2017/9/27 18:12	IGS 文件	4,362 KB
F01-圆柱体物块.IGS	2017/9/27 18:12	IGS 文件	54 KB
F01-长方体物块.IGS	2017/9/27 18:12	IGS 文件	50 KB
F01-正方体物块.IGS	2017/9/27 18:12	IGS 文件	51 KB

图 5-41　吸盘的整体模型（接头与吸盘）

需要注意的是，此处的吸盘与前面的“吸盘”不同。在上一小节中，快换接头是工具（Tooling）模块，吸盘是工件（Parts）模块；而这里的快换接头与吸盘将作为一个整体模型被导入到工具模块下，直接安装在机器人的法兰盘上，如图 5-42 所示。

② 将吸盘的工具坐标系原点设置在吸嘴的位置（模型的最下方），工具坐标系的方向保持不变。

③ 给吸盘添加 Part 模型文件。将圆形物料、长方形物料和正方形物料关联到吸盘上，如图 5-43 所示，并调整好位置。

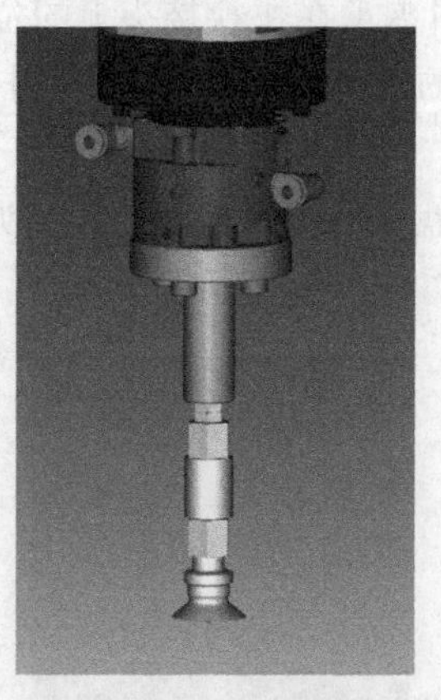

图 5-42　吸盘

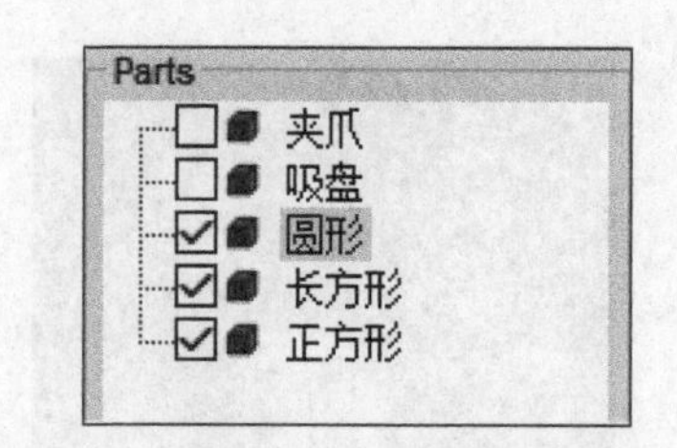

图 5-43　吸盘需要添加的 Part 模型

物料添加并设置完成后的最终状态如图 5-44 所示。

3. 创建夹爪及设置仿真

夹爪的创建及设置方法与上述 2 种工具基本相同，但是又略有区别。以吸盘为例，当吸盘在拾取和放下物料时，其本身的模型状态是没有变化的，即模型文件没有发生形变。而夹爪在没有拾取物料之前，2 个手指是张开的状态，间距较大；拾取物料之后，手指处于闭合状态，间距较小。这就使得夹爪在运行过程中势必发生“形变”，如图 5-45 所示。

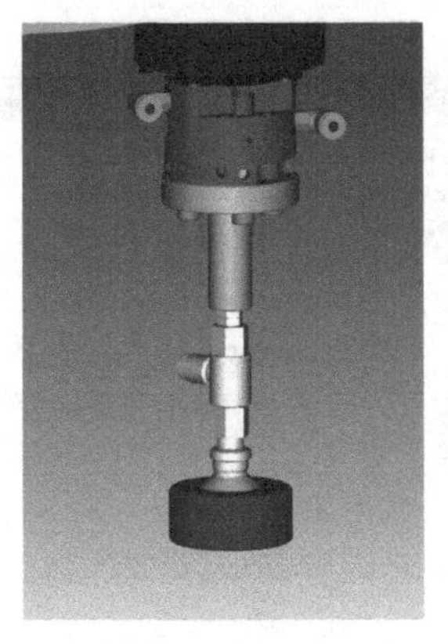

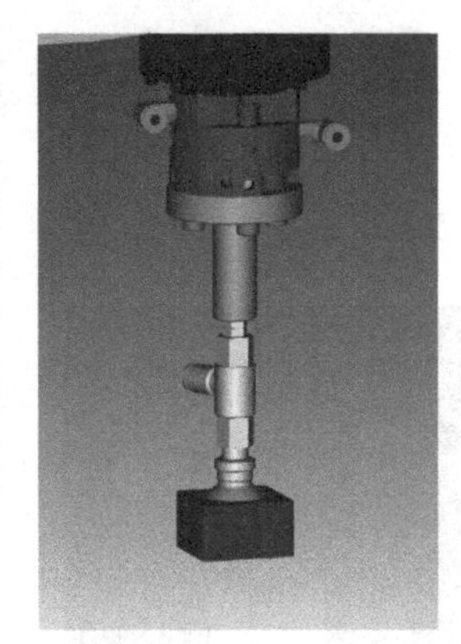

（a）圆形物料　（b）长方形物料　（c）正方形物料

图 5-44　添加物料 Part 的吸盘

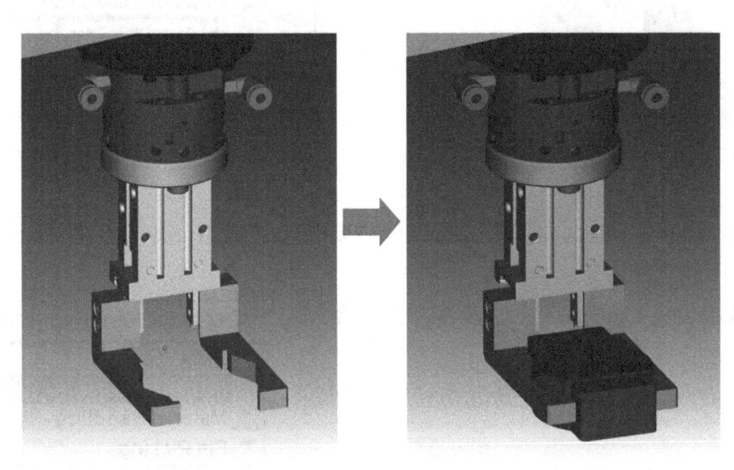

（a）未拾取物料　（b）拾取物料

图 5-45　夹爪的 2 种状态

首先夹爪将作为一个整体模型进行导入，其形状在理论上是不可能发生变化的。那么，实际上这种“形变”是通过不同模型的交替出现而实现的视觉效果，因此在创建夹爪前，需要准备 2 个夹爪的外部模型文件，如图 5-46 所示。

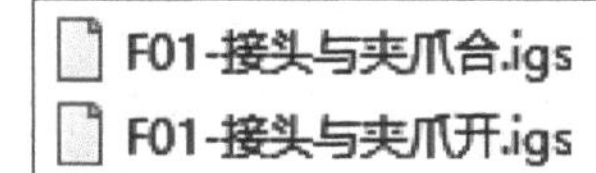

图 5-46　夹爪外部模型文件

注意上述的个模型文件中同样包括快换接头部分，并且需要用绘图软件调整成不同的 2 种状态，再导出 IGS 格式的模型文件。

① 双击“Cell Browser”窗口中的“UT:2”，或者一个未设置的工具，打开其属性设置窗口。首先将“F01- 接头与夹爪开 .igs”导入到工具 2 上来，并将该工具重命名为“夹爪”，调整夹爪的位置，使其正确地安装在机器人法兰盘上，并锁定位置数据。将此模型定义为夹爪的常态（打开状态）。

② 将夹爪的 TCP 设置在手指的位置附近，工具坐标系方向保持不变，设置完成后的状

态如图 5-47 所示。

③ 切换到“Simulation”仿真选项卡下，进行夹爪的动作状态（闭合状态）的设置（见图 5-48）。

图 5-47 夹爪 TCP 的位置

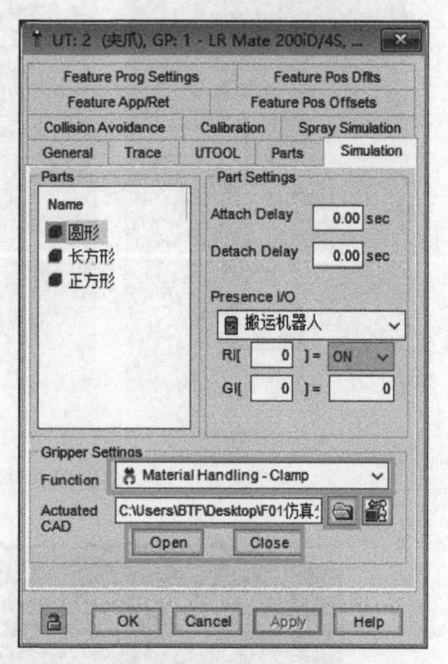

图 5-48 夹爪动作仿真设置窗口

a．在“Function”下拉选项中选择替换模型要表示的状态，如图 5-49 所示。

Static Tool：静止的常态。

Material Handling-Clamp：搬运物料时闭合的状态。

Material Handling-Vaccuum：搬运物料时张开的状态。

Bin Picking：拾取时的状态。

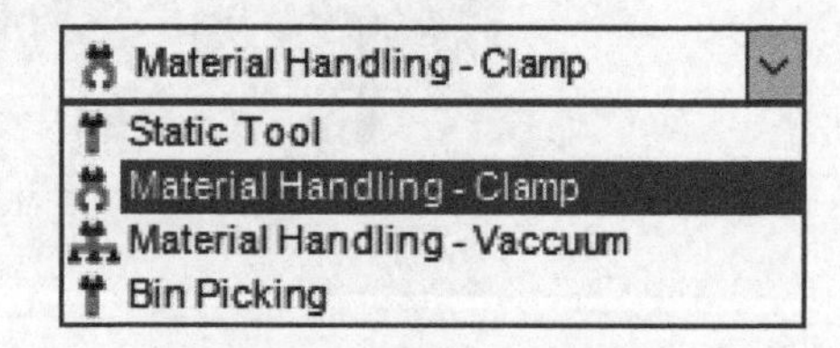

图 5-49 替换模型的状态选择

b. Actuated CAD：选择要使用的模型文件。

c. Open：在三维视图中显示夹爪打开的状态。

d. Close：在三维视图中显示夹爪闭合的状态。

如图 5-49 所示，选择第 2 项“Material Handling-Clamp”，然后单击文件夹图标，导入外部模型“F01- 接头与夹爪合 .igs”，单击“Apply”按钮。此模型导入后不需要调整其他设置，因为它的坐标与“F01- 接头与夹爪开 .igs”的坐标是同一个坐标，调节其中任意一个，另外一个也会随之变动。

单击“Open”按钮和“Close”按钮，或者单击软件工具栏中的图标，可在三维视图中切换夹爪的开合状态。

④ 切换到“Parts”选项卡下，为夹爪添加物料 Part，设置完成后的状态如图 5-50 所示。

至此，3 个工具的创建与仿真设置就基本完成了，在“Cell Browser”窗口的工具模块可单击不同的工具号，手动切换进行工具查看。需要注意，“UT:1”和“UT:3”的符号为图标，表示工具为单状态工具；“UT:2”的符号为图标，表示工具为双状态工具，如图 5-51 所示。

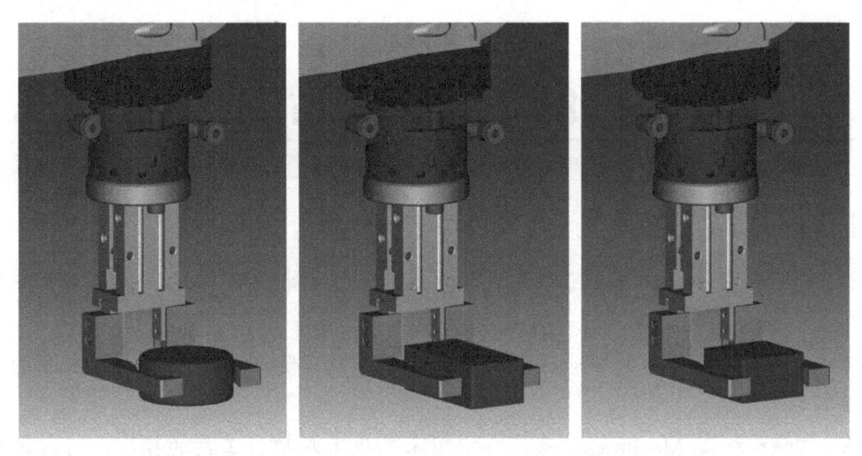

图 5-50　夹爪抓取物料后的状态

⑤ 在结构列表中单击不同的工具号，可在三维视图中切换显示工具（见图 5-52～图 5-54）。

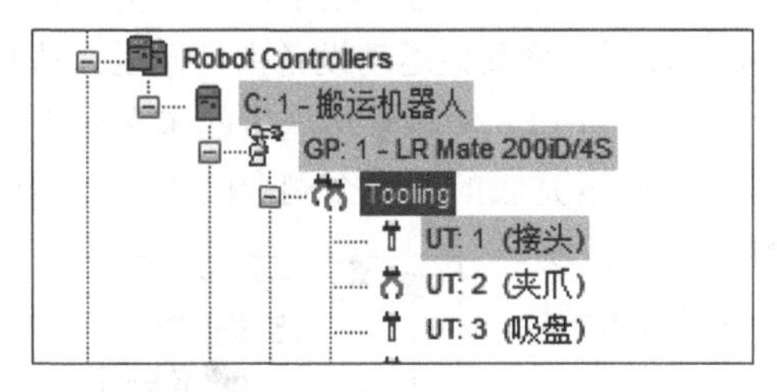

图 5-51　工具模块结构图

图 5-52　工具 1 快换接头

图 5-53　工具 2 夹爪

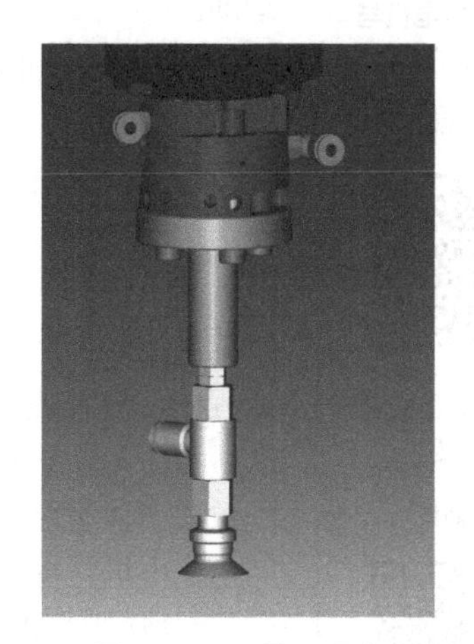

图 5-54　工具 3 吸盘

【思考与练习】

1. “Material Handling-Clamp”是搬运物料时工具的什么状态？
2. 在多工具并联的情况下，如何手动切换当前的工具？

任务三　创建虚拟电机与设置仿真

【任务描述】

小白：“小罗同学，这一步可难倒我了，工件可以由机器人搬运，但是在没有机器人的参与下，它如何自主运动，比如在传送带上。”

小罗：“这就要发挥你的举一反三的能力，想一想，除了机器人可以自主运动，还有哪个模块可以？”

小白：“哦……是 Machines，项目四中用来创建末端执行工具的模块，这应该就是问题的突破口了。”

【知识学习】

首先在创建虚拟电机之前，应分析该仿真工作站中有哪些地方应用了虚拟电机。首先需明确物料作为 Parts 下的模型不可能实现自主运动，必须要靠其他运动设备携带搬运。从整个工作站作业流程中得知：物料从双层立体料库到料井的井口、物料从传送带的末端到平面托盘这 2 个阶段的运动是由机器人搬运完成的。那么剩余的 3 个中间过程没有机器人的参与，物料的运动就必须依靠虚拟直线电机来完成。这 3 个中间过程分别是：

微课　创建虚拟电机与设置仿真

微课　创建 MACHINE 模组

微课　实现物料自由落体运动

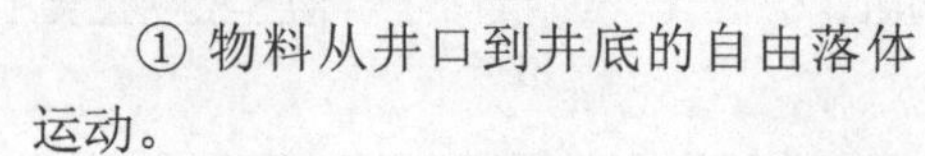

① 物料从井口到井底的自由落体运动。

② 物料从井底到传送带始端的被推送运动。

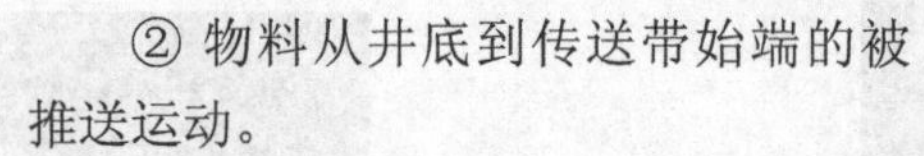

③ 物料从传送带始端到末端的被传送运动。

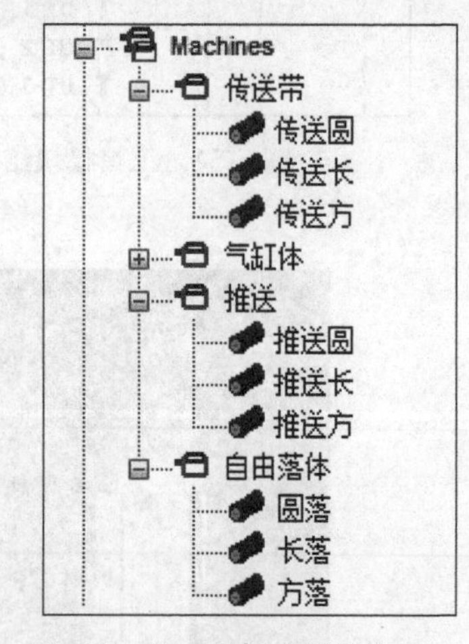

图 5-55　虚拟电机结构图

其中每个中间过程都有 3 个物料进行依次运动，所以在工作站的整个运行流程中，涉及虚拟电机的运动总共有 9 次。由于每个过程中，3 个物料的运动一致，所以可将 9 次运动划分成 3 组（对应 3 个运动过程），每组设置 1 个虚拟电机，每个电机设置 3 个并联运动轴，如图 5-55 所示。

“传送带”虚拟电机用于完成物料在传送带上的运动；“推送”虚拟电机用于完成物料从料井被推出的运动；“自由落体”虚拟电机用于完成物料在料井中的下落运动。

在本工作站中将会用到 DO[100] ～ DO[108] 这 9 个数字输出信号分别控制 9 个虚拟的电机轴。除此之外，“传送带”电机的 3 个轴还会用到 DI[1] ～ DI[3] 这 3 个输入信号来作为物料到位的通知，从而反馈给机器人。

【任务实施】

1. 创建“自由落体”虚拟直线电机及设置仿真

① 在“Cell Browser”窗口中，鼠标右键单击“Machine”，执行菜单命令“Add Machine”→“Box”，创建1个简单的几何体作为虚拟电机的主体（固定部分）。

② 在弹出的属性设置窗口中，选择“General”选项卡。将此模型重命名为“自由落体”，调整模型的尺寸为50mm×50mm×300mm（尺寸任意，主要是为了方便观察），将模型的位置移动到料井的附近，并锁定其位置，如图5-56所示。

图5-56　“自由落体”虚拟电机的固定部分

设置完成后取消选择“Visible”选项隐藏此模型。

③ 在“Cell Browser”窗口中，鼠标右键单击“自由落体”，执行菜单命令“Add Link”→“Box”，创建一个简单的几何体作为虚拟电机的运动轴。

④ 在弹出的属性设置窗口中，选择“General”选项卡（见图5-57）。

Edit Axis Origin：可编辑轴的零点位置和运动方向。轴的默认零点位置与虚拟电机固定部分的坐标中心重合，默认的运动正方向为虚拟电机固定部分坐标的Z轴正方向。

Negative：勾选该选项后，轴的运动正方向与原来的方向相反。

Lock Axis Location：勾选该选项后，锁定轴的零点位置与运动方向。

将此轴重命名为“圆落”，表示此运动轴是携带圆形物料进行自由下落运动的，勾选“Lock Axis Location”选项锁定轴的位置，如图5-57所示。

⑤ 切换到“Link CAD”选项卡下，编辑该运动轴所附着的几何体模型的参数，如图5-58所示。

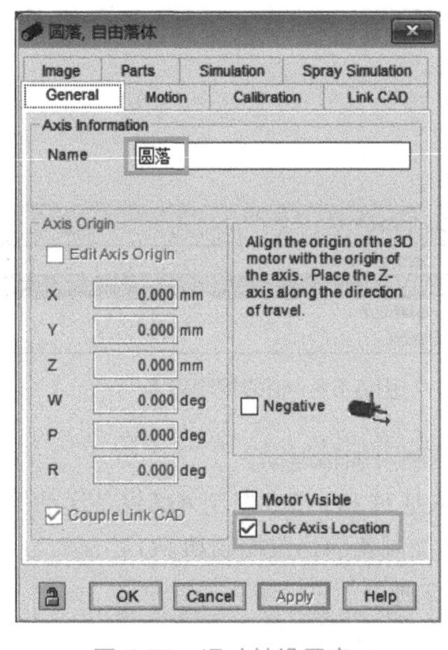

图5-57　运动轴设置窗口

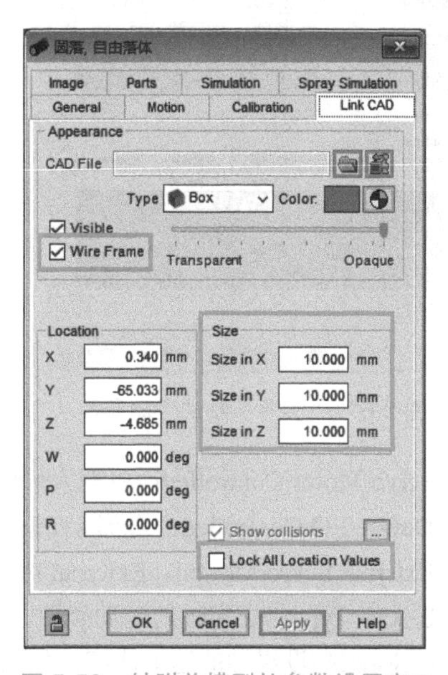

图5-58　轴附着模型的参数设置窗口

勾选“Wire Frame”选项显示线框；调整模型的尺寸为10mm×10mm×10mm（尺寸要尽量小，主要是因为轴模型不能隐藏，减小尺寸是为了在工作站运行时不会太明显）；将模型的

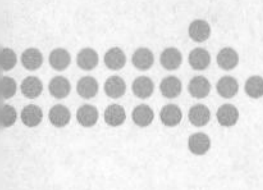

位置移动到料井井口正中的位置并锁定，如图 5-59 所示。

⑥ 切换到“Parts”选项卡下，为运动轴添加所要携带的物料 Part。将“圆形物料”添加到“圆落”轴上，并调整好位置，如图 5-60 所示。

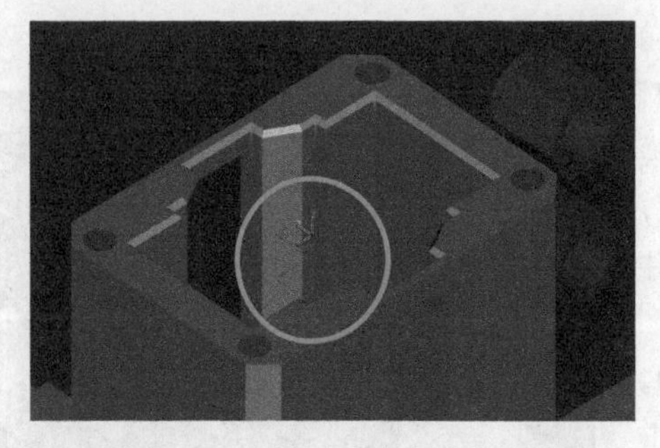

图 5-59　轴模型调整完成后的位置

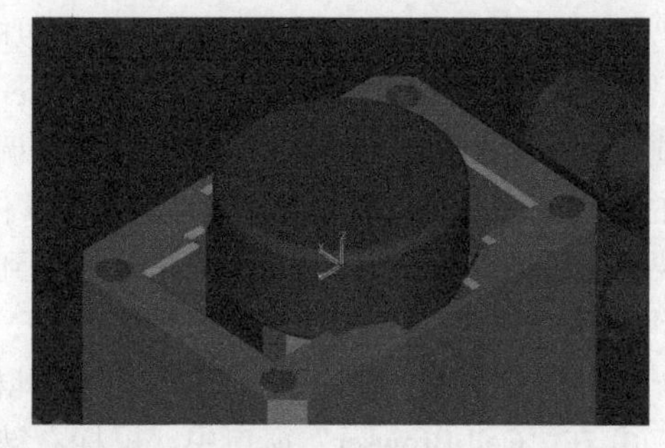

图 5-60　圆形物料在“圆落”轴上的位置

⑦ 切换至“Motion”选项卡下，设置虚拟电机轴的运动参数，其中各项参数的值如图 5-61 所示。

a. Motion Control Type：选择轴的控制设备，如图 5-62 所示。

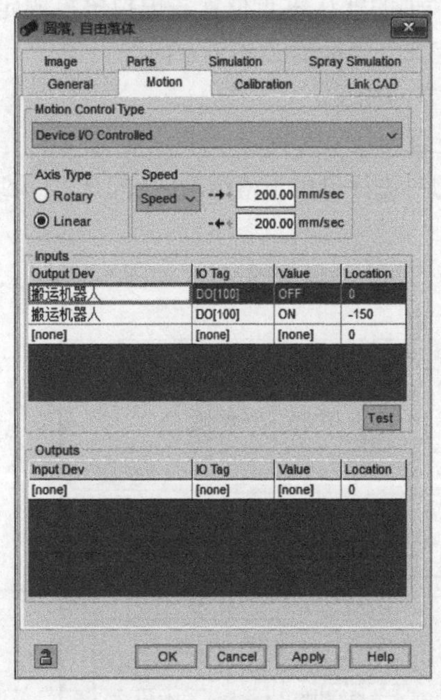

图 5-61　“圆落”轴的运动参数

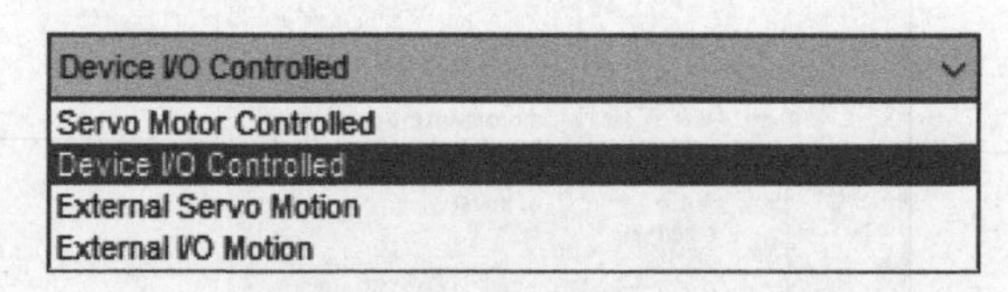

图 5-62　轴的控制设备

Servo Motor Controlled：机器人伺服控制，用于控制附加轴运动。

Device I/O Controlled：内部 I/O 信号控制，机器人通过 I/O 指令控制外部设备运动。

External Servo Motion、External I/O Motion：外部控制器的伺服控制和 I/O 控制。

b. Axis Type：设定轴的运动类型，分直线和旋转 2 种。

c. Speed：设置轴的运动速度，如图 5-63 所示。

Speed：2 点间的运动速度保持恒定，间距越大，时间越长。

Time：2 点间的运动时间保持恒定，间距越大，速度越快。

d. Inputs：设置虚拟电机轴的输入信号，即机器人的输出信号，如图 5-64 所示。

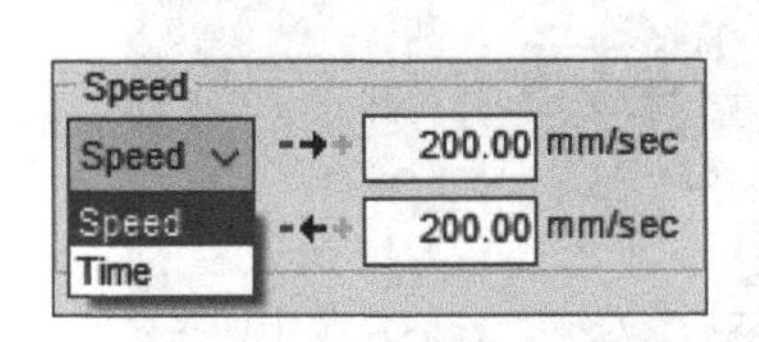

图 5-63　轴速度设置

Inputs

Output Dev	IO Tag	Value	Location
搬运机器人	DO[100]	OFF	0
搬运机器人	DO[100]	ON	-150
[none]	[none]	[none]	0

Test

图 5-64　控制信号设置

Output Dev：选择机器人控制器。

I/O Tag：选择 I/O 信号类型，如 DO、RO、AO。

Value：设置 I/O 信号的状态。

Location：设置轴在信号该状态下处于位置，单位为 mm，方向沿轴的运动方向。

用鼠标选中图 5-64 中的 DO[100]=ON 行，单击“Test”选项，观察并检验圆形物料块出现的位置是否正确。当 DO[100]=ON 时，圆形物料的位置如图 5-65 所示。如果物料的位置偏上或者偏下，就调整图 5-64 中“Location”的数值；如果物料出现的位置根本就不在竖直的 Z 轴方向上，就必须返回到步骤④中修改“Edit Axis Origin”的数值，改变轴的运动方向。

微课

实现物料在传送带上的运动

⑧ 按照创建“圆落”的方法创建携带其他 2 种物块的虚拟电机轴，完成设置后，“自由落体”虚拟电机的结构如图 5-66 所示。

图 5-65　物料落下的位置

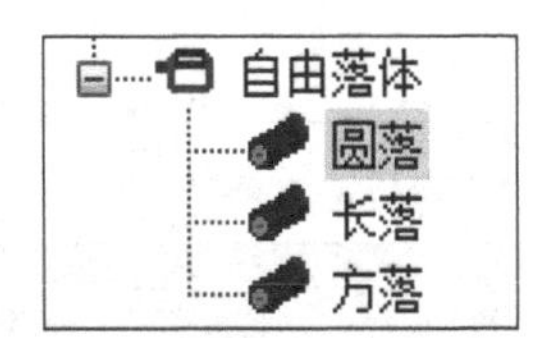

图 5-66　“自由落体”虚拟电机结构

2. 创建“推送”和“传送带”直线电机及设置仿真

“自由落体”虚拟电机创建完成之后，参考上述的步骤①到步骤⑧，进行“推送”和“传送带”虚拟直线电机的创建。2 个电机运动轴（以圆形为例）的 2 点位置如图 5-67 和图 5-68 所示。

（a）

2

（b）

图 5-67　“推送”电机轴的 2 个位置

（a）　　（b）

图 5-68 “传送带”电机轴的 2 个位置

需要注意的是，“传送带”电机的末端位置上还要设置输出信号，反馈给机器人。如图 5-69 所示，当物料块运动到 450mm 位置时，DI[1]=ON，以此充当物料的到位信号。

3. Machines 模块的最终结构及通信

所有虚拟电机设置完成后，Machines 模块中总共包含 3 组虚拟直线电机和 9 个电机运动轴，如图 5-70 所示。运动轴分别接收机器人的 9 个控制信号和向机器人反馈的 3 个到位信号，如表 5-1 所示。

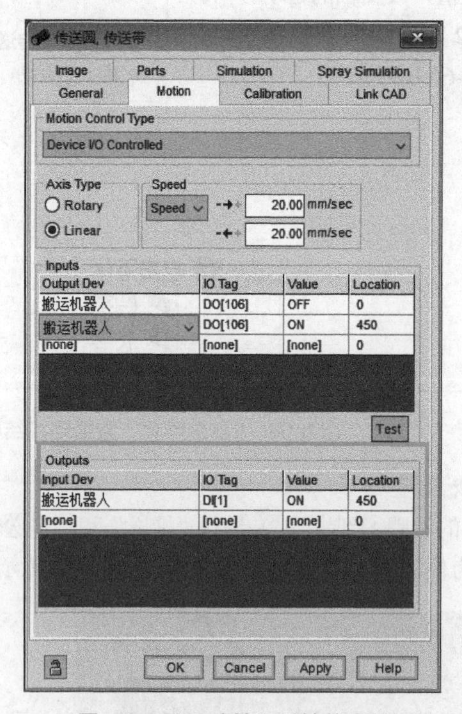

图 5-69 “运动轴”反馈信号设置

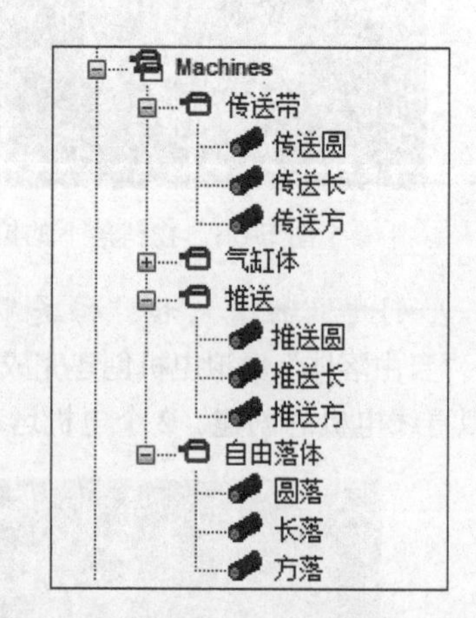

图 5-70 “Machines”总体结构图

表 5-1　　虚拟电机通信表

运动轴	输入信号（机器人控制信号）	输出信号（物料到位信号）
圆落	DO[100]	—
长落	DO[101]	—

续表

运动轴	输入信号（机器人控制信号）	输出信号（物料到位信号）
方落	DO[102]	—
推送圆	DO[103]	—
推送长	DO[104]	—
推送方	DO[105]	—
传送圆	DO[106]	DI[1]
传送长	DO[107]	DI[2]
传送方	DO[108]	DI[3]

【思考与练习】

1. 虚拟电机运动轴的控制方式有哪些？

2. 如果设置“Axis Type”为“Rotary”，当 DO[1]=ON 时“Location”设置为“100”，当 DO[1]=OFF 时“Location”设置为“0”。初始 DO[1]=OFF，当 DO[1]=ON 时，运动轴如何变化？

任务四　创建分拣作业程序

【任务描述】

小白：“小罗同学，经历了千辛万苦，终于把工作站全部搭建和设置完毕了。最后就要编程了，有什么需要注意的吗？我可不想半途而废。”

小罗：“本项目中所用的工具非常多，在使用不同的工具时，一定要注意仿真程序坐标系的选择。仿真抓取和放置这 2 条指令不仅仅可以实现工件的转移，还能决定工件的显示，要好好利用。”

【知识学习】

结合整个分拣搬运的流程，在编程之前应该首先对整个工作站的程序结构有一个清楚的划分。创建时尽量使程序碎片化、单一化，避免单个程序中出现过多的动作控制与逻辑控制，以免造成混淆。由此可将整个流程规划成一个主程序和数个子程序，其中子程序用来控制动作，而且必须利用仿真程序编辑器进行创建，才能实现各种仿真的效果；主程序用来控制各个子程序的执行条件和执行顺序，创建方式可用虚拟 TP 进行创建。在编程时，应按照事件发生的先后顺序，依次创建对应的程序。

整个工作流程中涉及 Part 的多次拾取，如果单靠手动调节，很难保证拾取点的精确性，而且会浪费编程人员大量的时间。那么如何让工具准确并快速地移动到拾取点的位置？例如，快换接头拾取夹爪的位置（见图 5-71）。

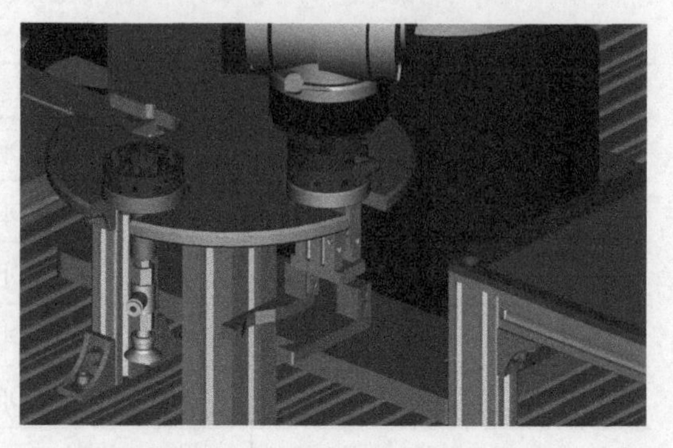
图 5-71　精确拾取夹爪的位置

① 打开“Cell Browser”窗口，单击“UT:1”，使当前机器人工具切换到快换接头，如图 5-72 所示。

② 双击“工作站基座”模型，打开其属性设置窗口，选择“Parts”选项卡。在 Parts 列表中单击“夹爪”，然后选择“接头”工具，最后单击“MoveTo”按钮，如图 5-73 所示，机器人就可快速并准确地移动到拾取点。

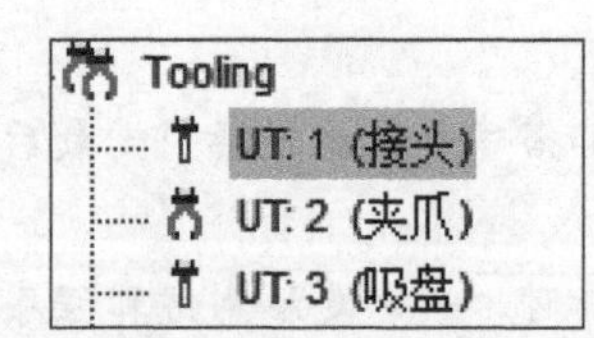

图 5-72　工具列表

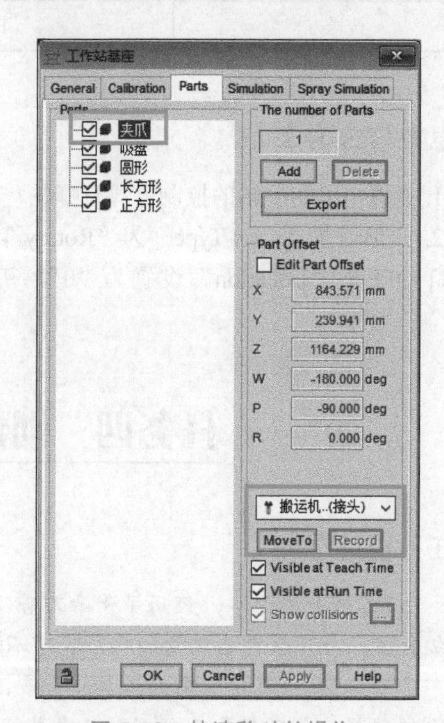

图 5-73　快速移动的操作

【任务实施】

1. 创建机器人拾取和放下夹爪的程序

① 执行菜单命令“Teach”→“Add Simulation Program”，创建一个仿真程序。

微课
创建分拣作业程序

② 将程序命名为“SHIJIAZHUA”，选择工具坐标系 1（快换接头），选择用户坐标系 1（可任选，后续的编程都统一用坐标系 1），如图 5-74 所示。

③ 进入到仿真程序编辑器添加指令，如图 5-75 所示。

程序语句中第 1 行和最后一行所调用的“HOME”程序所记录的位置是机器人未工作时的待机位置。第 4 行的仿真拾取指令“Pickup”如图 5-76 所示。

图 5-74　程序的属性设置窗口

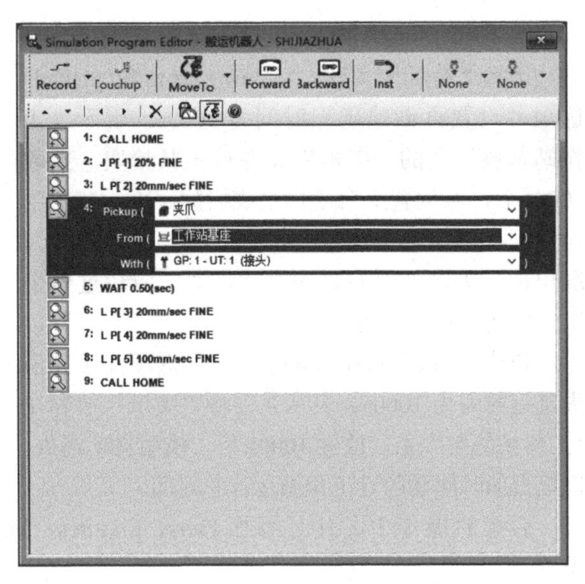

图 5-75　“SHIJIAZHUA”程序

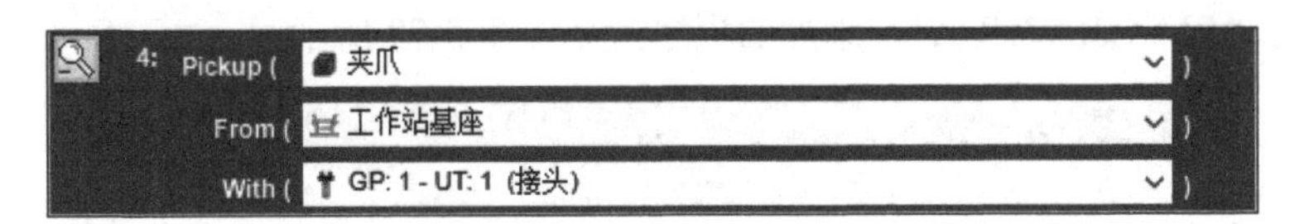

图 5-76　Pickup 仿真指令

Pickup：拾取的目标对象（Parts）。

From：目标所在的位置（Fixtures）。

With：拾取所用的工具（Tooling）。

④ 对运动轨迹上的各个关键点进行示教后，机器人拾取夹爪的程序轨迹如图 5-77 所示。

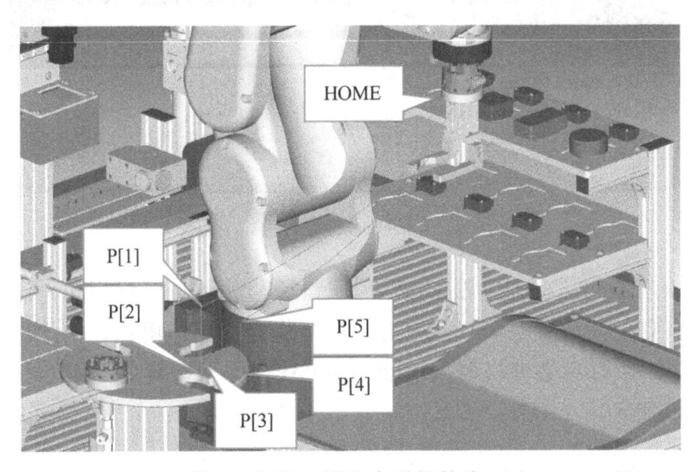

图 5-77　拾取夹爪的轨迹

在仿真拾取“Pickup”指令中设置“From”后面的目标载体时，可能会出现无选项的情况，此时应先在 Part 所在模块（Fixtures 或 Machines）设置仿真允许条件。以工具架的夹爪为例，打开“工作站基座”的属性设置窗口，选择“Simulation”仿真设置选项卡，如图 5-78 所示。

选择“夹爪”，勾选“Allow part to be picked”选项并设置再创建延迟时间为 1000s。表示“工作站基座”上的“夹爪”允许被工具拾取，拾取 1000s 后，原位置上自动再生成模型。因为整个工作流程中不能有“夹爪”在原位置自动生成的情况出现，所以延迟的时间要尽量大，应超过整个工作站运行的总时间。

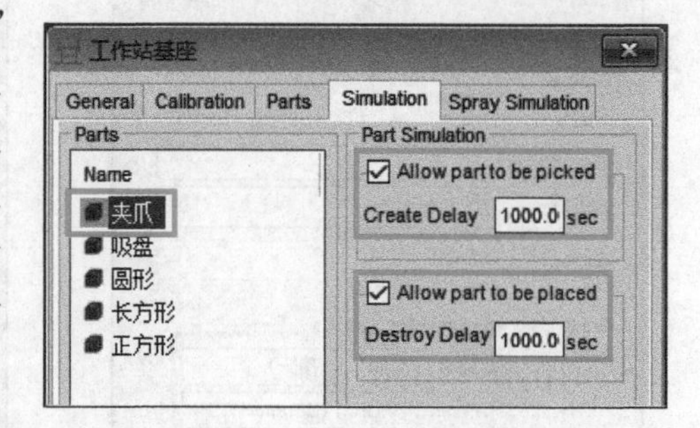

图 5-78 “Part”仿真设置

勾选“Allow part to be placed”选项并设置消失延迟时间为 1000s。表示允许将“夹爪”放置在“工作站基座”上，放置 1000s 后，模型自动消失。因为仿真过程中不能让模型自动消失，所以延迟的时间要超过工作站运行总时间。

后续的操作中，凡是添加 Parts、Fixtures、Machines 等），都要按照上面的内容进行设置。

⑤ 创建机器人放回夹爪的程序，程序的坐标系同样采用工具坐标系 1 和用户坐标系 1，将程序命名为“FANGJIAZHUA”，添加的程序指令如图 5-79 所示。

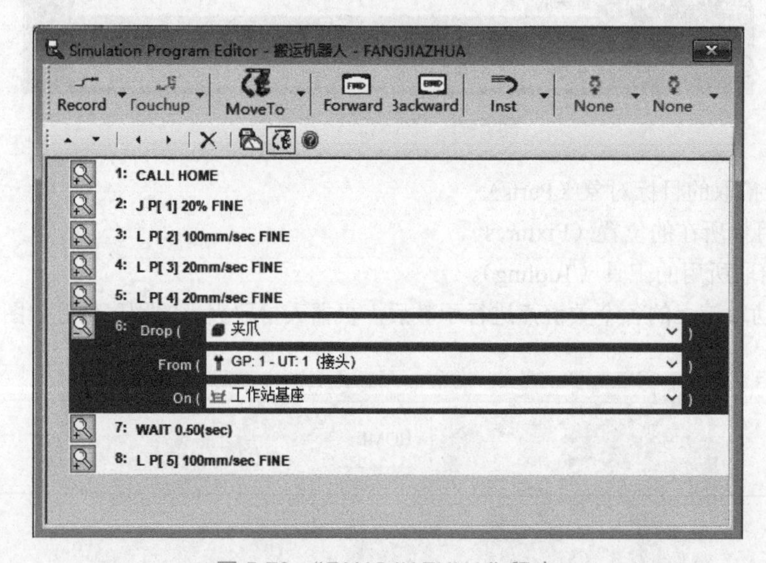

图 5-79 “FANGJIAZHUA”程序

“FANGJIAZHUA”与“SHIJIAZHUA”程序路径和关键点位置相同，但是走向相反。程序的末行记录的 P[5] 点（放置点竖直上方的一点）作为程序结束点，由于机器人下一步要执行拾取吸盘的动作，所以不必使机器人返回“HOME”位置。程序的第 6 行是仿真放置指令“Drop”，如图 5-80 所示。

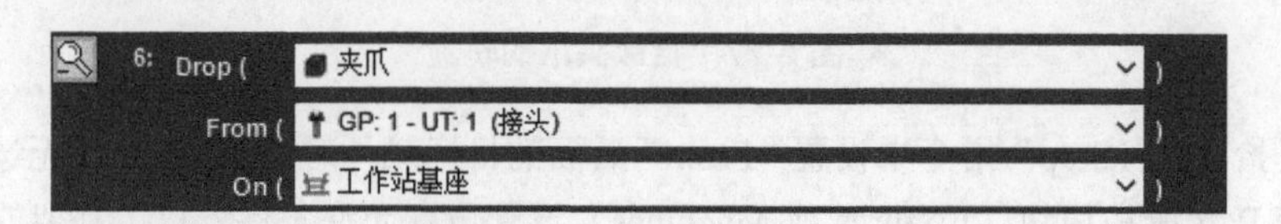

图 5-80 仿真放置指令

Drop：放置的目标对象（Parts）。
From：握持目标的工具（Tooling）。
On：放置目标的位置（Fixtures）。
示教完成后，机器人放回夹爪的程序轨迹如图 5-81 所示。

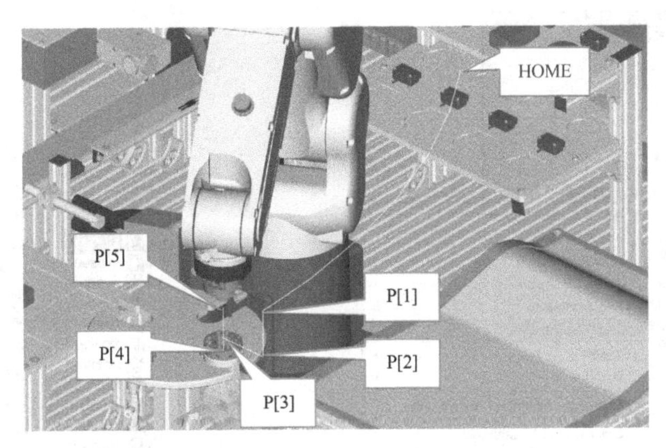

图 5-81　放回夹爪的轨迹

“SHIJIAZHUA”与“FANGJIAZHUA”中记录的关键点位置相同，在创建完前者后，完全可以直接复制程序，避免重复示教点所造成的不必要的工作。

① 打开“Cell Browser”窗口，在图 5-82 所示的目录中找到“SHIJIAZHUA”程序。

② 鼠标右键单击 SHIJIAZHUA 仿真程序图标，选择“Copy”菜单复制该程序，如图 5-83 所示。

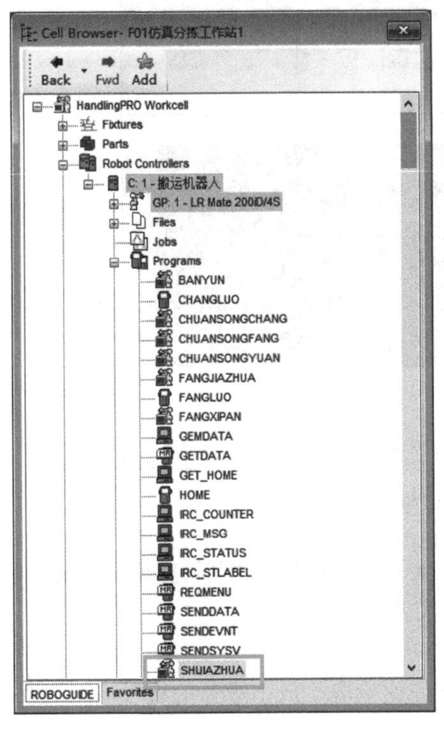

图 5-82　“Cell Browser”中的程序目录

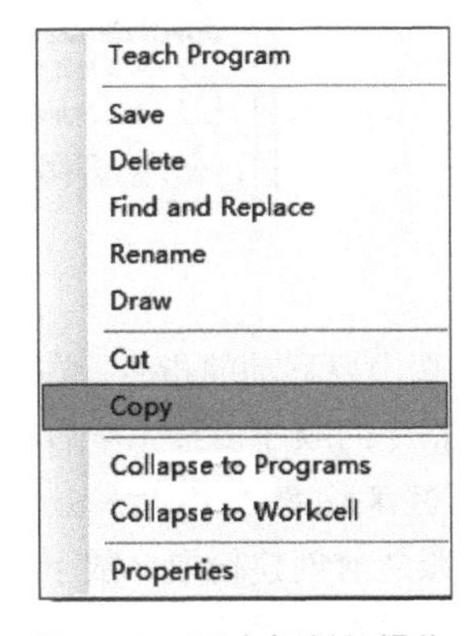

图 5-83　程序复制的操作

③ 鼠标右键单击上一级 Programs 程序图标，选择“Paste SHIJIAZHUA”菜单粘贴程序，如图 5-84 所示。

④ 复制得到的程序名默认为“SHIJIAZHUA1”。鼠标右键单击该程序，选择“Rename”菜单重命名，如图 5-85 所示，将其重命名为“FANGJIAZHUA”。

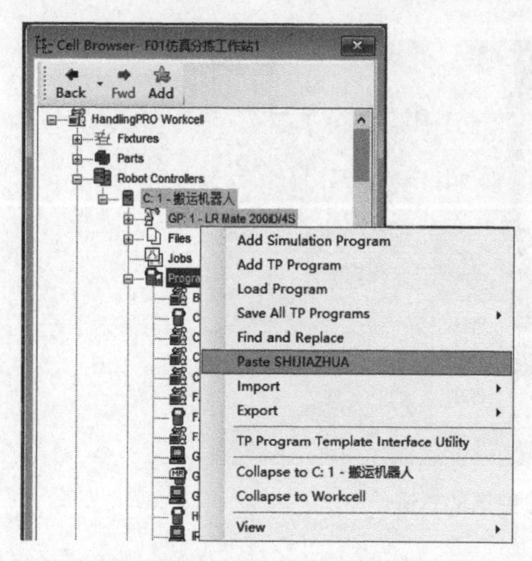

图 5-84　程序粘贴的操作

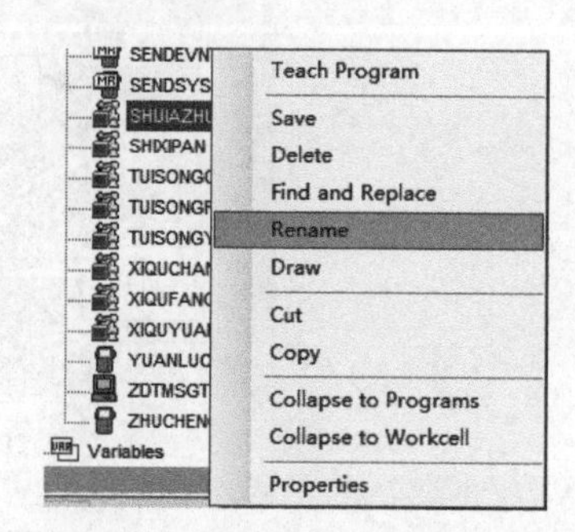

图 5-85　程序重命名的操作

⑤ 双击“FANGJIAZHUA”程序，打开仿真程序编辑器，如图 5-86 所示。由于此程序执行的顺序与原程序相反，所以必须调整指令的顺序和动作类型。

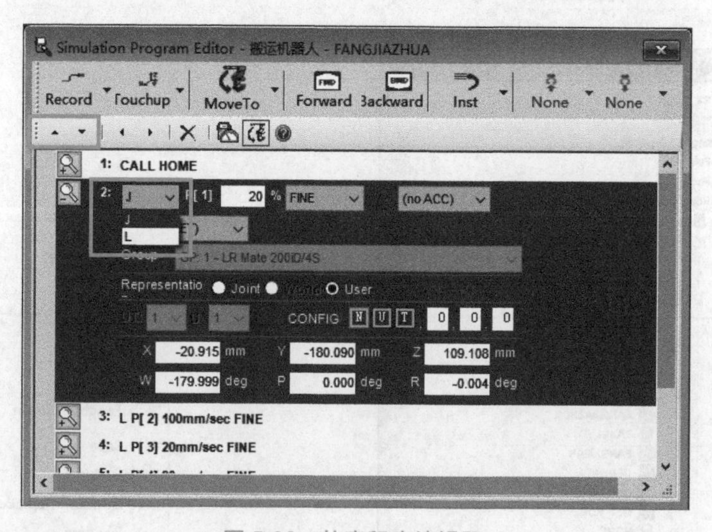

图 5-86　仿真程序编辑器

⑥ 选中要移动的指令，单击顺序调整按钮，使其上下移动翻转整个程序的执行顺序。在所有指令的顺序调整完毕后，修改动作指令的类型。

2. 创建机器人拾取和放下吸盘的程序

按照之前创建拾取、放下夹爪程序的方法来创建拾取、放下吸盘的程序，拾取吸盘的程序轨迹如图 5-87 所示。

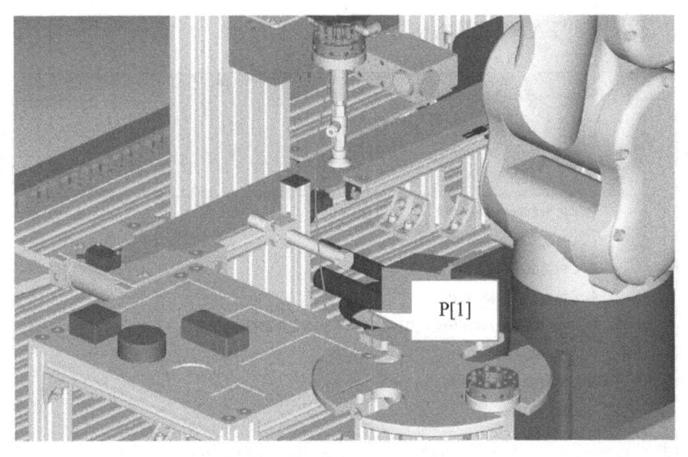

图 5-87　拾取吸盘程序轨迹

拾取吸盘的仿真程序“SHIXIPAN”如图 5-88 所示。

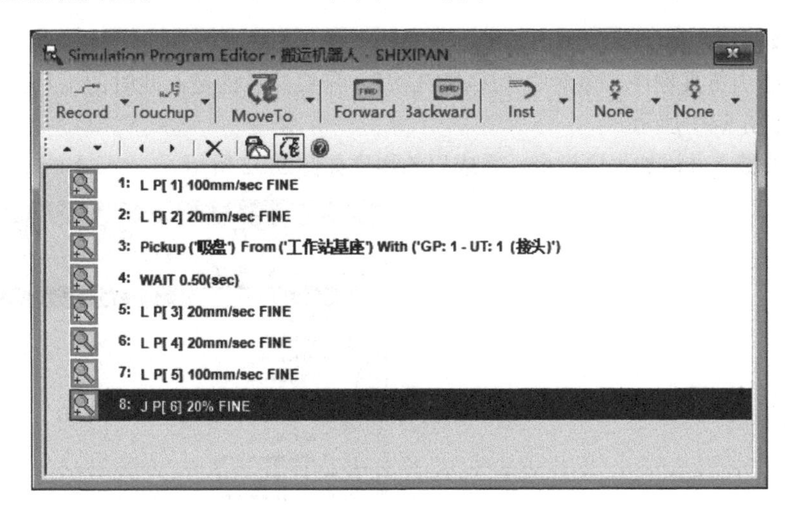

图 5-88　“SHIXIPAN”程序

放下吸盘的程序轨迹如图 5-89 所示。

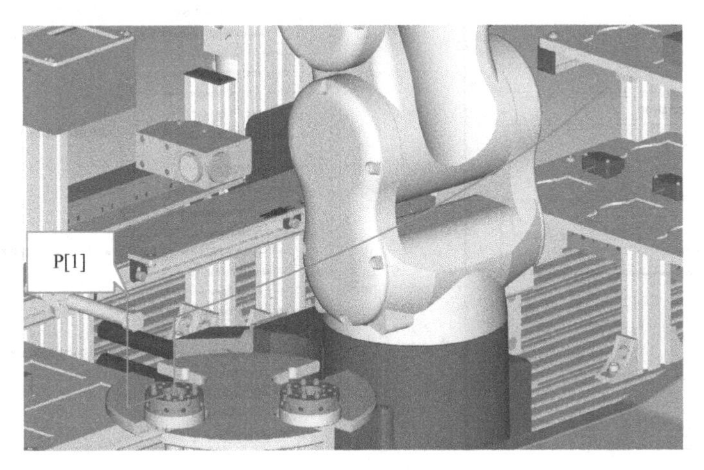

图 5-89　放下吸盘程序轨迹

放下吸盘的仿真程序“FANGXIPAN”如图 5-90 所示。

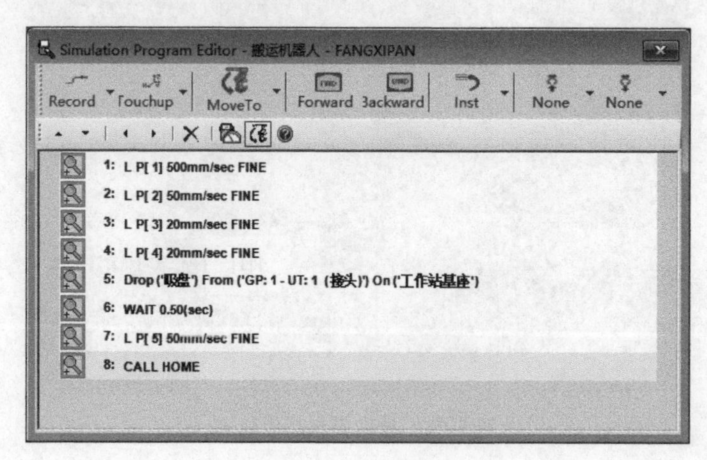

图 5-90 “FANGXIPAN”程序

3. 创建物料搬运程序

① 创建一个仿真程序，命名为“BANYUN”。需要注意的是，此时的工具一定要选用工具 2 夹爪，如图 5-91 所示。

② 示教关键点并添加程序指令，完成后的程序如图 5-92 所示。

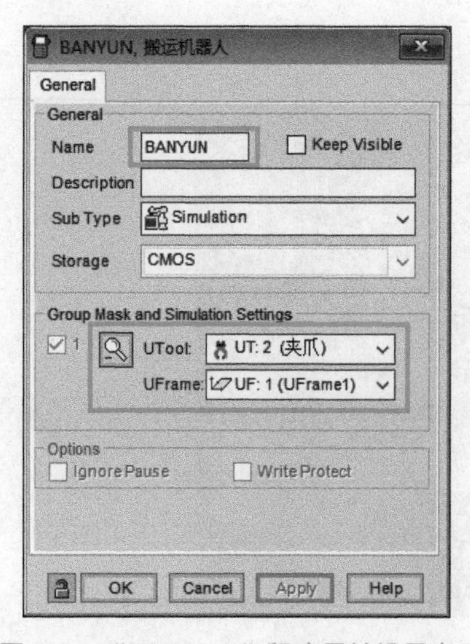

图 5-91 “BANYUN”程序属性设置窗口

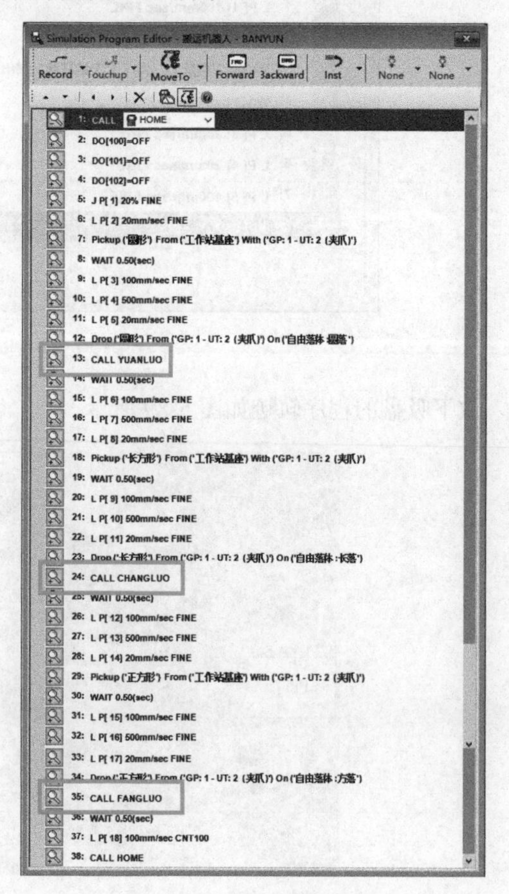

图 5-92 “BANYUN”程序

程序中第 13、24、35 行出现的“CALL”指令所调用的程序是控制物料在料井中进行自由落体的程序（后面进行创建）。此处可先添加“CALL”指令，调用的程序可以忽略，等物料自由落体的程序创建完成后，再回到此处进行选择。

示教完成后，“BANYUN”程序的轨迹如图 5-93 所示。

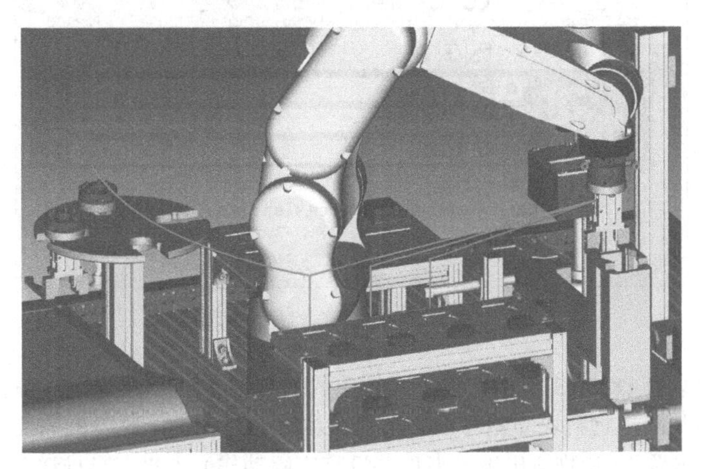

图 5-93　“BANYUN”程序轨迹

4. 创建物料自由落体的程序

① 自由落体总共包含 3 个子程序，分别是圆形物料、长方形物料和方形物料下落的程序。由于程序之中只含有 I/O 指令，所以可以用虚拟 TP 进行创建。将 3 个程序分别命名为“YUANLUO”“CHANGLUO”和“FANGLUO”，如图 5-94～图 5-96 所示。

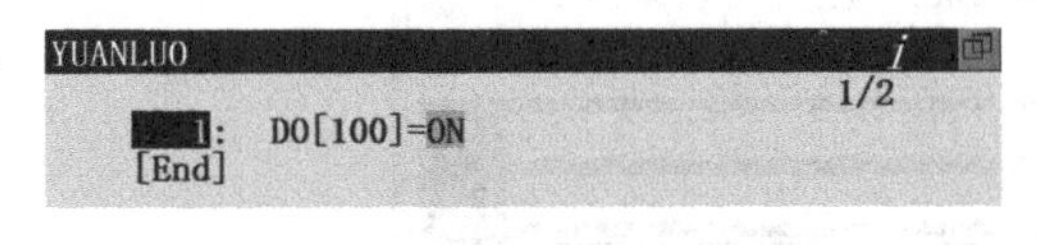

图 5-94　“YUANLUO”程序

图 5-95　“CHANGLUO”程序

② 返回到图 5-92 中，将“CALL”指令后面的程序补充完整。

③ 打开运动轴的属性设置窗口，选择“Simulation”选项卡，按照图 5-78 所示设置物料的仿真允许条件。

5. 创建物料推送和传送的仿真程序

① 创建推送圆形物料的仿真程序命名为“TUISONGYUAN”。工具坐标系选择工具 2 夹爪，如图 5-97 所示。

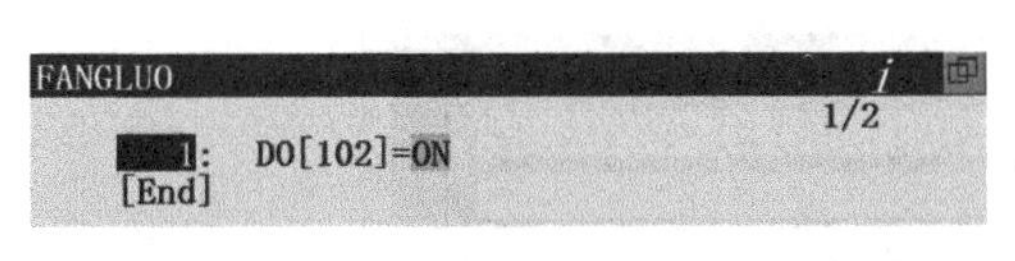

图 5-96　“FANGLUO”程序

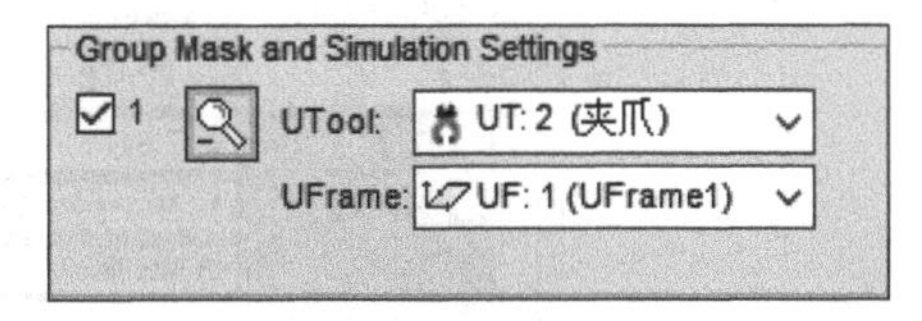

图 5-97　坐标系选择

② 进入仿真程序编辑器添加指令，如图 5-98 所示。

根据工作站流程分析得知，推送过程与机器人的拾取和放置过程并无交集。它的上一个流程是物料的自由落体，后面的流程是物料的传送，但是程序的首尾却出现了机器人的放置与拾取仿真指令。

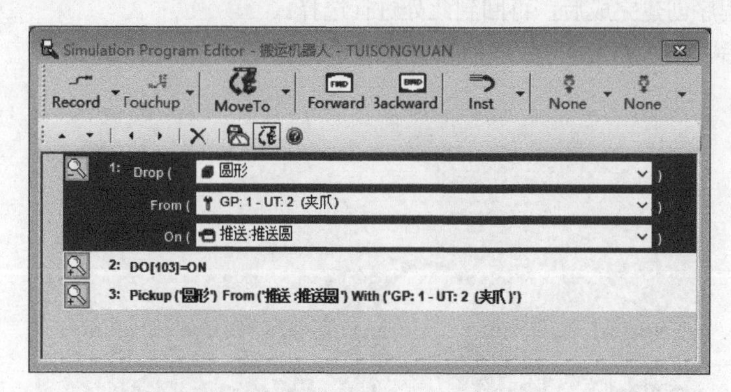

图 5-98 “TUISONGYUAN”程序

假设程序中只有 DO[103]=ON，按工具栏中的启动键，“推送圆”虚拟电机轴依然可以正常运行。但是圆形物料块却始终不会出现在运行的路径上，此时就需要一个“Drop”指令将圆形物料“放置”（让物料出现，夹爪并没有实际动作）上来。当推送动作完成后，添加一个“Pickup”指令，其目的是让推送末端的物料消失。

③ 按照上述的思路，将推送长方形和正方形物料的程序也创建出来，分别命名为“TUISONGCHANG”和“TUISONGFANG”，如图 5-99 和图 5-100 所示。

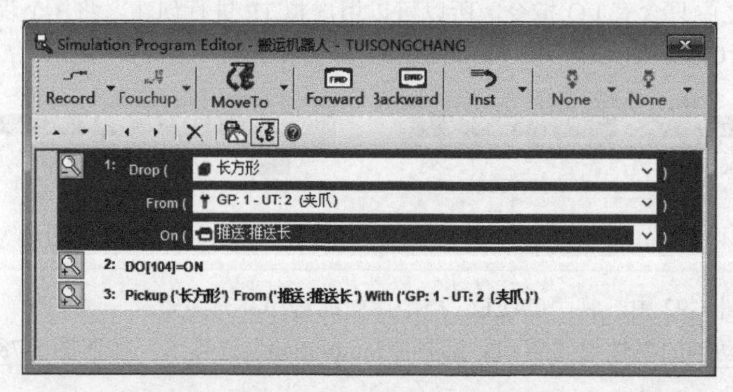

图 5-99 “TUISONGCHANG”程序

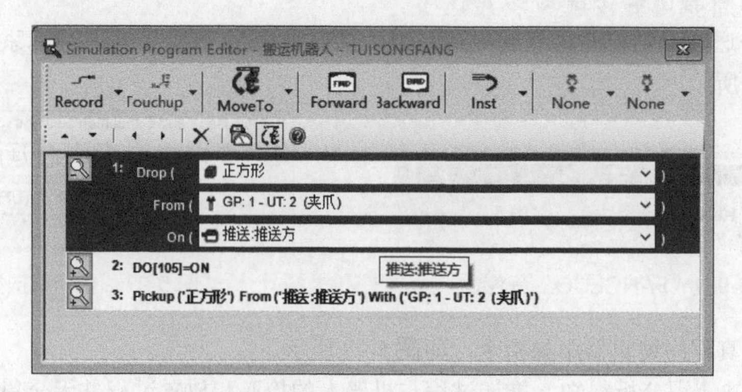

图 5-100 “TUISONGFANG”程序

④ 按照上述步骤，创建传送物料的仿真程序。传送圆形物料、长方形物料和正方形物料的程序分别命名为“CHUANSONGYUAN”“CHUANSONGCHANG”和“CHUANSONGFANG”，如图 5-101 ～图 5-103 所示。

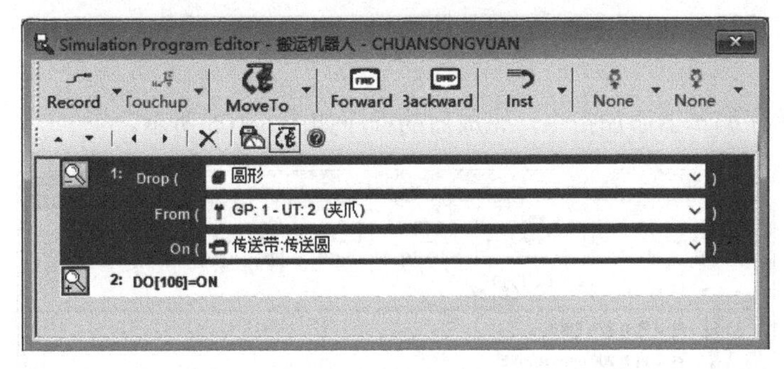

图 5-101　“CHUANSONGYUAN” 程序

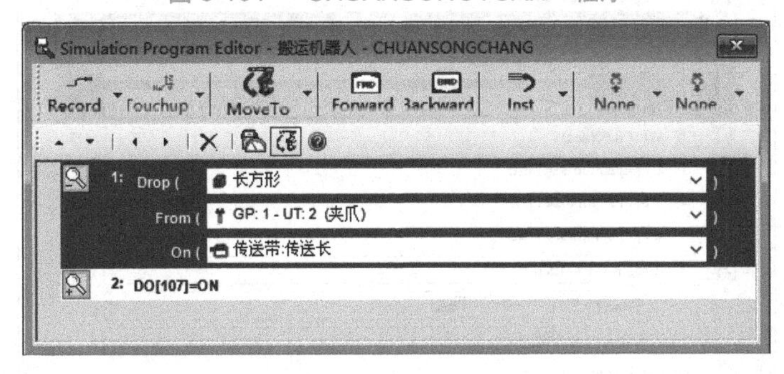

图 5-102　“CHUANSONGCHANG” 程序

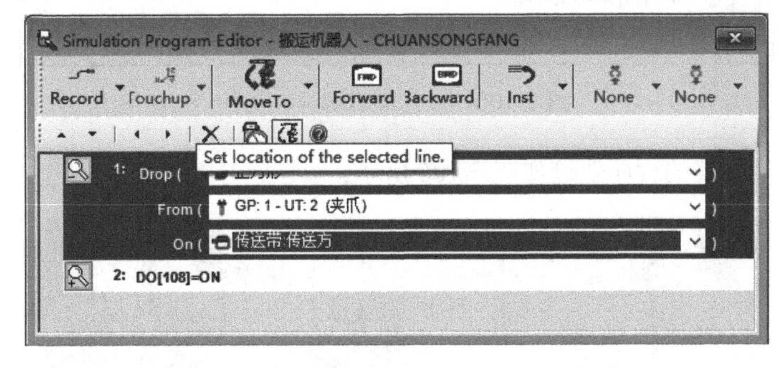

图 5-103　“CHUANSONGFANG” 程序

传送的下一个流程是机器人参与的分拣搬运过程，所以在上述程序的末行指令中不需要添加“Pickup”指令。

6. 创建机器人分拣搬运程序

分拣拾取搬运程序与本任务前述的“BANYUN”程序有很大不同。“BANYUN”程序是连续完成 3 次搬运，而分拣拾取搬运却是在传送程序每完成一次后才能运行，所以应该将其划分成 3 个程序。

① 创建吸取搬运圆形物料的仿真程序，命名为“XIQUYUAN”。选择工具坐标系 3（吸盘），如图 5-104 所示。

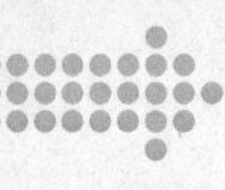

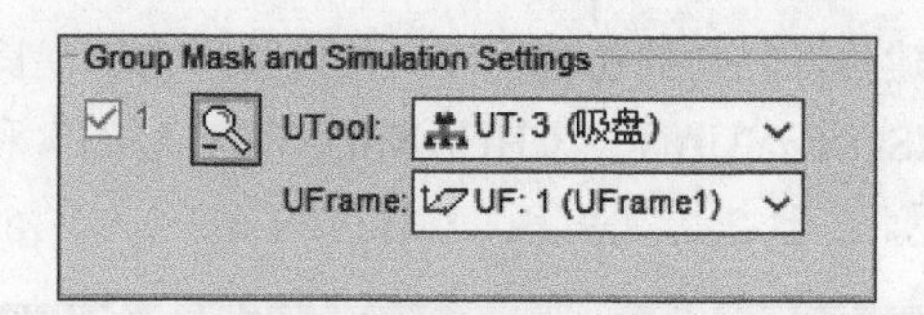

图 5-104　坐标系的选择

② 进入到程序编辑器添加指令，完成后的程序如图 5-105 所示。

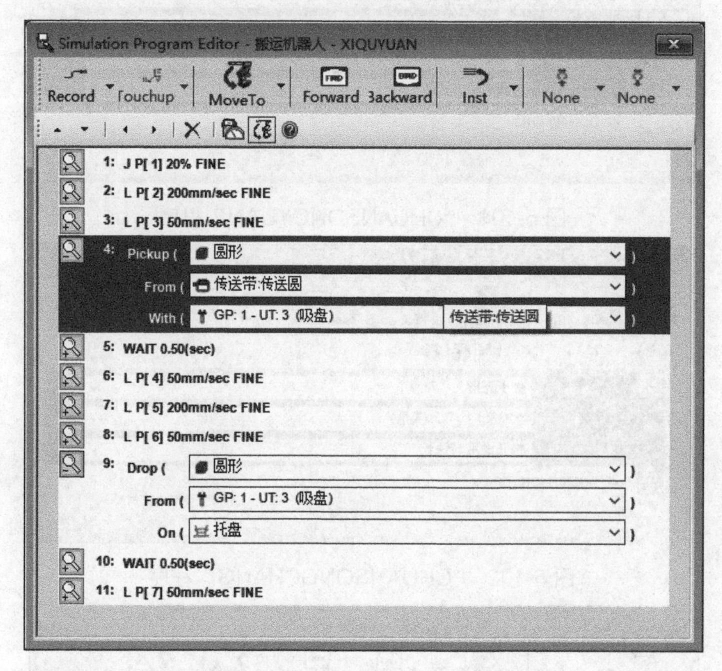

图 5-105　“XIQUYUAN”程序

示教完成后，完整的程序轨迹如图 5-106 所示。

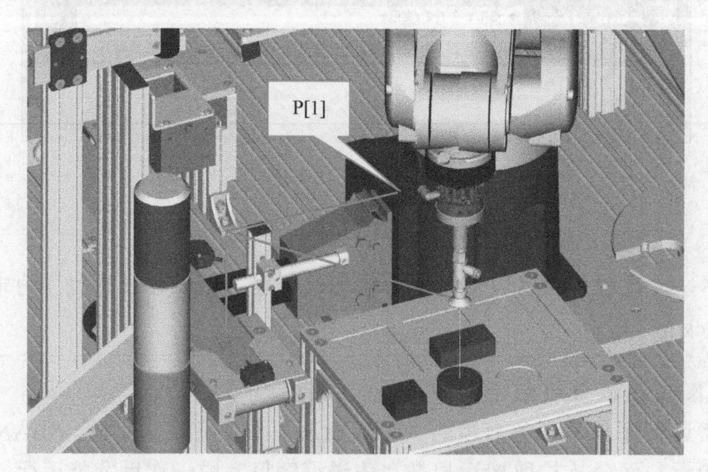

图 5-106　“XIQUYUAN”程序轨迹

③ 按照上述的方法创建吸取搬运长方形物料和正方形物料的程序，分别命名为“XIQUCHANG”和“XIQUFANG”，如图 5-107 和图 5-108 所示。

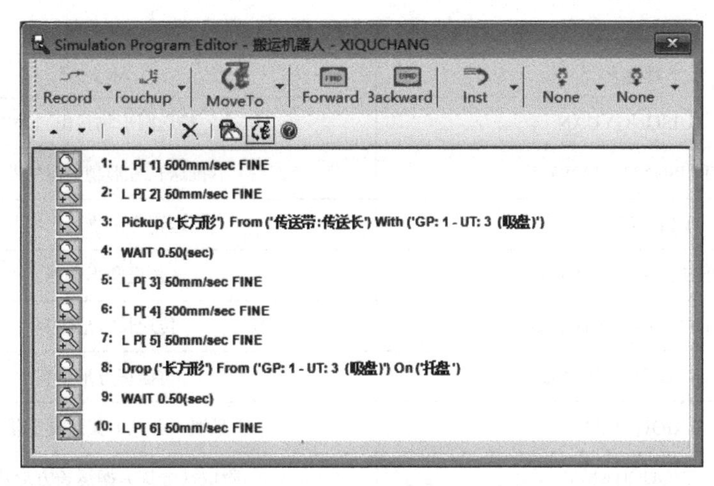

图 5-107 “XIQUCHANG”程序

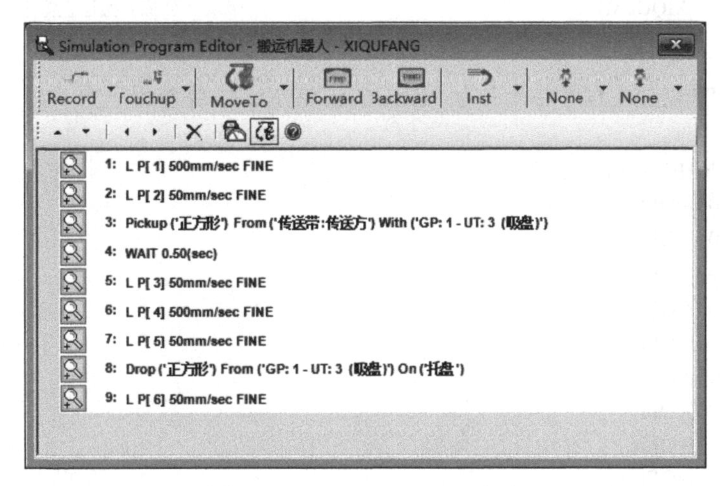

图 5-108 “XIQUFANG”程序

7. 创建主程序并仿真运行

子程序名与意义如表 5-2 所示。

表 5-2　子程序列表

程序名	意义
SHIJIAZHUA	拾取夹爪
FANGJIAZHUA	放回夹爪
SHIXIPAN	拾取吸盘
FANGXIPAN	放回吸盘
BANYUN	搬运物料至料井
YUANLUO	圆形物料自由落体
CHANGLUO	长方形物料自由落体
FANGLUO	正方形物料自由落体

续表

程序名	意义
TUISONGYUAN	推送圆形物料出料井
TUISONGCHANG	推送长方形物料出料井
TUISONGFANG	推送正方形物料出料井
CHUANSONGYUAN	传送圆形物料
CHUANSONGCHANG	传送长方形物料
CHUANSONGFANG	传送正方形物料
XIQUYUAN	吸取（分拣）搬运圆形物料
XIQUCHANG	吸取（分拣）搬运长方形物料
XIQUFANG	吸取（分拣）搬运正方形物料

① 用虚拟 TP 创建主程序并命名为“ZHUCHENGXU”，完整程序如下。

```
PROG    ZHUCHENGXU
    1:   DO[100]=OFF
    2:   DO[101]=OFF
    3:   DO[102]=OFF
    4:   DO[103]=OFF
    5:   DO[104]=OFF
    6:   DO[105]=OFF
    7:   DO[106]=OFF
    8:   DO[107]=OFF
    9:   DO[108]=OFF
   10:   CALL SHIJIAZHUA
   11:   CALL BANYUN
   12:   CALL FANGJIAZHUA
   13:   CALL SHIXIPAN
   14:   CALL TUISONGYUAN
   15:   CALL CHUANSONGYUAN
   16:   WAIT DI[1]=ON
   17:   CALL XIQUYUAN
   18:   CALL TUISONGCHANG
   19:   CALL CHUANSONGCHANG
   20:   WAIT DI[2]=ON
   21:   CALL XIQUCHANG
   22:   CALL TUISONGFANG
   23:   CALL CHUANSONGFANG
   24:   WAIT DI[3]=ON
   25:   CALL XIQUFANG
   26:   CALL FANGXIPAN
END
```

 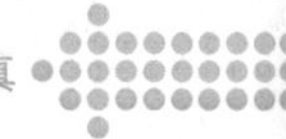

由于工作站每次运行完后，DO[100] ～ DO[108] 都会置位 ON，所以在主程序的开头应添加复位指令。

② 设置 Fixtures、Machines 和 Tooling 上 Part 的显示时间段。

打开“工作站基座”属性设置窗口，选择“Parts”选项卡。将其所属的 5 个 Part 模型全部设置为非运行状态时可见，仿真运行时可见，如图 5-109 所示。

设置其他模块上所属的 Part 模型全部为非运行状态时不可见，仿真运行时不可见，如图 5-110 所示。

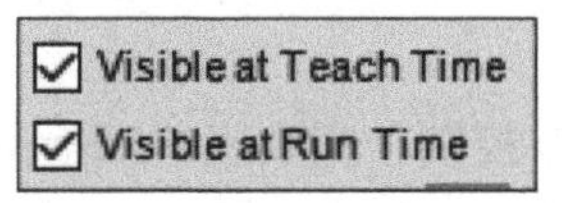

图 5-109　“Parts”选项卡中 5 个 Part 模型设置

Visible at Teach Time
Visible at Run Time

图 5-110　其他 Part 模型设备

③ 在“Cell Browser”窗口中选择“ZHUCHENGXU”，单击软件工具栏中的 ▸ 按钮仿真运行。

【思考与练习】

1. 如果“Pickup”指令中的“From”后没有目标选项，则应该怎么处理？

2. 如果某个工件直线运动（非机器人参与）的上一次运动同样是非机器人参与，那么本次运行的仿真程序中如何使用指令？

【项目总结】

技能图谱如图 5-111 所示。

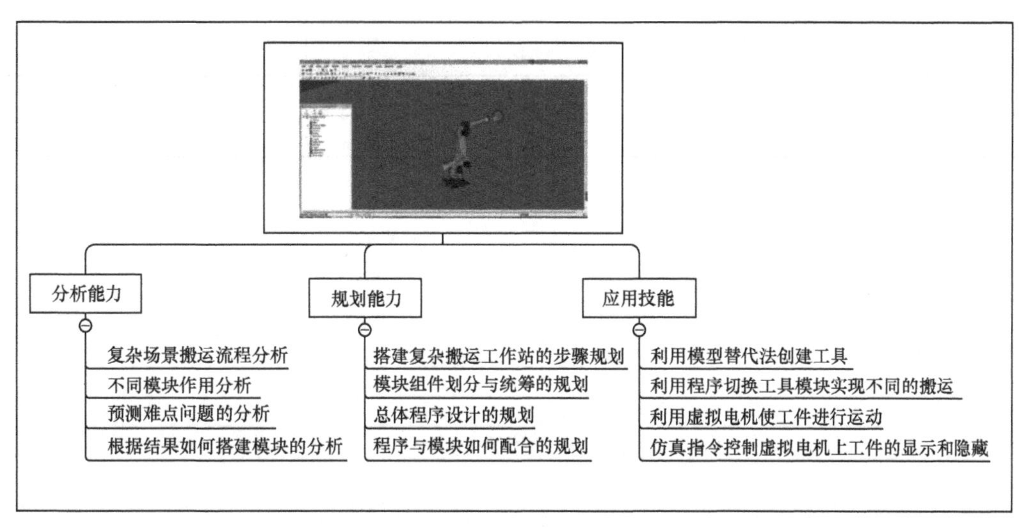

图 5-111　技能图谱

【拓展训练】

【可变更抓取顺序的分拣搬运】在本项目中，从一开始抓取物料的顺序就是确定好的，如何应用外部 I/O 信号来控制抓取的顺序？

任务要求：在此项目工作站的基础上编写整个工作站的程序，抓取工件投放料井的顺序随机，可用 I/O 状态配合条件指令实现，并以此为顺序，依次完成物料的传送与拾取摆放等流程。

考核方式：课上进行最后结果演示，执行顺序可由 I/O 控制。完成表 5-3 所示的拓展训练评估表。

表 5-3　　拓展训练评估表

项目名称： 可变更抓取顺序的分拣搬运	项目承接人姓名：	日期：
项目要求	**评分标准**	**得分情况**
流程规划（20分）	作业流程清晰	
程序划分（30分）	程序结构简单易懂	
运行演示（20分）		
变更控制（30分）	控制信号可改变搬运顺序	
评价人	**评价说明**	**备注**
个人：		
老师：		

离线编程篇

项目六
轨迹绘制与轨迹自动规划的编程

【项目引入】

小罗："从本项目开始我们的学习重心就要转移到离线编程的应用上来了。下面我给你出个难题，请看下面这张图片。"

小白："这看起来像不锈钢的，是怎么做出来的，铸造的吗？"

小罗："不，这是钢板进行切割而成的，轨迹的动作由机器人来执行。"

小白："哇！那这得示教多少个点啊，而且还要保证轨迹与模板完全吻合，这工作量也太大了，如果有更多的字，那得做到猴年马月啊！"

小罗："其实这不是示教出来的轨迹，而是由我一项特殊功能自动生成的。"

【学思融合】

在进行程序设计和编制时，由于有些操作不能一次就顺利实现，需要对程序进行反复调试，在学习中我们要有不断尝试，坚持不懈的工匠精神。

【知识图谱】

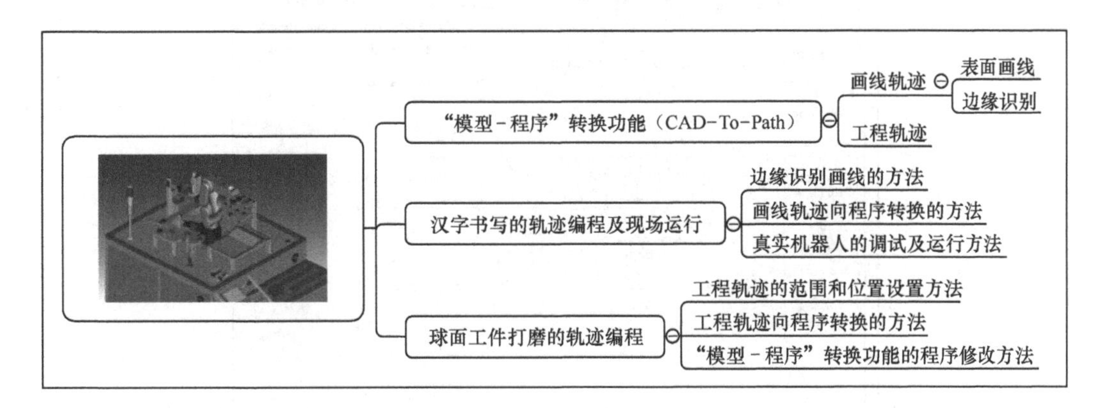

离线示教编程是 ROBOGUIDE 离线编程功能的一种，其虽然在某些方面相较于在线示教编程存在一定的优势，但它与在线示教编程一样，由于编程方式的限制，导致其存在着较大的局限性，也只是运用在机器人轨迹相对简单的应用上，如搬运、码垛、点焊等。对于复杂的轨迹线，如异形表面的打磨、图形的切割等连续作业，因程序中需要示教的关键点非常多，并且姿态可能复杂多变，这就使得离线示教编程的工作量和在线示教一样巨大，导致离线编程相比于在线编程在某些方面无法形成巨大的优势。

那么离线编程的优势到底体现在什么地方呢？实际上 ROBOGUIDE 除了可以离线示教编程外，最重要的就是可以利用"Part"三维模型的信息编写程序。软件中的模型是由无数点构成的，并且每个点都有自己的坐标，虚拟的机器人系统通过软件获取模型的数据信息，在编程过程中提取点的坐标并利用这些位置信息进行轨迹的自动规划，这一功能被称为"模型－程序"转换，如图 6-1 所示。

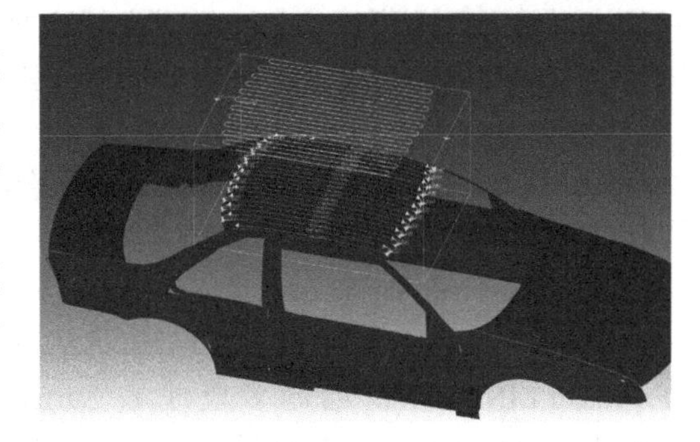
图 6-1　自动规划的轨迹路径

ROBOGUIDE 针对复杂轨迹的生成，在 Parts 的模型基础上提供了轨迹绘制和轨迹自动规划的功能。

① 在工件模型的表面绘制直线、多段线和样条曲线，软件通过检测线条中的直线和圆弧或用直线进行细分，自动生成关键点信息，然后根据工件的形状调节姿态。

② 软件可识别工件模型的数字信息，检测线条中的直线和圆弧或者用直线进行细分，自动生成关键点和动作，然后根据工件的形状调节姿态。

编程人员只需进行几步简单的设置，软件就会自动添加程序指令生成机器人程序，这是一种由 CAD 模型信息直接向程序代码转化的过程。

"模型－程序"转换功能（CAD-To-Path）窗口如图 6-2 所示。

Draw：绘制轨迹路径功能面板的显示选项，边框高亮则显示窗口左

微课
轨迹绘制和轨迹自动规划功能

侧的功能区域，此区域的主要作用是绘制轨迹的路径。

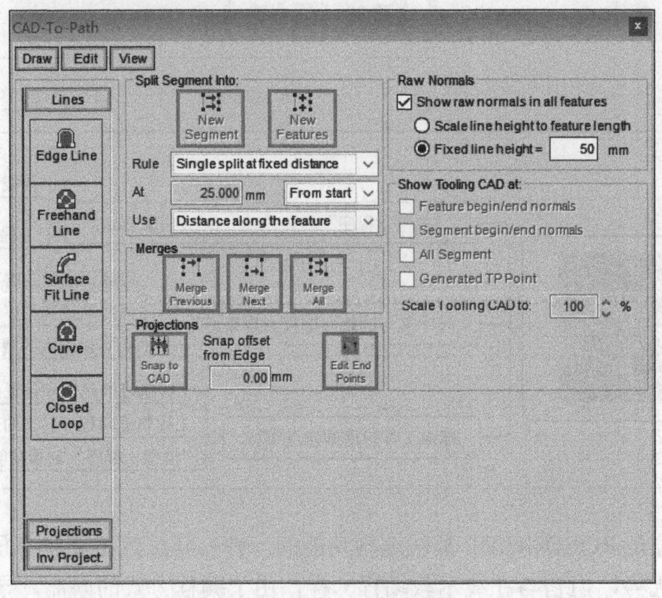

图 6-2　轨迹线绘制窗口

Edit：编辑轨迹路径功能面板的显示选项，边框高亮则显示窗口中间的功能区域，此区域的主要作用是编辑轨迹的路径。

View：轨迹路径关键点信息面板的显示选项，边框高亮则显示窗口右侧的区域，此区域的主要作用是显示轨迹路径的各关键点分布以及点上的工具姿态。

CAD-To-Path 的轨迹生成功能中主要有 2 大模块：Lines（画线模块）和 Projections（工程轨迹模块）。画线模块是在 Part 模型的表面自由绘制线条或者捕捉模型的边缘来绘制线条，这些线条上的点将作为程序的关键点。工程轨迹模块是软件预设的工件表面加工轨迹线条，包括 W 形往返、U 形往返和矩形往返路径等。工程轨迹模块下的线条可附着于工件的表面，即使是带有起伏的非平面，也可以很好地贴合，从而形成程序的轨迹路径。

1. Lines

Lines 包括 Edge Line[捕捉边缘线（局部）]、Freehand LINE（自由绘制多段线）、Surface Fit Line[自由绘制表面线（贴合表面形状）]、Curve（自由绘制样条曲线）和 Closed Loop（捕捉闭合轮廓线）功能，如图 6-3 所示。

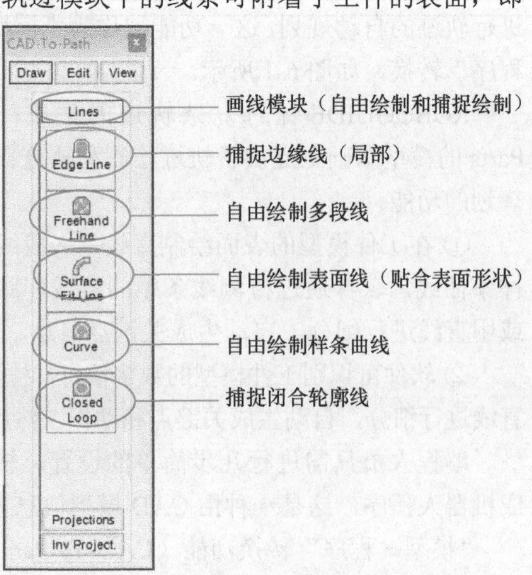

图 6-3　画线模块

（1）Edge Line[捕捉边缘线（局部）]

通过捕捉模型的边缘绘制一段轨迹，可以自定义路径的起点和终点位置，并且这个轨迹不局限于一个平面内，如图 6-4 所示。

（2）Freehand Line（自由多段线）

在平面上绘制的多段线轨迹，由多条直线

组成。可将开始点和结束点设定在平面内的任意位置，对于轨迹的制定有很大的自由空间，但是仅仅适用于单平面内，如图 6-5 所示。

图 6-4　局部边缘轨迹

图 6-5　多段线轨迹

（3）Surface Fit Line[自由绘制表面线（贴合表面形状）]

表面贴合线以最短的路径连接相邻的各关键点，能跟随表面的起伏，契合表面的形态，而且不局限于单个平面内。表面贴合线在其物体表面的投影均为直线，如图 6-6 所示。

微课

在模型表面划线生成程序

（4）Curve（自由绘制样条曲线）

样条曲线通过不在同一直线上的 3 个点确定弧度，之后的每个点都会影响这条曲线的形态。样条曲线同样不局限于单个平面内，其路线可贴合表面，如图 6-7 所示。

图 6-6　表面贴合线轨迹

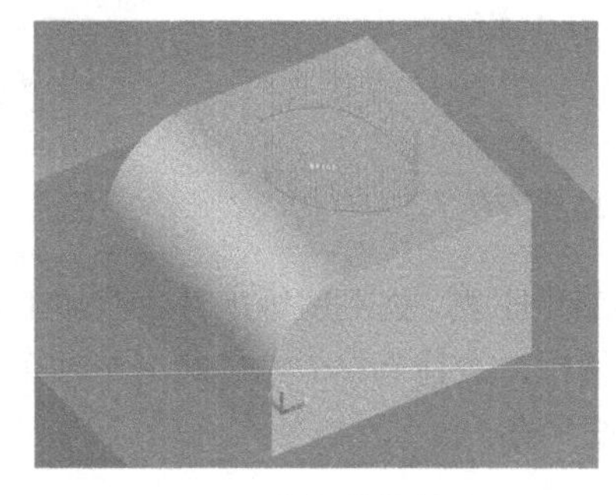

图 6-7　样条曲线轨迹

微课

拾取模型的轮廓生成程序

（5）Closed Loop（捕捉闭合轮廓线）

通过捕捉模型的边缘绘制一条完整封闭的轨迹线，实际上就是轮廓的拾取。可自定义起点（与终点位置重合）的位置，轮廓线可在不同平面内，如图 6-8 所示。

2. Projections

Projections 提供了 6 种样式的工程轨迹线，分别是 W 形、三角形、X 形、Z 形、矩形、U 形轨迹（见图 6-9）。整个轨迹就是在一个区域内进行有规律的往复运动，并且轨迹能自动贴合工件的外表面。在非平面的情况下，工件上不

微课

创建工件表面加工工程轨迹

图 6-8　闭合轮廓线轨迹

同位置的点的法线方向在不断变化，工程轨迹也能通过软件的自动规划，自动计算出机器人的工作姿态。

以图 6-10 所示的 U 形往返轨迹为例，整个轨迹的所有点范围处于一个三维空间中，Z 方向与 U 形线的振动方向一致，表示其波峰与波谷的距离；*Y* 方向与 U 形线的排列方向一致，也是整个工程轨迹区域的宽度，决定着往返的次数；*X* 方向与 *YZ* 平面垂直，表示工程轨迹整体的深度。整个轨迹路径在 *YZ* 平面上遵循 U 形往返轨迹，在 *X* 方向上则贴合于模型的表面。

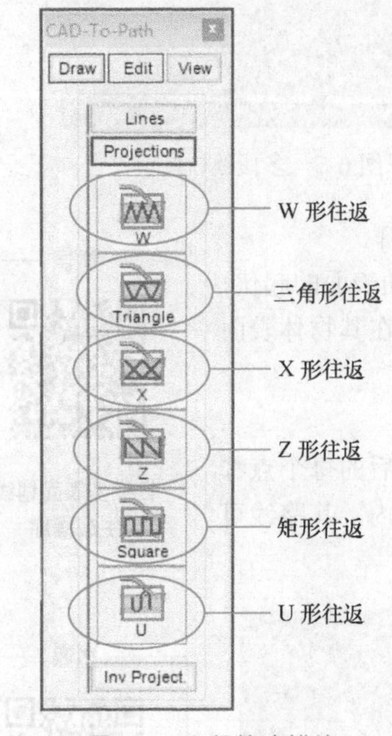

图 6-9　工程轨迹模块

图 6-10　工程轨迹中的 U 形往返路径

这种编程方式在工件打磨、去毛刺等工件表面加工的应用上极为方便，解决了手工示教难以实现的复杂轨迹编程，并且节省了大量的工作时间，实现了加工程序的快速编程、精确调节、易于修改的良好生态。

任务一　汉字书写的轨迹编程及现场运行

【任务描述】

小白：“我需要制作“教育”2 个字的轨迹，不需要做什么激光切割之类，只需要机器人用笔形工具将它写在白纸上即可。”

小罗：“小菜一碟，我会将整个任务划分成准备阶段、分析过程和具体实施，相信你可以快速地掌握。”

【知识学习】

汉字书写虚拟仿真工作站选用 FANUC LR Mate 200*i*D/4S 小型机器人，工作站基座为 Fixture1，汉字下方的平板为 Fixture2，机器人的法兰盘安装有笔形工具（TCP 位于笔尖），“教育”二字为 Part1，如图 6-11 所示。该机器人仿真工作站要完成的任务是生成“教育”2 个字的离线程序，然后导出程序并上传到真实的机器人当中，在真实的工作站上“写出”上述 2 个字。

机器人进行汉字书写的方法与人的书写方法不同，要完成标准字体的“书写”，TCP 必须沿着汉字的外轮廓进行刻画。如果进行示教编程，无论是在线示教还是在软件中离线示教，需要记录的关键点的数量都是比较多的，尤其是一些艺术字体和线条复杂的图形，需要的示教点数量非常庞大，并且因为字体轮廓线条的不规则性，手动示教的动作轨迹很难与字的轮廓相吻合。所以此工作站将运用“模型 - 程序”转换技术完成汉字书写的离线编程，实现机器人写字的功能。在实际的生产中，此类编程多应用于激光切割、等离子切割、异形轮廓去毛刺等工艺，实现立体字和复杂图形的加工。

本任务将通过创建书写“教育”离线程序的实例来熟悉“模型 - 程序”转换功能的具体应用，包括如何拾取模型的轮廓、介绍程序设置窗口中常用的项目以及轨迹路径如何向程序转换。最后还要将离线程序下载到真实的机器人工作站中去验证，其中包括如何调整工作站设置和最终运行。真实机器人运行结果如图 6-12 所示。

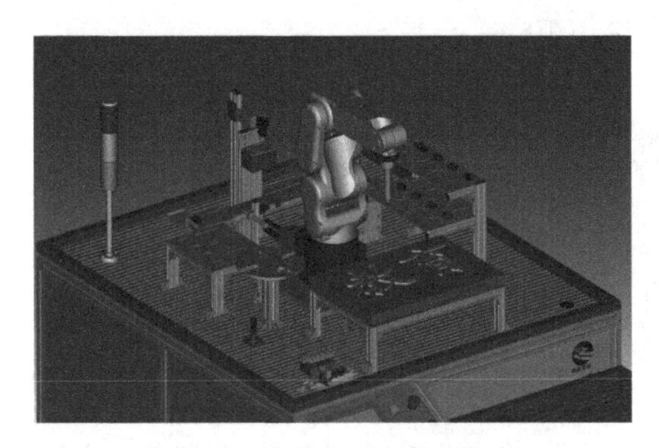

图 6-11　汉字书写仿真工作站

图 6-12　运行结果

【任务实施】

1. 准备工作——构建工作站

① 创建机器人工程文件，选取的机器人型号为 FANUC LR Mate 200*i*D/4S。

② 将工作站基座以 Fixture 的形式导入，并调整好位置。

③ 导入笔形工具作为机器人的末端执行器，将笔尖设置为工具坐标系的原点，坐标系的方向不变。

④ 将“教育”2 个字的模型以 Part 的形式导入，关联到 Fixture 模型上，并调整好大小和位置。

⑤ 设定新的用户坐标系，将坐标原点设置在“教”字模型的第 1 笔画的位置上，坐标系方向与世界坐标系保持一致，如图 6-13 所示。

微课

汉字书写的轨迹编程及现场运行

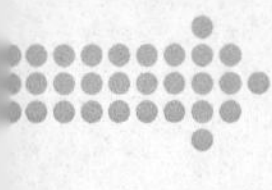

2. 轨迹分析

“教育”二字按此模型的形态，如图 6-14 所示，形成了 5 个完整的封闭轮廓，这就意味着有 5 条轨迹线，其中“教”字分为左右 2 部分，“育”字分为上中下 3 部分。每条轨迹线对应着 1 个轨迹程序，对其分别进行编程，最后用主程序将 5 个子程序依次运行。

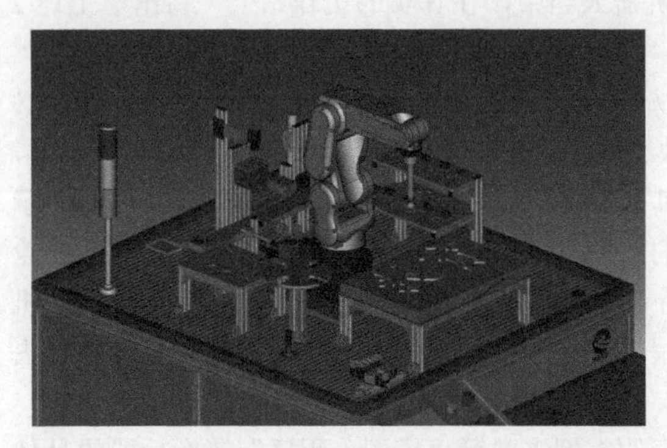
图 6-13　工作站状态

图 6-14　教育 Part 模型文件

3. 轨迹绘制

① 在“Cell Browser”窗口中相对应的“Parts”下找到“Features”，鼠标右键单击“Draw Features”，弹出“CAD-To-Path”窗口，如图 6-15 所示。

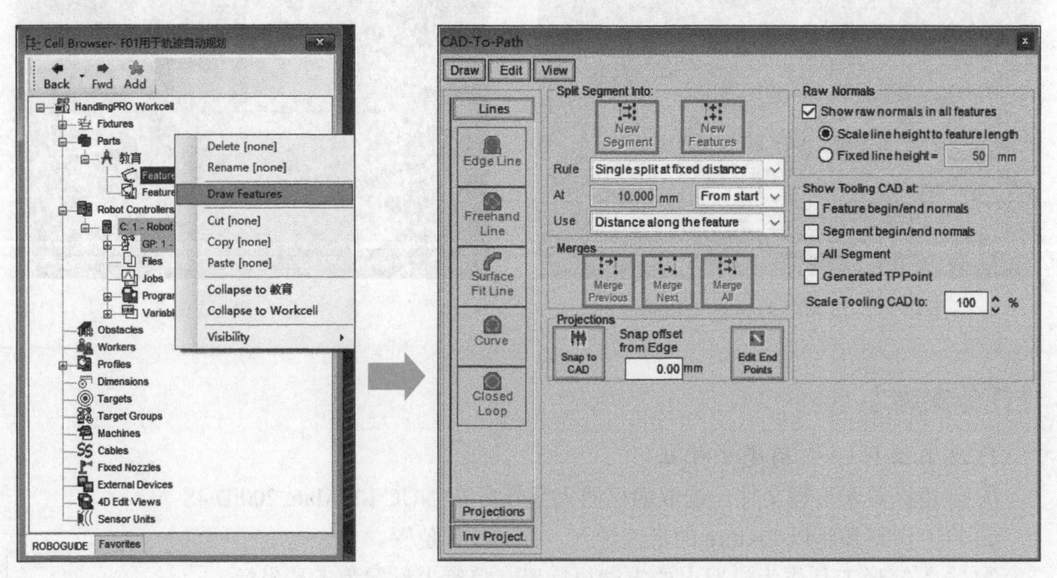

图 6-15　打开轨迹绘制功能窗口的操作

或者单击工具栏中的“Draw Features On Parts”按钮，弹出“CAD-To-Path”窗口，单击一下工件，激活画线的功能。

② 首先绘制“教”字左半部分的路径，单击“Closed Loop”按钮，将光标移动到模型上，模型的局部边缘高亮显示，图 6-16 中较短的竖直线是鼠标捕捉的位置。

③ 移动鼠标时黄线的位置也发生变化，将其调整到一个合适位置后，单击确定路径的起点位置，然后将光标放在此平面上，出现完整轨迹路径的预览，如图 6-17 所示。

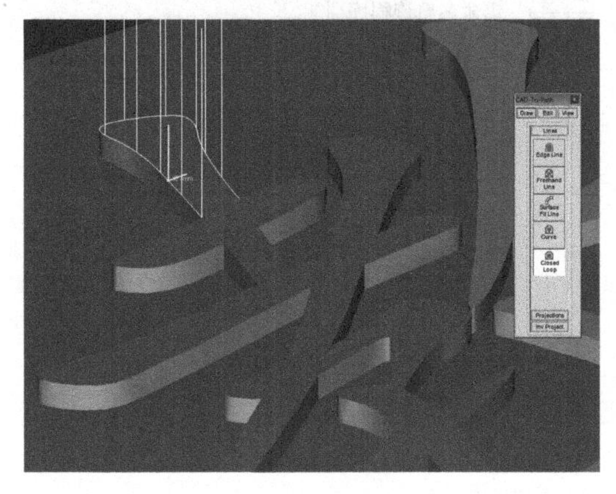

图 6-16　捕捉开始点预览

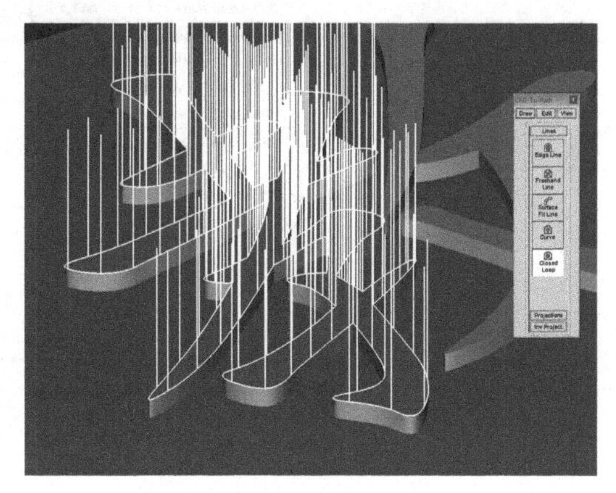

图 6-17　完成路径预览

④ 双击鼠标左键，确定生成轨迹路径，此时模型的轮廓以较细的高亮黄线显示，并产生路径的行走方向，如图 6-18 所示。

⑤ 生成轨迹路径的同时，会自动弹出一个设置窗口，如图 6-18 所示。这样一个完整的路径称为特征轨迹，用“Feature”来表示，子层级轨迹用“Segment”来表示，其目录会显示在“Cell Browser”窗口中对应的“Parts”模型下，如图 6-19 所示。Segment 是 Feature 的组成部分，一个 Feature 可能含有一个或者多个 Segment。

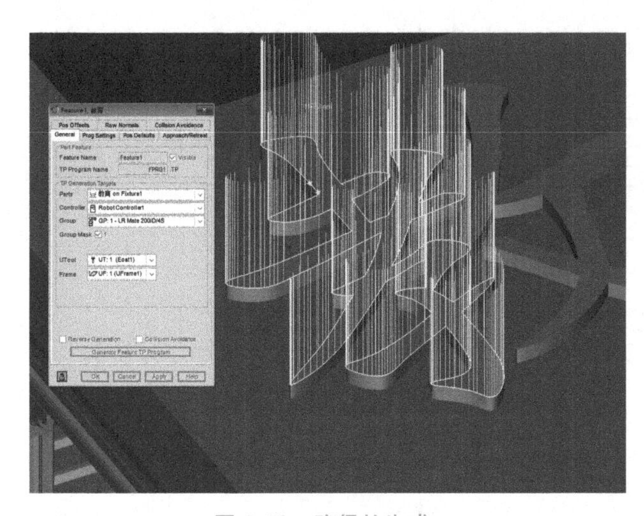

图 6-18　路径的生成

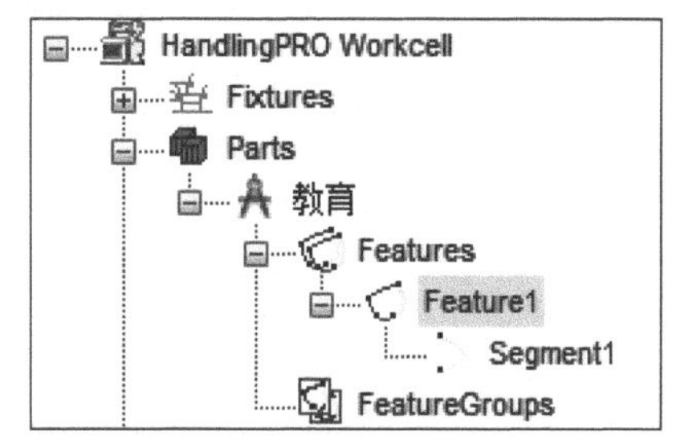

图 6-19　特征轨迹结构目录

4. 程序转化

① 在弹出的特征轨迹设置窗口选择“General”选项卡，将程序命名为“JIAO_01”，选择工具坐标系 1 和用户坐标系 1，单击“Apply”按钮完成设置，如图 6-20 所示。

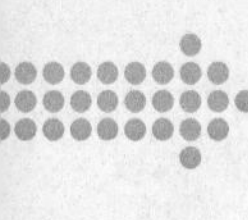

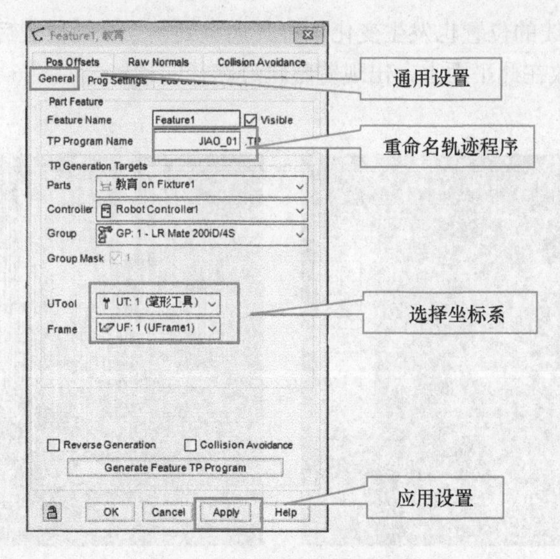

图 6-20　程序属性设置面板

② 切换到“Prog Settings”程序设置选项卡，参考图 6-21 中设置动作指令的运行速度和定位类型，单击“Apply”按钮完成设置。

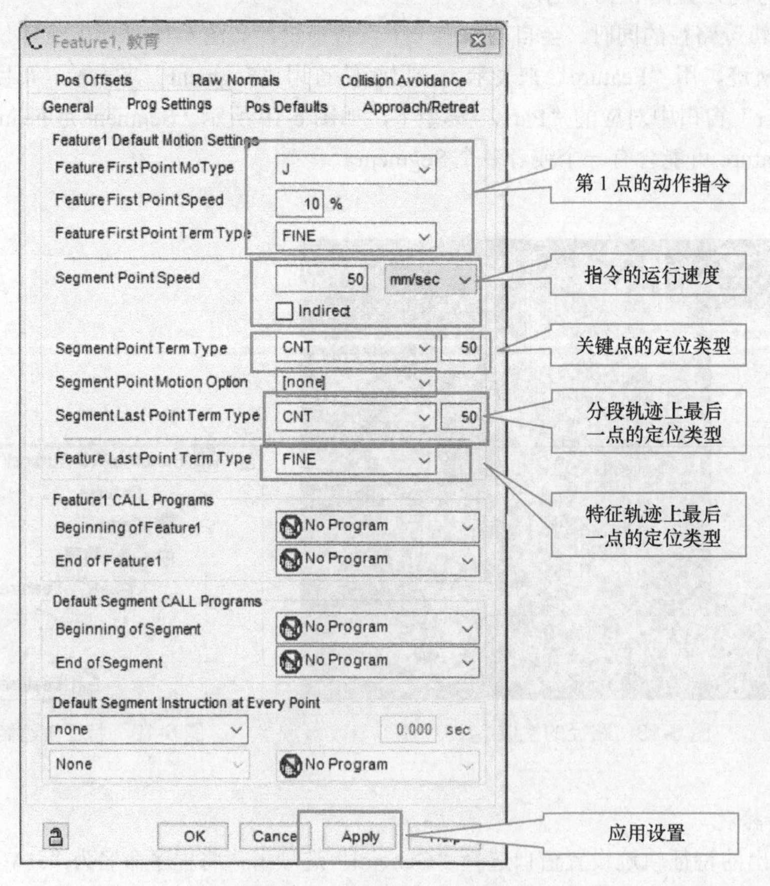

图 6-21　程序指令设置面板

在“指令的运行速度”设置项目中，勾选下方的“Indirect”间接选项，速度值将会使用数值寄存器的值，如果程序上传到真实机器人中运行，其速度修改将极为方便。

③ 切换到“Pos Defaults”选项卡下进行关键点位置和姿态的设置，如图 6-22 所示。

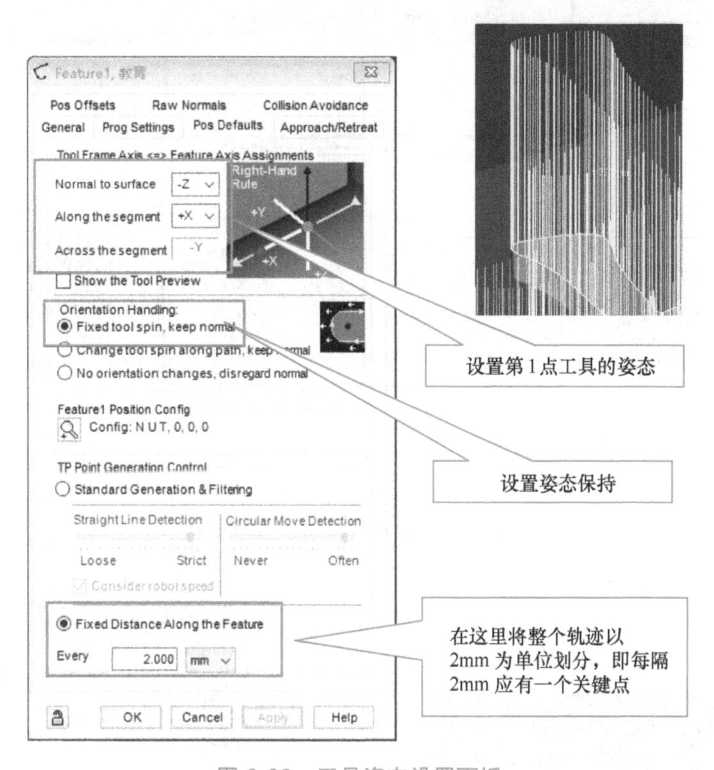

图 6-22　工具姿态设置面板

设置面板中坐标系中蓝色箭头“Normal to surface”的方向为模型表面点的法线方向，与右边模型中黄色线的指向相同，每根黄色线都对应着一个关键点。由于本任务中机器人工具坐标系的方向保持默认，所以工具坐标系的 $-Z$ 轴向与图 6-22 所示蓝色箭头相同。黄色箭头“Along the segment”指的是路线的行进方向，设置 $+X$ 表示工具坐标系 X 轴正方向与行进方向一致。

“Fixed tool spin，keep normal”表示 TCP 在行进过程中，工具坐标系的 X 轴始终指向一个方向。如果选择“Change tool spin，keep normal”，则工具坐标系的 X 轴的指向会跟随行进方向的变化而变化。

关键点控制设置为“Fixed Distance Along the Feature”，表示将一条复杂的轨迹划分成很多直线，直线越短，轨迹的平滑度也就越高，但是关键点的数量也就越高，最终的程序会越大。如果选择“Standard Generation & Filtering”，则软件将会用圆弧和直线去识别轨迹，但是由于轨迹极不规则，这种方式很容易导致检测不正常，造成最终程序的轨迹偏离。

④ 切换到“Approch/Retreat”选项卡下进行接近点和逃离点的设置，如图 6-23 所示。

勾选“Add approach point”和“Add retreat point”选项，设置动作指令的动作类型全部为直线，速度设置为“200”，定位类型不变，设置点的位置为“-100”。单击应用后，轨迹旁会出现接近点和逃离点，由于这条轨迹的首尾相接，所以这两点位置重合，如图 6-24 所示。

⑤ 返回到“General”选项卡，单击“General Feature TP Program”生成机器人程序，如图 6-25 所示。

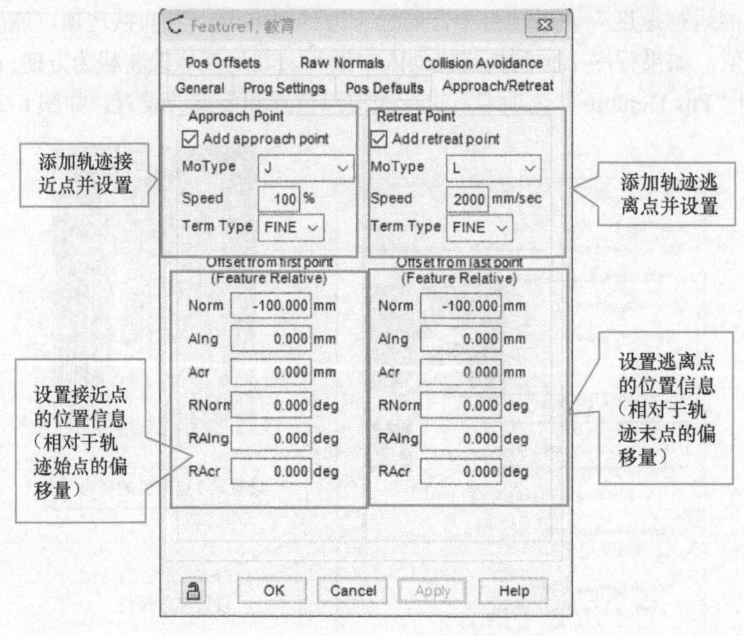

图 6-23　接近点和逃离点设置面板

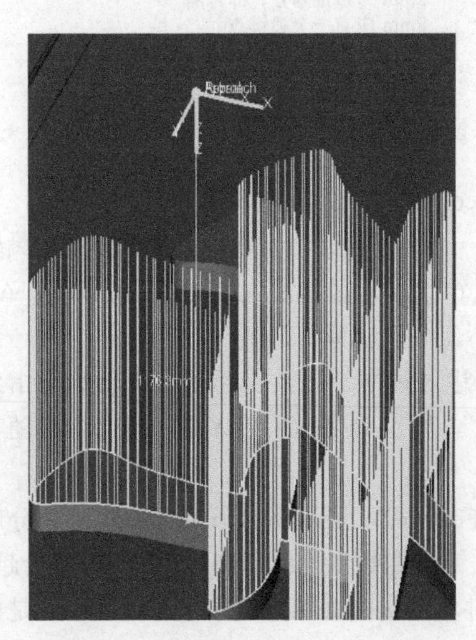

图 6-24　接近点和逃离点

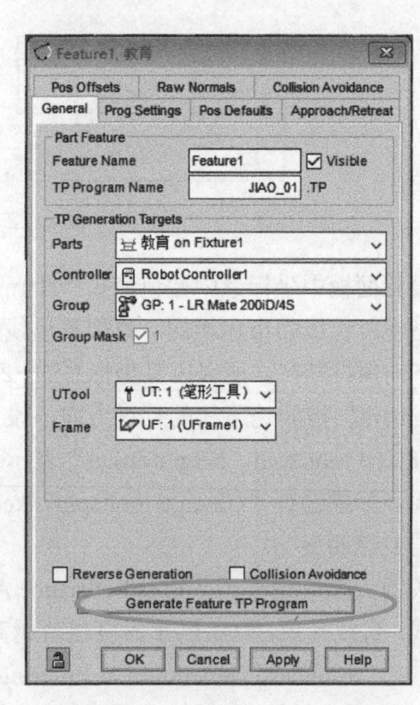

图 6-25　“General”选项卡

⑥ 单击工具栏中的“CYCLE START”按钮或者用虚拟TP试运行“JIAO_01”程序。

⑦ 按照以上的步骤生成“教”字右边部分的程序和“育”字的程序，分别是“JIAO_02”“YU_01”“YU_02”“YU_03”。

5. 创建主程序

在虚拟的 TP 中创建一个主程序“PNS0001”，用程序调用指令将这几个子程序整合，形

成一个完成的程序，如图 6-26 所示。

6. 真实工作站的调试运行

① 将主程序与子程序从软件中导出并上传到真实机器人中。

② 仿真机器人和真实机器人所用的工具坐标系和用户坐标系要一致，坐标系号都是 1。

③ 将真实机器人的工具坐标系 1 的坐标原点设置在笔形工具的笔尖，坐标系方向不变。

④ 准备一块面积较大、平整度良好的板材，参考仿真文件中画板的位置进行放置，不必考虑平面是否水平。

⑤ 将真实机器人的用户坐标系 1 设置在板材上，坐标系方向基本不变，原点位置在板材的左上部分，坐标系 *XY* 平面必须与板材平面重合。

⑥ 运行 PNS0001 主程序，如图 6-27 所示。机器人正在进行书写，汉字的尺寸和样式与软件中的模型轮廓完全一致。

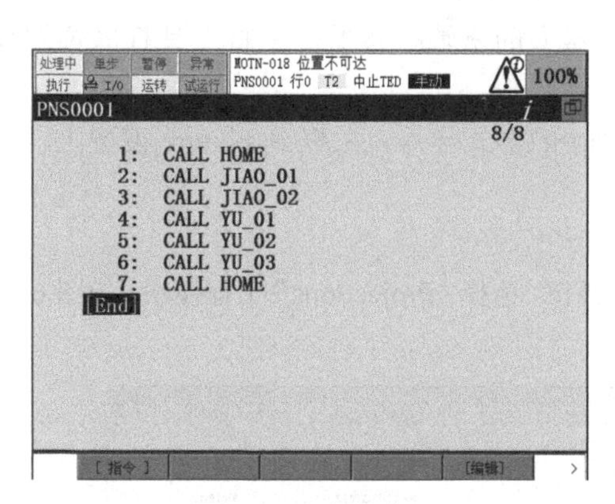

图 6-26　主程序

图 6-27　正在写字的机器人

【思考与练习】

1. 在轨迹走线比较复杂时，为什么关键点控制设置为“Fixed Distance Along the Feature”？

2. 逃离点和接近点属于 Segment，还是 Feature？

任务二　球面工件打磨的轨迹编程

【任务描述】

小白：“这是我自己创建的工作站，打磨机器人仿真工作站选用 FANUC LR Mate 200*iD*/4S 小型机器人，工作站基座为 Fixture1，机器人的法兰盘安装有打磨工具（TCP 打磨砂轮处），球形工件为 Part1。我要完成的任务是在球形工件的表面一部分区域内生成打磨的轨迹程序，并进行仿真运行展示。”

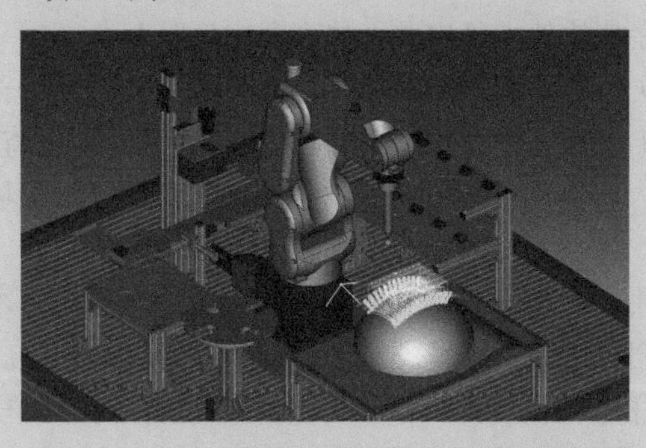

【任务实施】

1. 准备工作——构建工作站

① 创建机器人工程文件，选取的机器人型号为 FANUC LR Mate 200*i* D/4S。

② 将工作站基座以 Fixture 的形式导入，并调整好位置。

微课

球面工件打磨的轨迹编程

③ 导入打磨工具作为机器人的末端执行器，并将工具打磨位置设置为工具坐标系的原点。

④ 将球形工件模型以 Part 的形式导入，关联到 Fixture 模型上，并调整好大小和位置。

2. 轨迹的创建

① 打开“CAD-To-Path”窗口，选择“Projections”工程模块，如图 6-28 所示。

微课

查看自动轨迹各点的状态

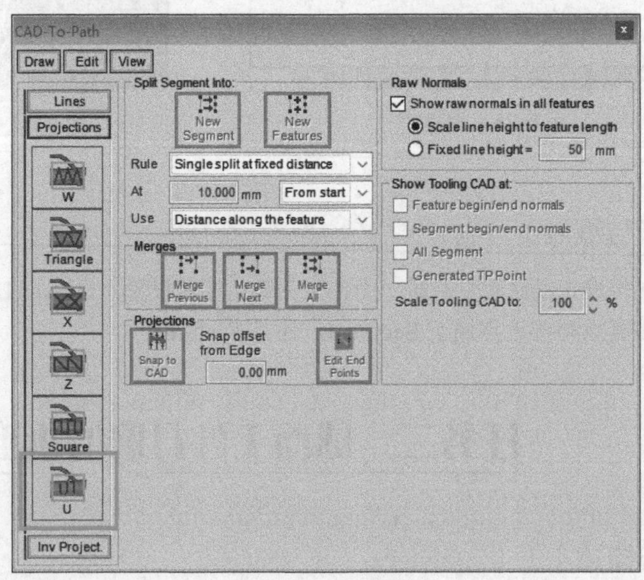

图 6-28　工程轨迹窗口

② 选择 U 形轨迹，将光标移动到工件模型上，单击鼠标左键出现一个白色的立方体边框，如图 6-29 所示。

③ 移动鼠标，任意给定一个长度和宽度，双击鼠标左键，边框变为高亮的黄色，并弹出设置窗口，如图 6-30 所示。

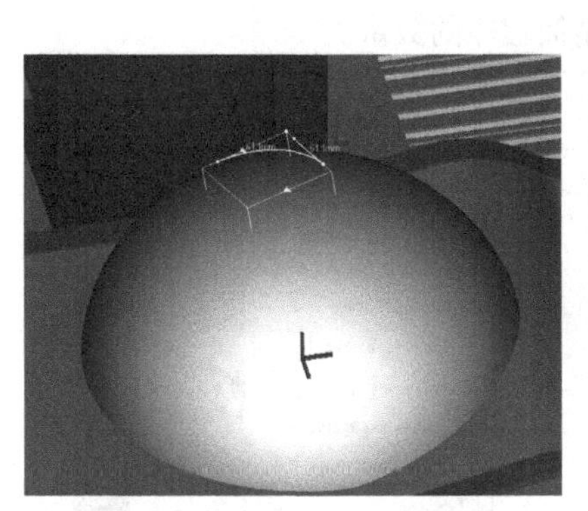

图 6-29　出现白色立方体边框

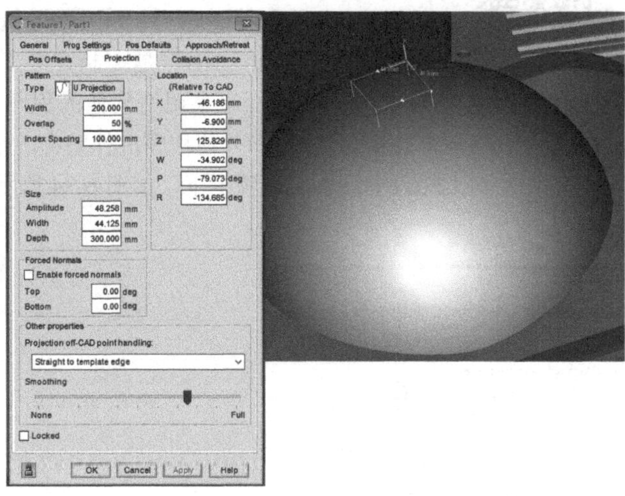

图 6-30　边框高亮并弹出设置窗口

④ 打开“Projection”选项卡进行工程轨迹的设置，如图 6-31 所示。

首先工程轨迹之所以可以贴合异形表面，就是因为整个轨迹的范围是一个立体空间，X 方向表示深度方向，Y 方向表示 U 形线的重复排列方向，Z 方向表示单个 U 形线的振动往返方向。

轨迹的密度就是在固定的 Y 方向范围内 U 形线的重复次数，“Index Spacing”表示相邻两条线的间距，数值越小、密度越高。按照图 6-31 设置好的轨迹如图 6-32 所示。

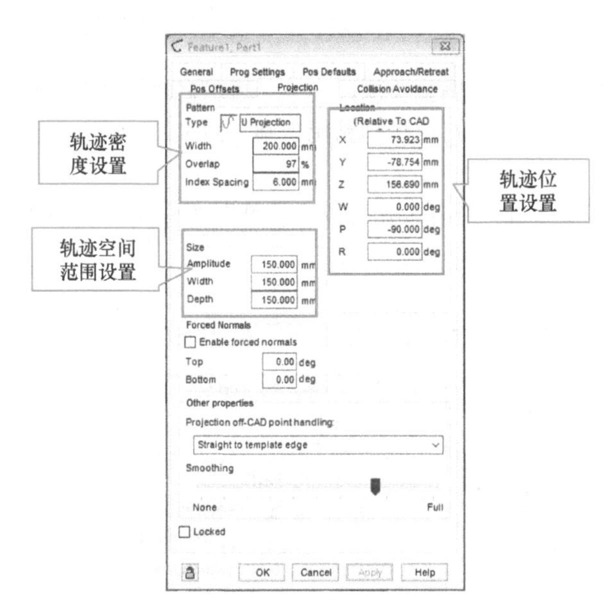

图 6-31　工程轨迹大框架设置窗口

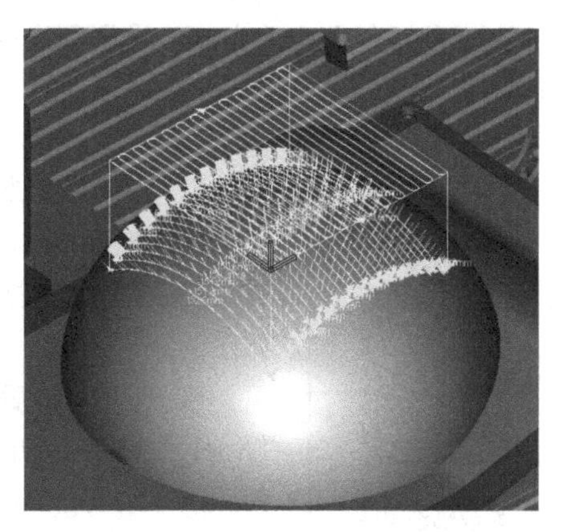

图 6-32　工程轨迹

微课

设置工程轨迹程序

3. 程序的转化

① 程序的设置和本项目任务一中的过程是基本相同的，已经描述的过程这里不再重复。首先切换到“Prog Settings”选项卡，如图 6-33 所示。

“HOME”程序为机器人回到安全位置的程序，“POLISHI_START”和“POLISHI_END”是控制打磨工具动作的程序。按照图 6-33 的设置，直接用轨迹程序来调用其他的程序，这样一来就不需要另外创建主程序将轨迹程序和其他程序进行整合，精简程序的数量。

② 切换到“Pos Defaults”选项卡下，如图 6-34 所示。

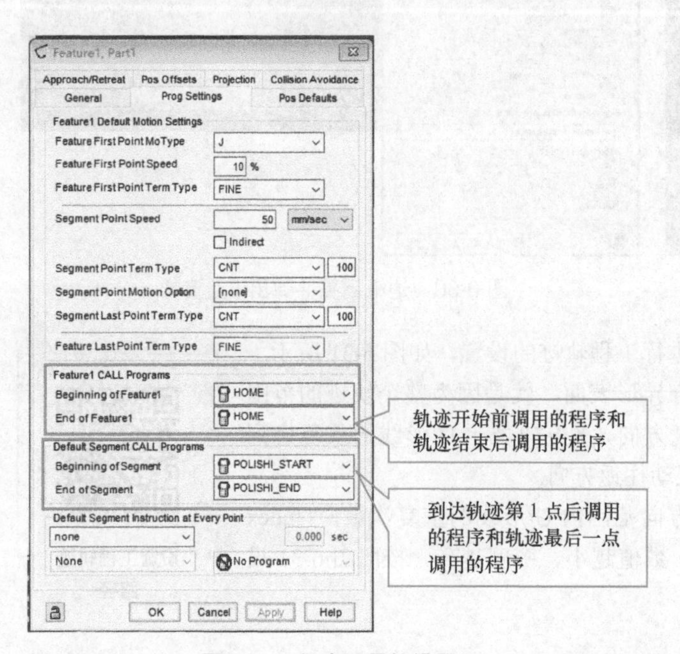

图 6-33　程序调用的设置

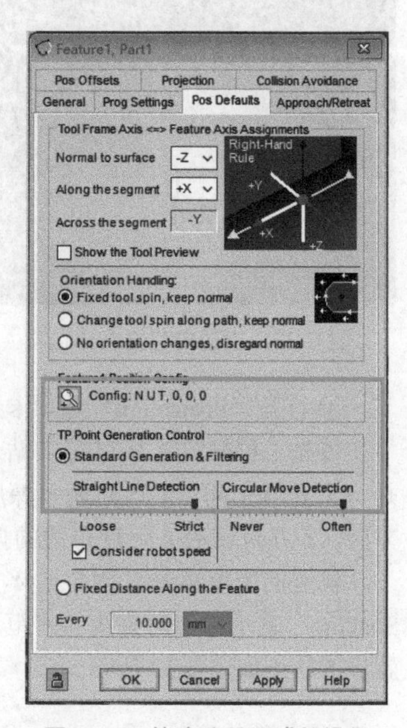

图 6-34　轨迹分段组成的设置

与汉字轨迹使用不同的是，这里采用直线检测和圆弧检测，而不是采用直线单位划分轨迹的方法。因为球面的轨迹是规则的圆弧，所以软件可以做到精确识别，同时又能减少关键点的数量，精简程序的大小。

③ 参考任务一的内容，设置程序的其他项目。所有设置完成后，单击“Apply”按钮生成程序。

4. 程序的修改

如果试运行后发现程序需要修改，打开“Cell Browser”窗口，在“Parts”下，找到对应的工件和对应的轨迹“Feature1”，双击打开设置窗口，如图 6-35 所示。

微课

修改轨迹程序

修改完成后务必单击“Apply”按钮，再单击“Generate Feature TP Program”按钮重新生成程序。

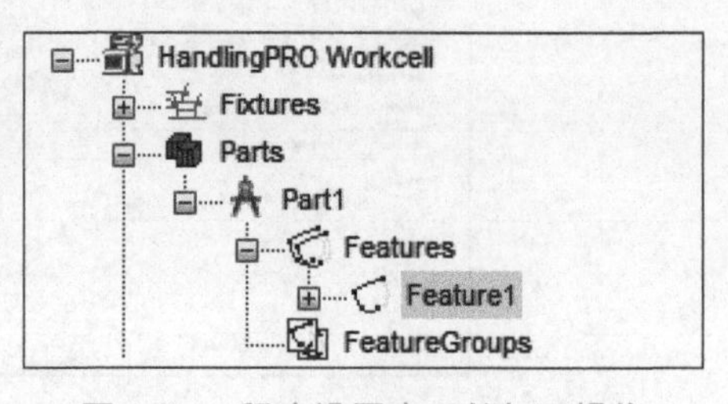

图 6-35　程序设置窗口的打开操作

【思考与练习】

1. “Feature CALL Programs”与“Default Segment CALL Programs”后面调用的程序有何不同？

2. 规则轨迹的关键点控制为什么选择圆弧与直线检测？

【项目总结】

技能图谱如图 6-36 所示。

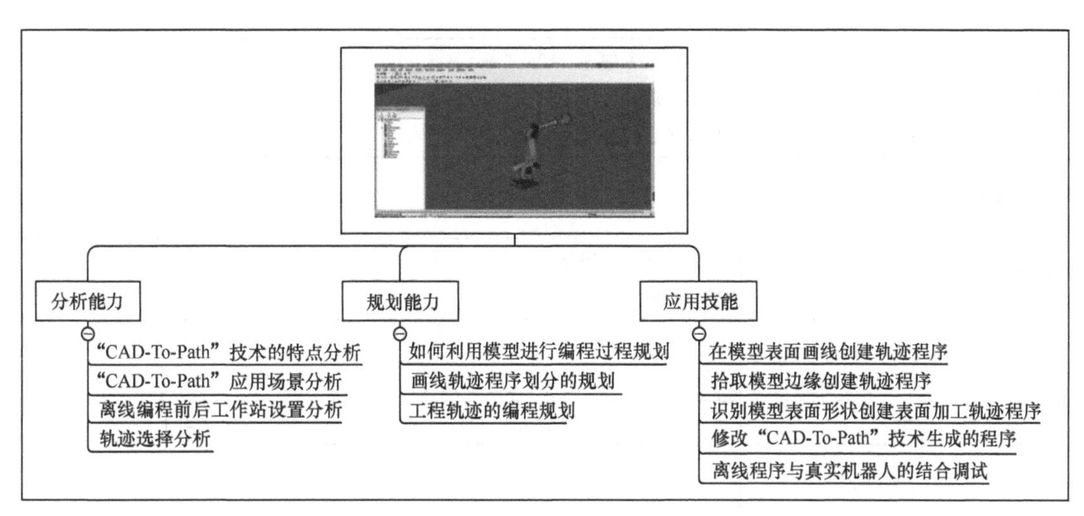

图 6-36　技能图谱

【拓展训练】

【工件去毛刺的离线编程】采用“CAD-To-Path”功能规划机器人的轨迹在实际生产中是被广泛应用的。由此制作的轨迹不仅更精准，而且周期短。

任务要求：如图 6-37 所示，将工件空腔内的阿基米德线轮廓进行去毛刺打磨，将工件外壳的外轮廓与内轮廓进行去毛刺打磨。要求采用离线的方式进行编程，并采用程序修正的方法使离线程序适用于真实工作站。

图 6-37　工件空腔内的阿基米德线轮廓

考核方式：按照实物在其他三维软件中制作模型，导入到仿真工作站中进行编程，并进行结果演示。完成表 6-1 所示的拓展训练评估表。

表 6-1　拓展训练评估表

项目名称： 工件去毛刺的离线编程	项目承接人姓名：	日期：
项目要求	**评分标准**	**得分情况**
路径规划（20分）		
程序设置（30分）	1. 动作指令规划（10分） 2. 姿态规划（10分） 3. 关键点控制规划（10分）	
仿真演示（10分）		
程序修正（30分）	1. 误差计算（15分） 2. 程序偏移（15分）	
程序输出（10分）		
评价人	**评价说明**	**备注**
个人：		
老师：		

项目七
基于机器人－变位机系统的焊接作业编程

【项目引入】

小白：“小罗同学，在实际生产中焊接机器人的应用是十分广泛的，并且很多都是附加变位机等外部轴的焊接系统，如果要进行仿真和离线编程，你可以实现吗？”

小罗：“不要小看我哦！我虽然不是万能的，但也几乎是无所不能的……”

小白：“呃……”

小罗：“好了，言归正传。本项目我将会为大家讲解如何搭建带有外部轴系统的仿真工作站，以及配合‘CAD-To-Path’功能进行编程。”

【学思融合】

通过学习本项目，培养良好的职业道德素质，具备严谨的工程技术思维习惯和精益求精的大国工匠精神。

【知识图谱】

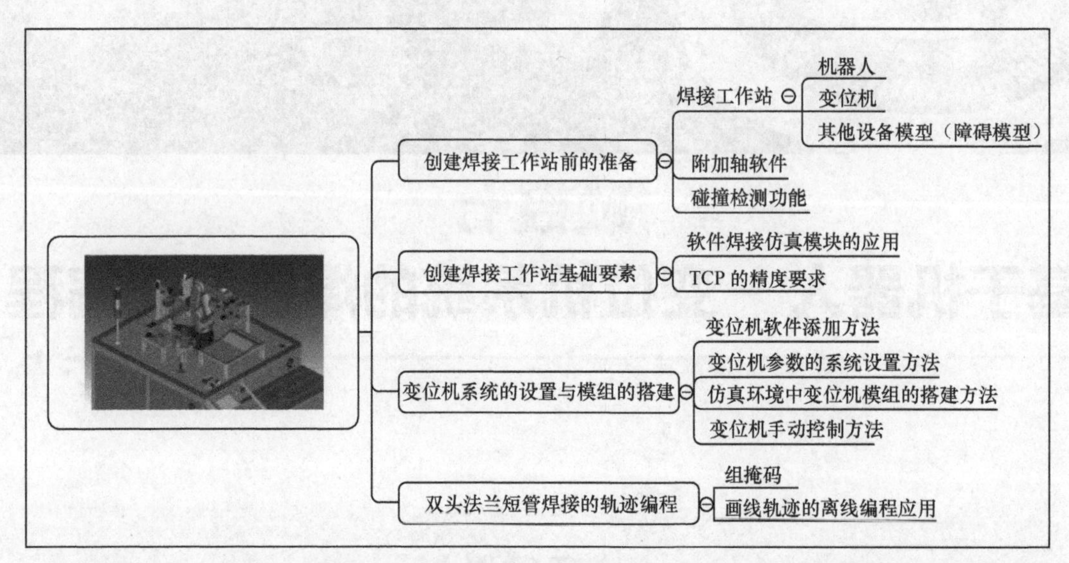

焊接是工业机器人应用最广泛的领域之一，在整个工业机器人的应用中约占总量的 40%，焊接机器人的占比之所以如此之大，是与焊接这个特殊的行业密不可分的。焊接被誉为工业“裁缝”，是工业生产中非常重要的加工手段，其质量的好坏直接对产品质量起决定性作用。

微课

仿真焊接工作站认知

机器人焊接离线编程及仿真技术是利用计算机图形学的成果在计算机中建立起机器人及其工作环境的模型，通过对图形的控制和操作，在不使用实际机器人的情况下进行编程，进而产生机器人程序。机器人焊接离线编程与仿真是提高机器人焊接系统智能化的重要系统之一，是智能焊接机器人软件系统的重要组成部分。

1. 仿真焊接工作站认知

ROBOGUIDE 仿真焊接工作站如图 7-1 所示，由焊接机器人、机器人控制柜、工作站控制柜、清枪站、焊接变位机和焊接设备等组成。其中，焊接设备由焊接电源（包括控制系统）、送丝机和焊枪组成。

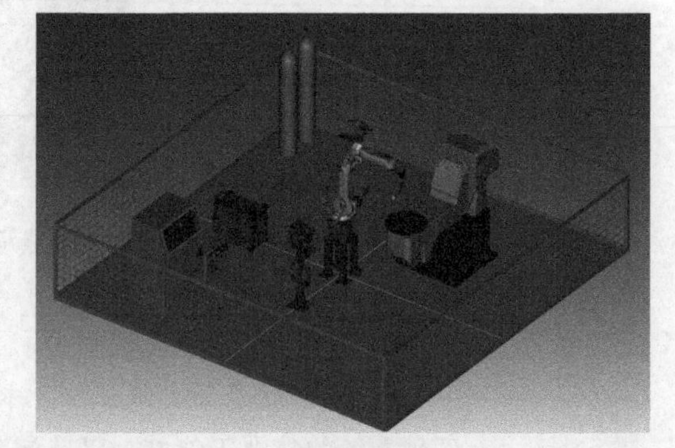

图 7-1　仿真焊接工作站

仿真焊接工作站中的核心部分是焊接机器人与变位机，二者配合可实现复杂运动的仿真。其他的设备模型诸如清枪站、控制柜、气瓶等可以为机器人的轨迹程序提供位置参考，或者用于碰撞检测。

（1）焊接机器人

焊接工作站选用是 FANUC M-10*i*A 系列小型焊接机器人，如图 7-2 所示。FANUC M-10*i*A 是电缆内置式的多功能机器人，在同系列中具有最高性能的动作能力，其所具有的特点如下。

① 应用范围较广、常用的 2 款机型是：

FANUC M-10*i*A：最大动作范围 1.42m，最大负载力 10kg；

FANUC M-10*i*A/6L：最大动作范围 1.63m，最大负载力 6kg。

② 拥有高强度的手臂与先进的伺服技术，能有效提高各轴的动作速度以及加减速的性能，使运动的作业时间缩短 15% 以上。

③ 腕部轴内采用独立的驱动机构设计，将电缆内置于手臂中，实现了机械手臂的紧凑化，有利于机器人在狭窄的空间以及高密度的环境下进行作业。

④ 腕部负重能力强，可支持传感器单元、双手爪以及多功能复合手爪等各种加工器件。

（2）焊接变位机

变位机是专用的焊接辅助设备，适用于回转工作的焊接变位，包含一个或者多个变位机轴。变位机在焊接过程中使工件发生平移、旋转、翻转等位置变动，与机器人同步运动或者非同步运动，从而得到理想的加工位置和焊接速度。

图 7-3 所示为一个双回转变位机，它有 2 个旋转轴：第 1 轴使 L 形臂绕水平轴线旋转，第 2 轴使法兰盘绕其轴心旋转，第 2 轴的位置和轴向随着第 1 轴的转动而发生变化。在仿真工作站中，变位机是建立在 Machines 下的模组，并采用机器人控制器伺服控制的虚拟电机实现仿真运动，其功能结构如图 7-4 所示。

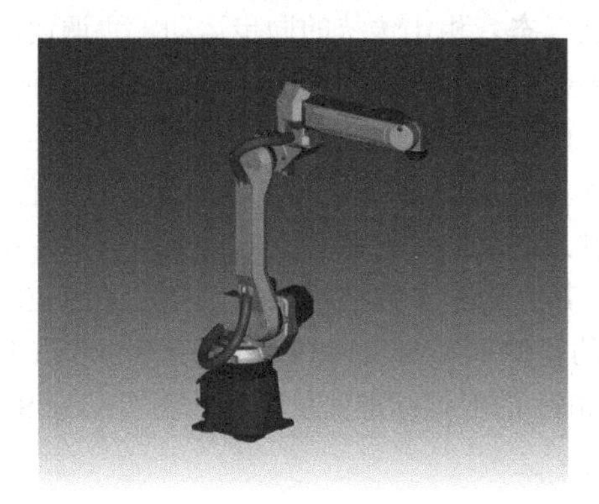

图 7-2　FANUC M-10*i*A 机器人

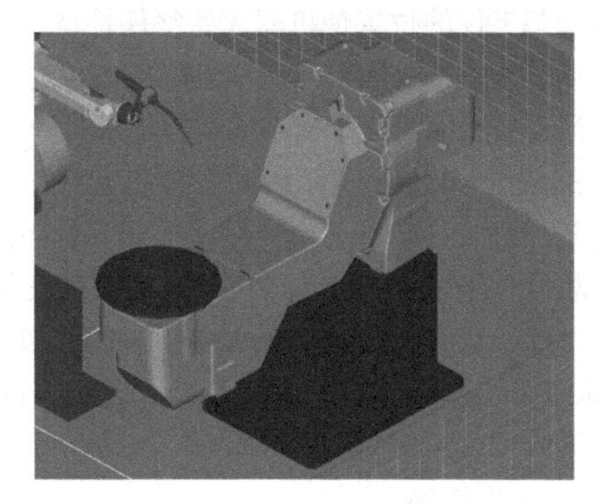

图 7-3　双轴变位机

（3）其他设备模型

仿真工作站中的清枪站、控制柜、焊接电源等模型都属于 Obstacles 下的模型，它们并不是实现仿真的必要条件。Obstacles（见图 7-5）的主要作用是模拟真实现场各种设备的布置，在离线仿真工作站中为机器人提供位置的参考；同时在离线编程时，使用碰撞检测的功能约束机器人的运动轨迹，使其在一个安全的范围内运动。

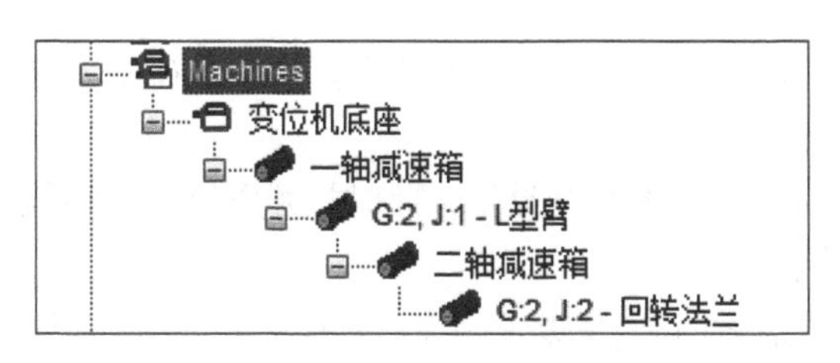

图 7-4　双轴变位机模组结构图

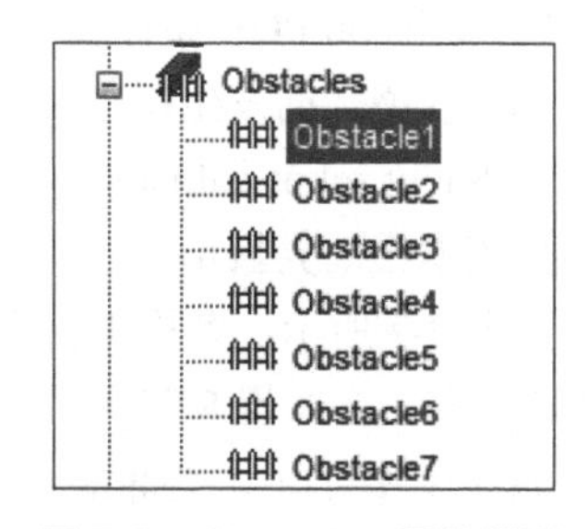

图 7-5　Obstacles 下的模型

2. 附加轴控制软件

变位机属于机器人附加轴，常见的附加轴还包括机器人行走轴（见表 7-1）。要想实现机器人控制器对于附加轴的伺服控制，就必须安装相应的附加轴控制软件包，并在系统层面进行设置。

表 7-1　附加轴控制软件包

软件名称	软件代码	用途说明
Basic Positioner	H896	用于变位机（能与机器人协调）
Independent Auxiliary Axis	H851	用于变位机（不能与机器人协调）
Extended Axis Control	J518	用于行走轴直线导轨
Multi-group Motion	J601	多组动作控制（必须安装）
Coord Motion Package	J686	协调运动控制（可选配）
Multi-robot Control	J605	多机器人控制

协调运动控制软件可使变位机与机器人之间实现协调运动。协调运动指的是机器人与变位机自始至终保持恒定的相对速度运动，自动规划工件与焊枪（机器人 TCP）同步运动的路径，自动调整工件的位置使机器人始终保持良好的焊接姿态。相比传统的同步运动，协调运动是在运动过程中使机器人与变位机保持恒定的相对速度，而不只是在起始点和终点使二者同步。协调运动极大地简化了繁杂的编程记录工作，提高了机器人的工作效率。

Basic Positioner 是基础的变位机软件，其设置参数可全部自定义，适用于任意变位机，不受变位机的轴数、功率、运动形式等方面的限制。在此软件的基础上，衍生出许多专用的变位机软件来适配 FANUC 各类型的标准变位机，其大部分参数被标准化，自定义的空间非常小。譬如适用于负载 1000kg 的一轴标准变位机的软件 1-Aixs Servo Positioner Compact Type（Solid Type，1000kg），代号 H877；适用于负载 500kg 的双轴标准变位机的软件 2-Axes Servo Positioner（500kg），代号 H871。

3. 碰撞检测

碰撞检测是在仿真工作站中选定检测目标对象后，ROBOGUIDE 自动监测并显示程序执行时选定的对象与机器人是否发生了碰撞，利用仿真演示提前预知运行的结果。软件的碰撞检测功能可以及时发现离线程序存在的问题，有效地避免由真实设备碰撞造成的严重损失。

在仿真工程文件中，任何模块下的模型都有碰撞检测设置，位于其属性设置窗口中的“General”通用设置选项卡中（见图 7-6）。

① Collision I/O：碰撞反馈信号，机器人本体模型独有的设置项，有 DI 和 RI 2 种信号可选。当不同的模型之间发生碰撞时，信号会置 ON。

② Show robot collisions：显示碰撞的对象，所有模型都具备的设置项。当碰撞发生时，碰撞的模型会高亮显示。

如图 7-7 所示，焊枪与变位机法兰发生碰撞，二者高亮显示。此时打开虚拟 TP 查看机器人 I/O 状态，会发现 RI[2]=ON，如图 7-8 所示。

属性设置窗口中“Show robot collisions”后方的 [...] 是设置碰撞显示样式的选项，如图 7-9 所示。

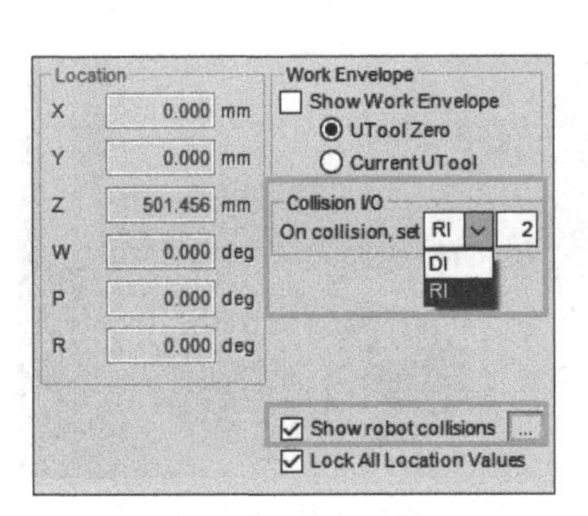

图 7-6　碰撞检测设置

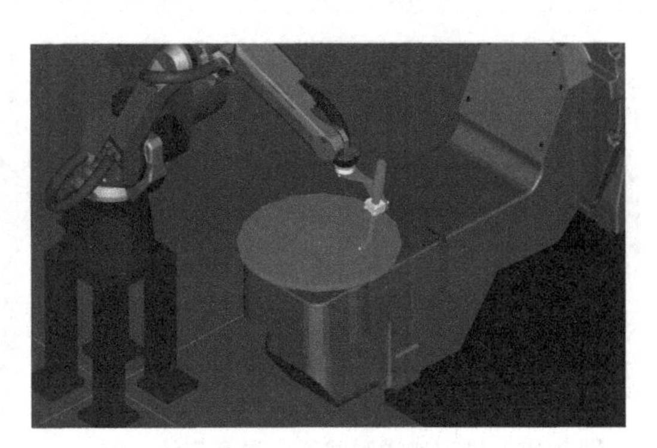

图 7-7　碰撞显示

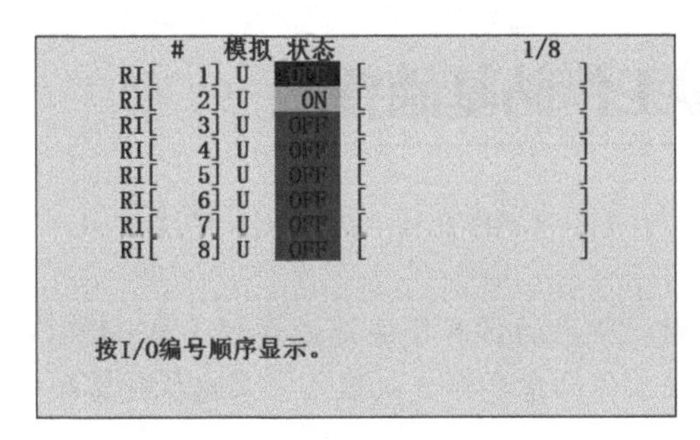

图 7-8　碰撞反馈信号

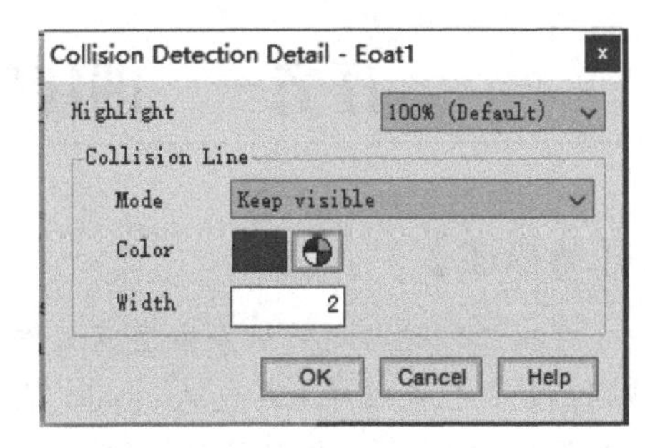

图 7-9　碰撞显示样式设置

① Highlight：碰撞模型高亮显示的亮度，默认是 100%，范围是 0 ～ 125%。

② Collision Line：设置模型碰撞产生的交线的显示状态，包括 Mode（可见模式）、Color（颜色）以及 Width（线宽）。

其中，可见模式“Mode”有下面 4 种选项，如图 7-10 所示。

Invisible：不显示模型碰撞的交线。

Visible：显示当前时刻模型碰撞的交线，脱离碰撞则消失，如图 7-11 所示。

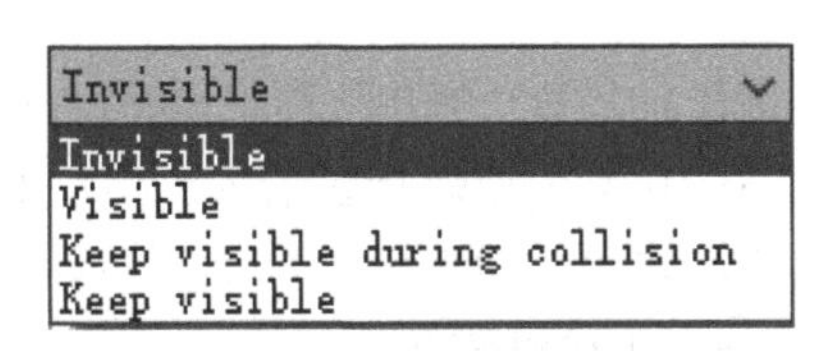

图 7-10　碰撞交线可见模式

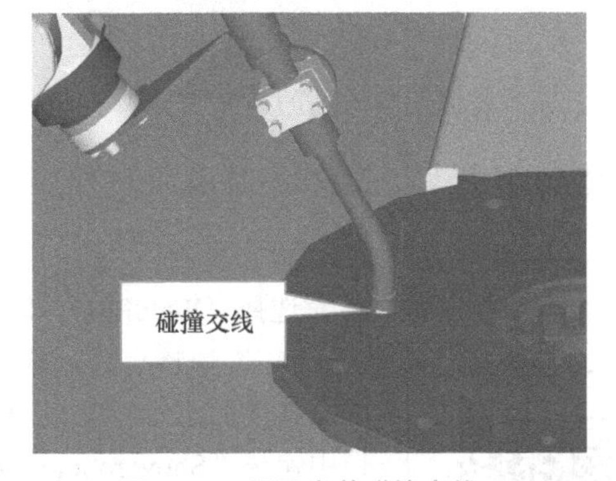

图 7-11　显示当前碰撞交线

Keep visible during collision：在模型碰撞时间段内显示所有的交线，脱离碰撞则消失，如图 7-12 所示。

Keep visible：显示碰撞过的所有交线，脱离碰撞不消失，如图 7-13 所示。

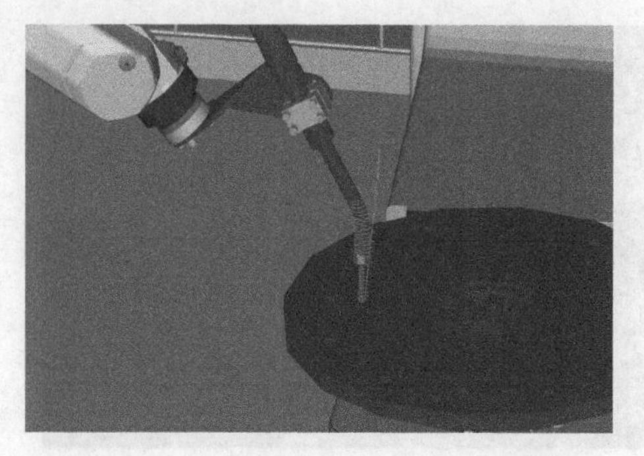

图 7-12　模型碰撞时间段内显示交线

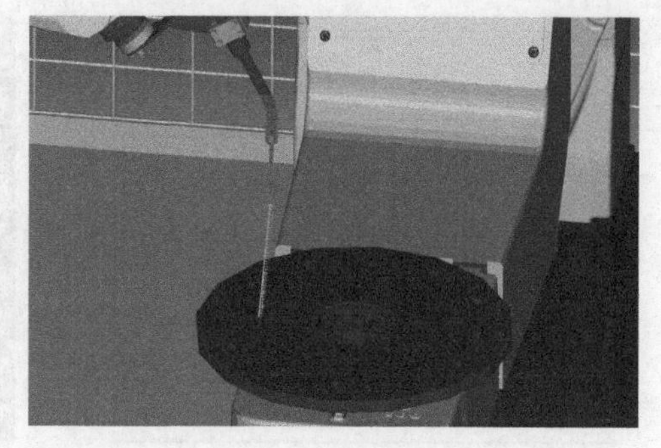

图 7-13　显示碰撞过的所有交线

任务一　创建焊接工作站基础要素

【任务描述】

焊接工作站与之前从事搬运的工作站不同，所用的仿真模块是弧焊模块 WeldPRO，应用的软件包是弧焊工具包 Arctool。构建基础工作站需要搭建机器人、末端执行器和外围的设施，包括围栏、清枪站、气瓶、控制柜等。

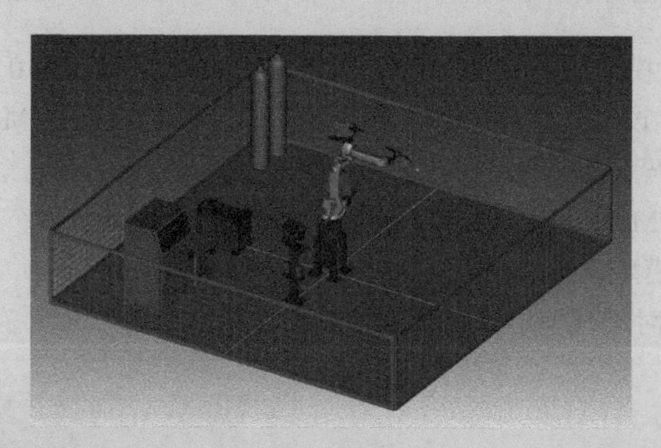

接下来就是本项目的第 1 要务，如何创建 1 个不包含变位机的工作站。

【任务实施】

1. 创建焊接机器人工程文件

新建 1 个工程文件，选择“WeldPRO”焊接模块，将其命名为“焊接仿真工作站”，选择“Arctool”焊接工具，选用 FANUC M-10*iA* 小型焊接机器人。然后对工程文件界面进行一些视图显示的调整，如图 7-14 所示。在其属性设置窗口中勾选“Show robot collisions”选项用于检测碰撞。

微课

创建焊接工作站基础要素

2. 添加工具及设置工具坐标系

在工具“UT:1”上添加 1 个焊枪，这里选择软件自带的模型。调整好焊枪的安装位置和尺寸，勾选“Show collisions”选项。将工具坐标系的原点设置在焊枪的焊丝的顶点，并旋转一定的角度，使 Z 轴大致与枪管的轴线相同，如图 7-15 所示。

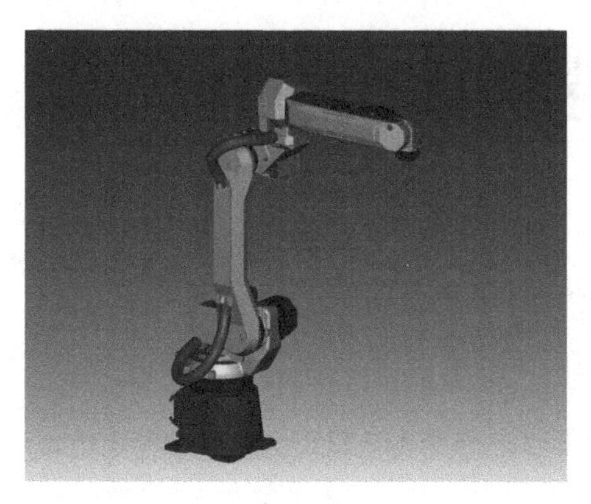

图 7-14　FANUC M-10*i*A 机器人

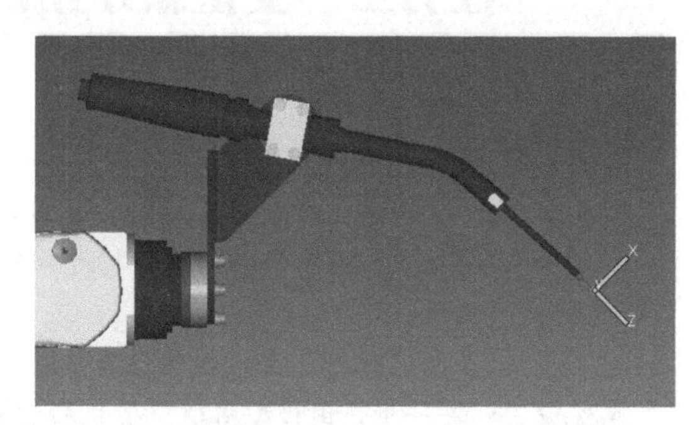
图 7-15　焊枪及新的 TCP

焊枪 TCP 的精度要求较高，与之前的搬运工具有很大不同。搬运工具在动作中始终保持竖直的状态，无论 TCP 设置在 Z 轴什么位置，夹爪上任意一点运动的方向与速度都与 TCP 相同，所以搬动工具对于位置的精度要求不高。而焊枪在工作时，姿态多变，尤其是绕 TCP 做旋转运动时，旋转中心（TCP）位置的正确性就显得尤为重要。如果位置出现较大的偏差，就无法保证焊接的位置和速度。

3. 添加外围设施

执行菜单命令“Cell”→“Add Obstacle”，将图 7-16 中的模型依次添加到工作站中并调整大小和位置。其中围栏是导入的外部模型，其他的则是软件的自带模型。对处于机器人工作范围内的“机器人底座”与“清枪站”设置碰撞检测。

调整机器人的位置，将其“安装”到机器人底座上，并锁定机器人的位置，如图 7-17 所示。

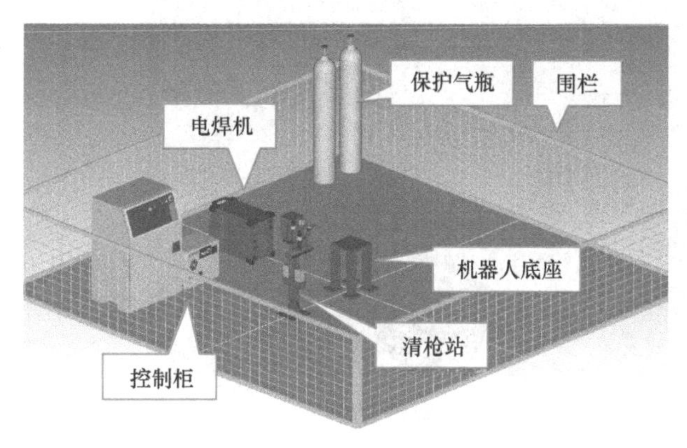

图 7-16　外围设施

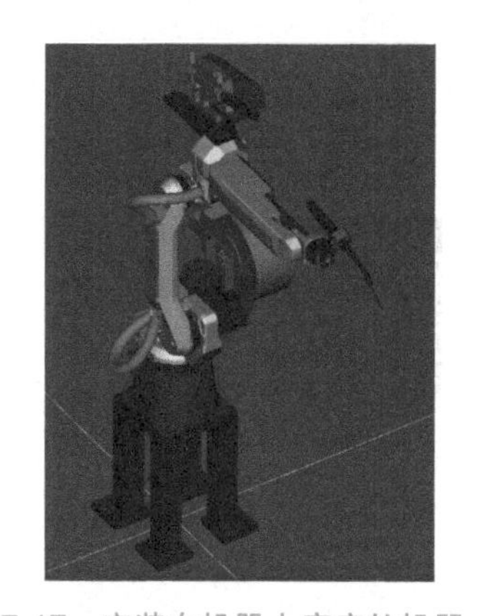
图 7-17　安装在机器人底座的机器人

【思考与练习】

1. 当设置碰撞检测后，一旦发生碰撞，则会有什么变化？

2. 障碍物模型在仿真环境中的意义是什么？

任务二　变位机系统的设置与模组的搭建

【任务描述】

小白：“小罗同学，仿真工作站中已经创建完毕了吧？我怎么觉得还缺少点什么。”

小罗：“当然了，看看我们的项目标题就知道了，现在工作站中缺少一个变位机。”

小白：“对呀！”

小罗：“要想实现模拟变位机的仿真，应分为 2 步：一步是安装变位机控制软件并进行系统设置；另一步是用模型搭建变位机模组。”

【知识学习】

在创建变位机之前，应首先添加附加轴控制软件包“Basic Positioner”（H896）与“Multi-group Motion”（J601），其选择的依据主要有以下 2 点。

① 工作站中的变位机为双轴变位机如图 7-18 所示，并且要实现变位机参数的自由定制化，所以选择 H896 基础变位机软件。

② 变位机与机器人本体轴能同时受到机器人控制柜的伺服控制，所以必须安装 J601 多组控制软件。

如果要实现机器人与变位机的协调运动，则应附加 J686 协调控制软件。软件安装完毕后，还要进行一系列的参数设置，最后在工程文件中用 Machines 搭建变位机模组，如图 7-18 所示。

图 7-18　双轴变位机

【任务实施】

1. 添加变位机控制软件

① 双击机器人模型，打开其属性设置窗口。单击 Serialize Robot 选项，进入创建工程文件时

的创建向导界面，如图 7-19 所示。

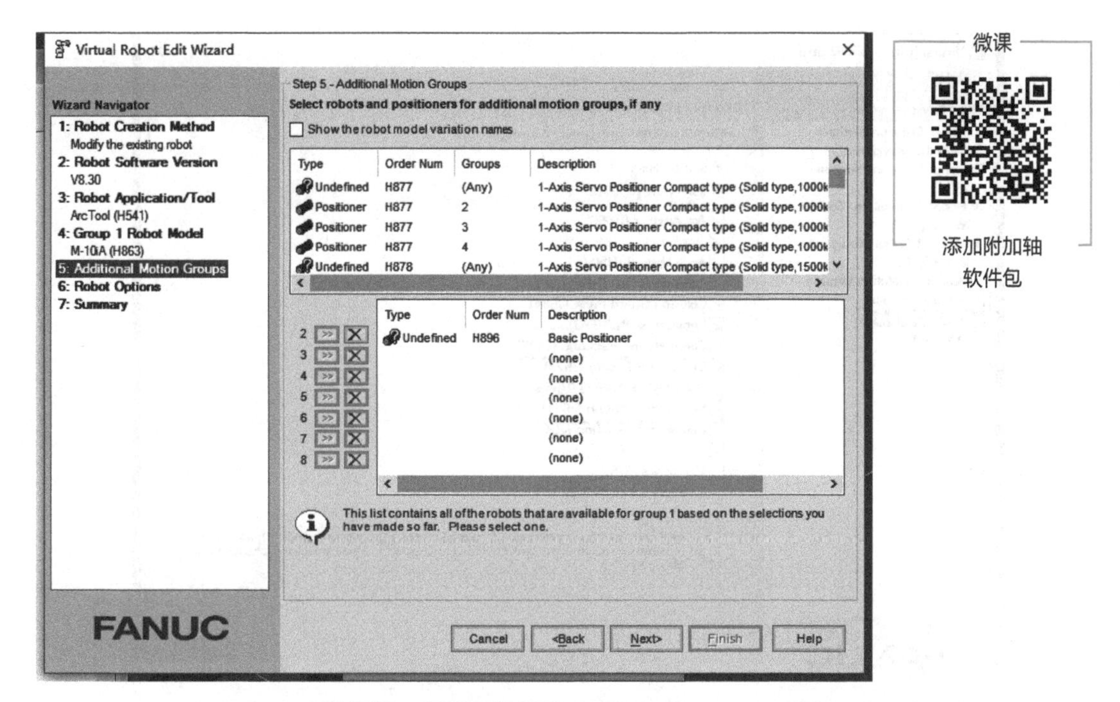

图 7-19　创建向导界面

② 直接进入到第 5 步“Additional Motion Groups”，添加运动组（附加轴）。在列表中找到“Basic Positioner”（H896），单击下方的 >> 按钮，将其添加到运动组 2 中，如图 7-20 所示。

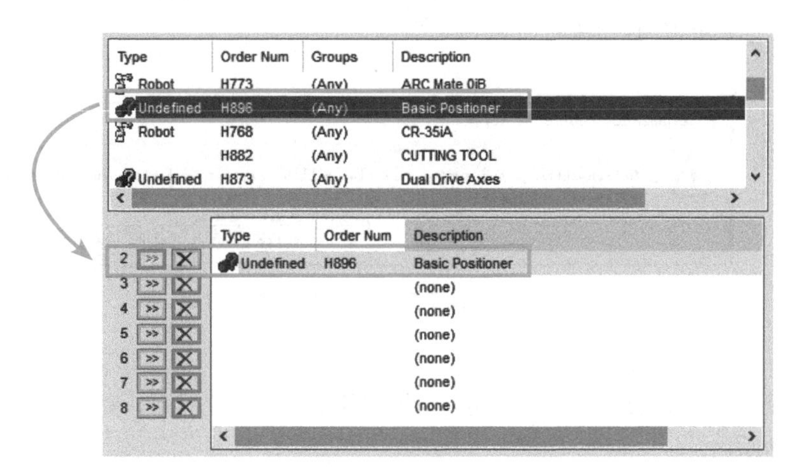

图 7-20　变位机软件添加结果

③ 单击“Next”按钮进入第 6 步，如图 7-21 所示。J601 多组控制软件会自动勾选并添加，J686 协调控制软件需要从软件列表中手动勾选添加。

假设需要为机器人添加行走系统，请在此列表中找到行走轴控制软件“Extended Axis Control（J518）”并勾选添加，其设置参数方法与变位机的设置方法类似。接下来本任务中将以变位机的设置方法为例来讲解附加轴体系的设置过程。

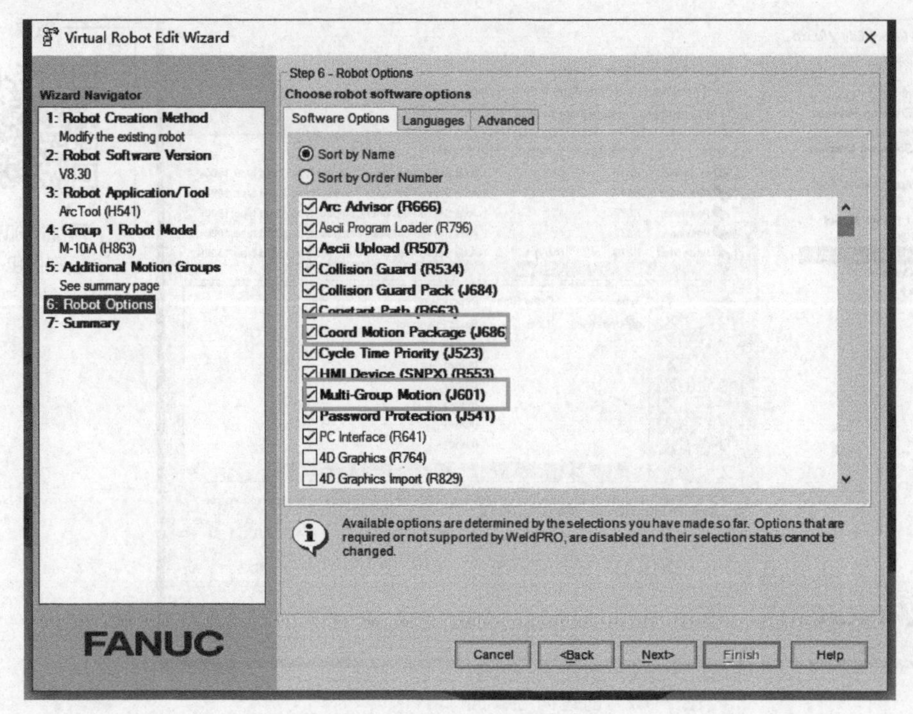

图 7-21　附加功能软件包列表

④ 进入第 7 步，单击“Finish”按钮完成，设置向导窗口关闭。此时，务必单击机器人属性设置窗口中的“Apply”按钮或者“OK”按钮。弹出图 7-22 所示的窗口，单击“Re-Serialize Robot”按钮重新加载工程文件。

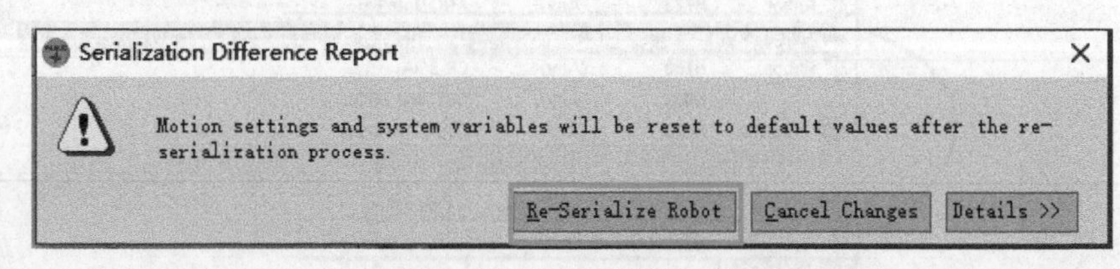

图 7-22　重新加载提示窗口

2. 变位机的系统参数设置

重新加载工程文件后，会自动进入控制启动模式的变位机设置界面。变位机系统参数设置步骤如表 7-2 所示。

变位机 2 轴作为回转法兰，其某些参数应区别于 1 轴。例如，2 轴的回转轴向应该与 1 轴垂直，所以 2 轴的轴向选择 +Z；法兰的旋转范围应至少超过 1 周或者更大，所以 2 轴的运动极限设定为［0° ～ 720° ］或者更高，使其拥有更多的旋转范围。

表 7-2 变位机系统参数设置步骤

操作步骤	设定窗口
设置FSSB路径： FSSB共有4条路径：1、2路径从主板的轴控制卡发端；3、5路径从附加轴板发端。一般使用第1路径，附加轴组较多的情况下，开始使用后面的路径。 输入1，单击TP的“Enter”键完成设置	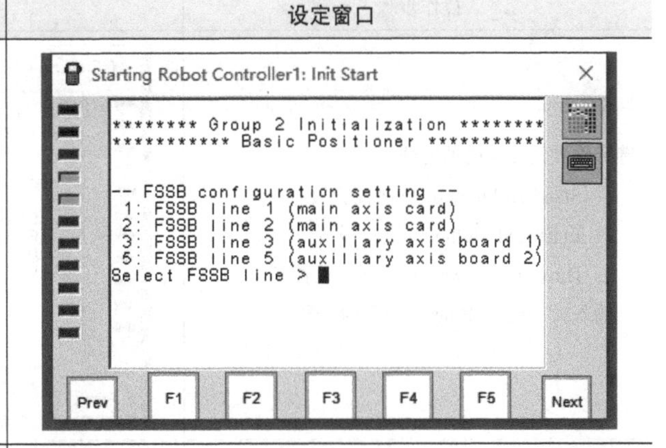
设置开始轴号码： 开始轴号取决于第1组的机器人轴数，以6轴机器人为例，第2组的变位机从第7轴开始。 输入7，单击“Enter”键完成设置	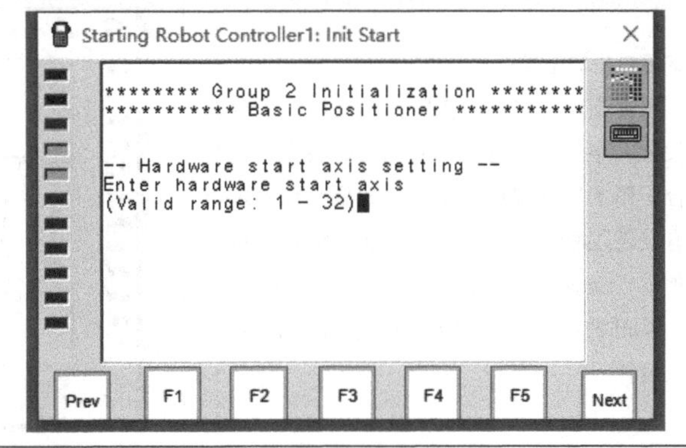
设置轴运动学类型： 已知变位机在各轴间的偏置量，选择“Known Kinematics”（运动学已知）；不清楚时，选择“Unknown Kinematics”（运动学未知）。 一般选择2，单击“Enter”键完成设置	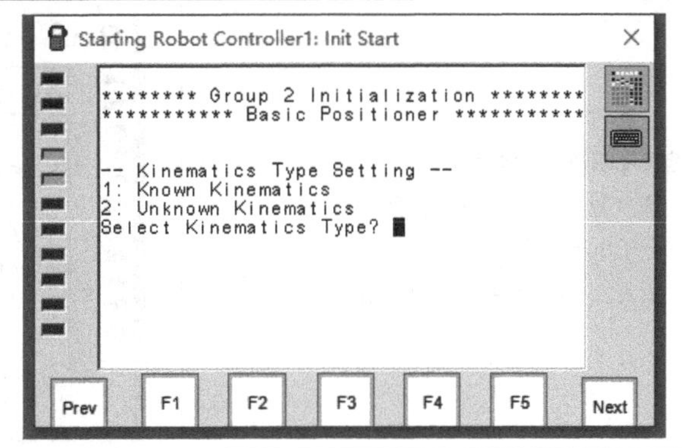
选择对变位机轴的操作： 1：Display/Modify Axis 1～4（显示和修改已添加轴的参数）； 2：Add Axis（增加轴）； 3：Delete Axis（删除轴）； 4：Exit（退出设置）。 输入2，单击“Enter”键完成设置	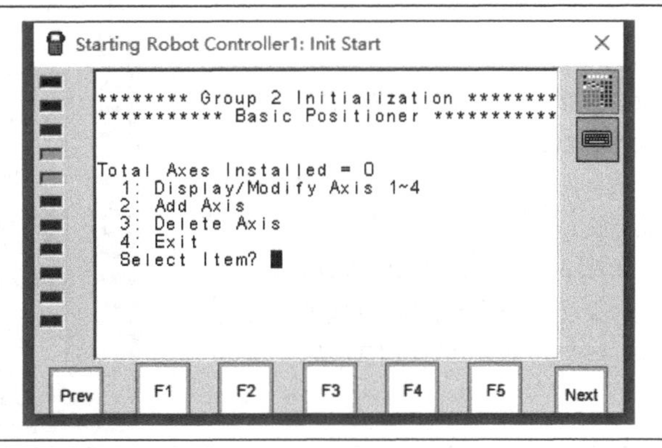

续表

操作步骤	设定窗口
选择设置伺服电机的方法： 1：Standard Method（标准设置）； 2：Enhanced Method（高级设置）； 3：Direct Entry Method（直接设置）。 输入1，单击“Enter”键完成设置	Starting Robot Controller1: Init Start **** Group: 2 Axis: 1 Initialization *** *********** Basic Positioner *********** -- MOTOR SELECTION -- 1: Standard Method 2: Enhanced Method 3: Direct Entry Method Select ==> Prev F1 F2 F3 F4 F5 Next
选择电机的型号： 根据变位机中一轴实际使用的电机型号来设置。电机的信息在其外壳的标签上，或者位于附加轴伺服放大器上。如果当前界面没有发现匹配的电机型号，输入0：Next page，单击“Enter”键确定。 以aiF22为例，输入105，单击“Enter”键完成设置	Starting Robot Controller1: Init Start **** Group: 2 Axis: 1 Initialization *** *********** Basic Positioner *********** -- MOTOR SIZE (alpha iS) -- 60. aiS2 64. aiS22 61. aiS4 65. aiS30 62. aiS8 66. aiS40 63. aiS12 0. Next page Select ==> Prev F1 F2 F3 F4 F5 Next
选择电机的每分钟转速： 该参数与上一步的电机型号对应，具体信息位于电机标签上。 输入2，单击“Enter”键完成设置	Starting Robot Controller1: Init Start **** Group: 2 Axis: 1 Initialization *** *********** Basic Positioner *********** -- MOTOR TYPE -- 1. /2000 11. /4000 2. /3000 12. /5000 13. /6000 Select ==> Prev F1 F2 F3 F4 F5 Next
设定电机的最大电流控制值（放大器的最大允许电流值）： 该参数与电机型号对应，具体信息位于电机标签上。 输入7，单击“Enter”键完成设置。 如果以上3步参数设定与实际电机标明不符，则设定失败，必须返回重新设定	Starting Robot Controller1: Init Start **** Group: 2 Axis: 1 Initialization *** *********** Basic Positioner *********** -- CURRENT LIMIT FOR MOTOR -- 2. 4A 10. 20A 5. 40A 12. 160A 7. 80A Select ==> Prev F1 F2 F3 F4 F5 Next

续表

操作步骤	设定窗口
设定变位机伺服放大器编号： 机器人6轴伺服放大器的编号为1，外部附加轴组的放大器编号从2开始。 输入2，单击“Enter”键完成设置	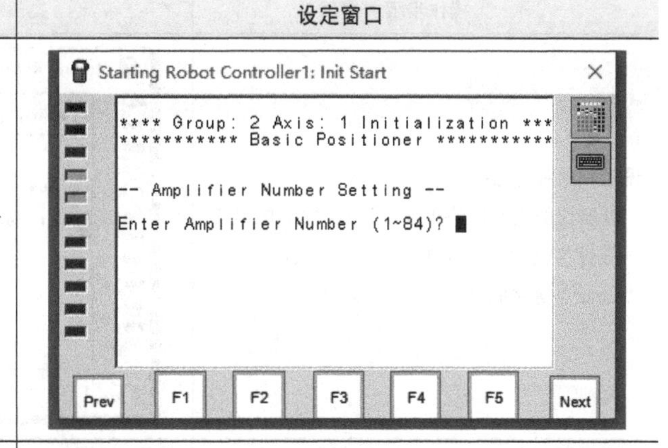
设定伺服放大器种类： 1. A06B-6400 series 6 axes amplifier（机器人6轴放大器）； 2. A06B-6240 series Alpha i amp. or A06B-6160 series Beta i amp.（外部附加轴轴放大器）。 输入2，单击“Enter”键完成设置	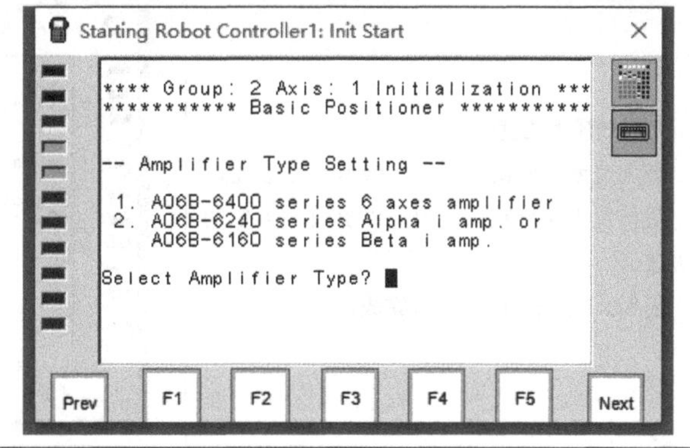
设定轴的运动类型： 1：Linear Axis（直线运动）； 2：Rotary Axis（旋转运动）。 输入2，单击“Enter”键完成设置	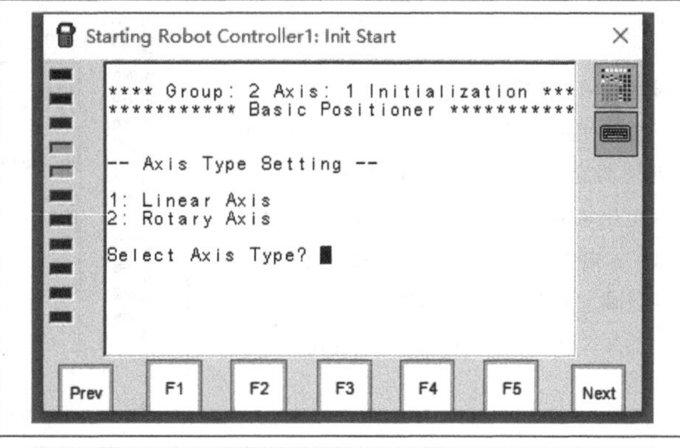
设定轴向： 这里的轴向指的是机器人世界坐标系各轴的方向，设置变位机的1轴与坐标系的1轴平行。 输入3，单击“Enter”键完成设置	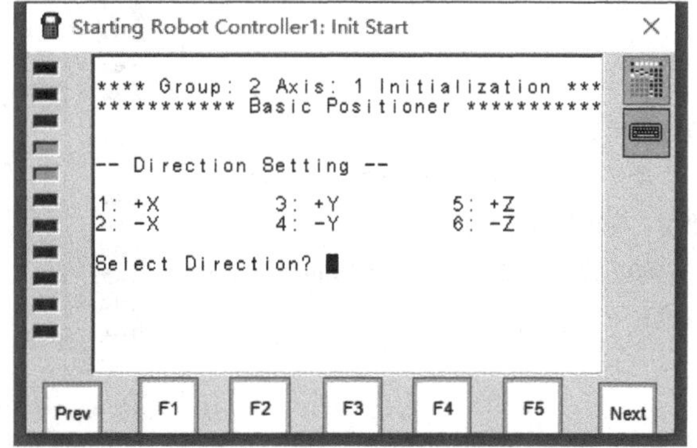

续表

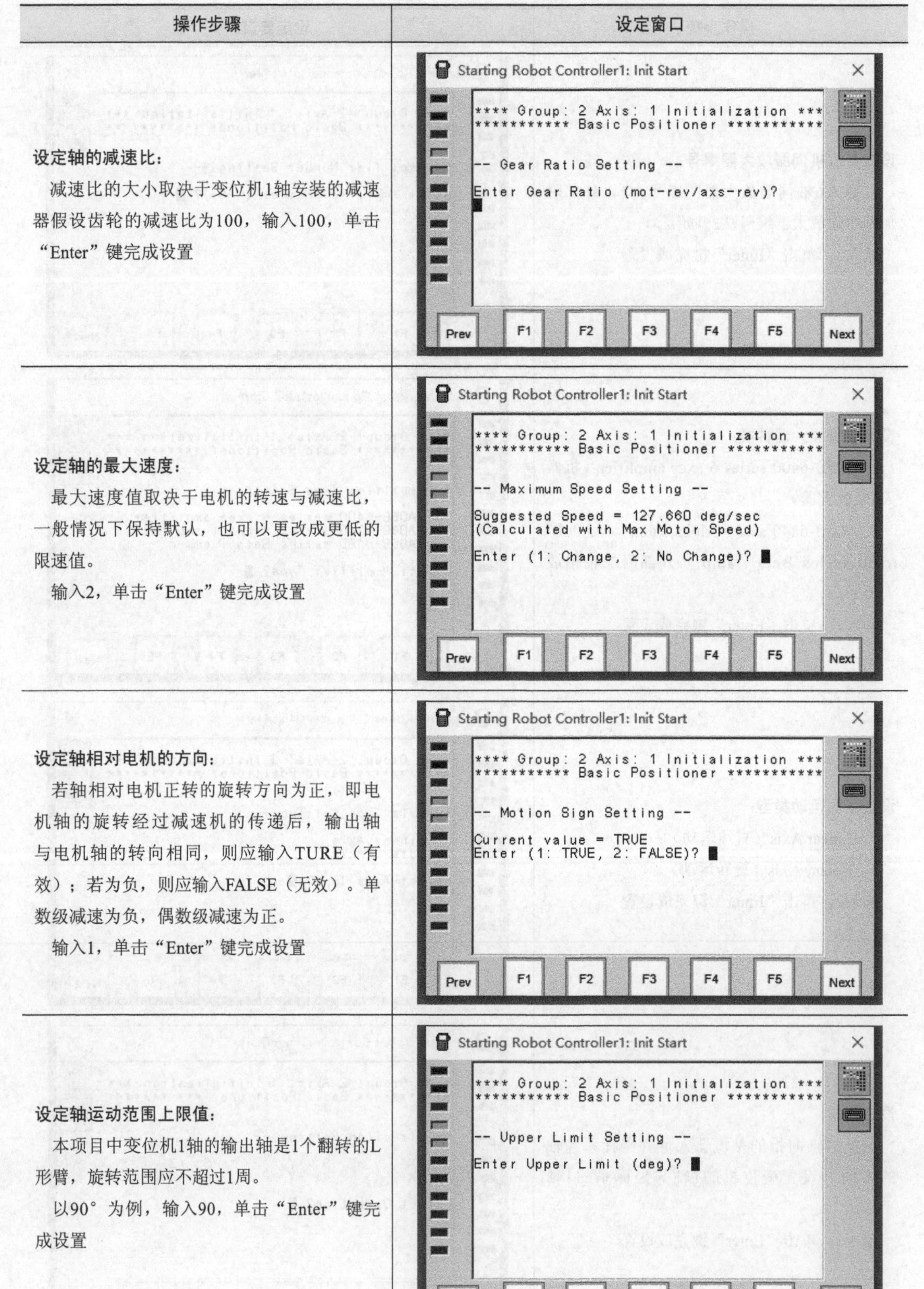

操作步骤	设定窗口
设定轴的减速比： 减速比的大小取决于变位机1轴安装的减速器假设齿轮的减速比为100，输入100，单击“Enter”键完成设置	Starting Robot Controller1: Init Start **** Group: 2 Axis: 1 Initialization *** *********** Basic Positioner *********** -- Gear Ratio Setting -- Enter Gear Ratio (mot-rev/axs-rev)? Prev F1 F2 F3 F4 F5 Next
设定轴的最大速度： 最大速度值取决于电机的转速与减速比，一般情况下保持默认，也可以更改成更低的限速值。 输入2，单击“Enter”键完成设置	Starting Robot Controller1: Init Start **** Group: 2 Axis: 1 Initialization *** *********** Basic Positioner *********** -- Maximum Speed Setting -- Suggested Speed = 127.660 deg/sec (Calculated with Max Motor Speed) Enter (1: Change, 2: No Change)? Prev F1 F2 F3 F4 F5 Next
设定轴相对电机的方向： 若轴相对电机正转的旋转方向为正，即电机轴的旋转经过减速机的传递后，输出轴与电机轴的转向相同，则应输入TURE（有效）；若为负，则应输入FALSE（无效）。单数级减速为负，偶数级减速为正。 输入1，单击“Enter”键完成设置	Starting Robot Controller1: Init Start **** Group: 2 Axis: 1 Initialization *** *********** Basic Positioner *********** -- Motion Sign Setting -- Current value = TRUE Enter (1: TRUE, 2: FALSE)? Prev F1 F2 F3 F4 F5 Next
设定轴运动范围上限值： 本项目中变位机1轴的输出轴是1个翻转的L形臂，旋转范围应不超过1周。 以90°为例，输入90，单击“Enter”键完成设置	Starting Robot Controller1: Init Start **** Group: 2 Axis: 1 Initialization *** *********** Basic Positioner *********** -- Upper Limit Setting -- Enter Upper Limit (deg)? Prev F1 F2 F3 F4 F5 Next

续表

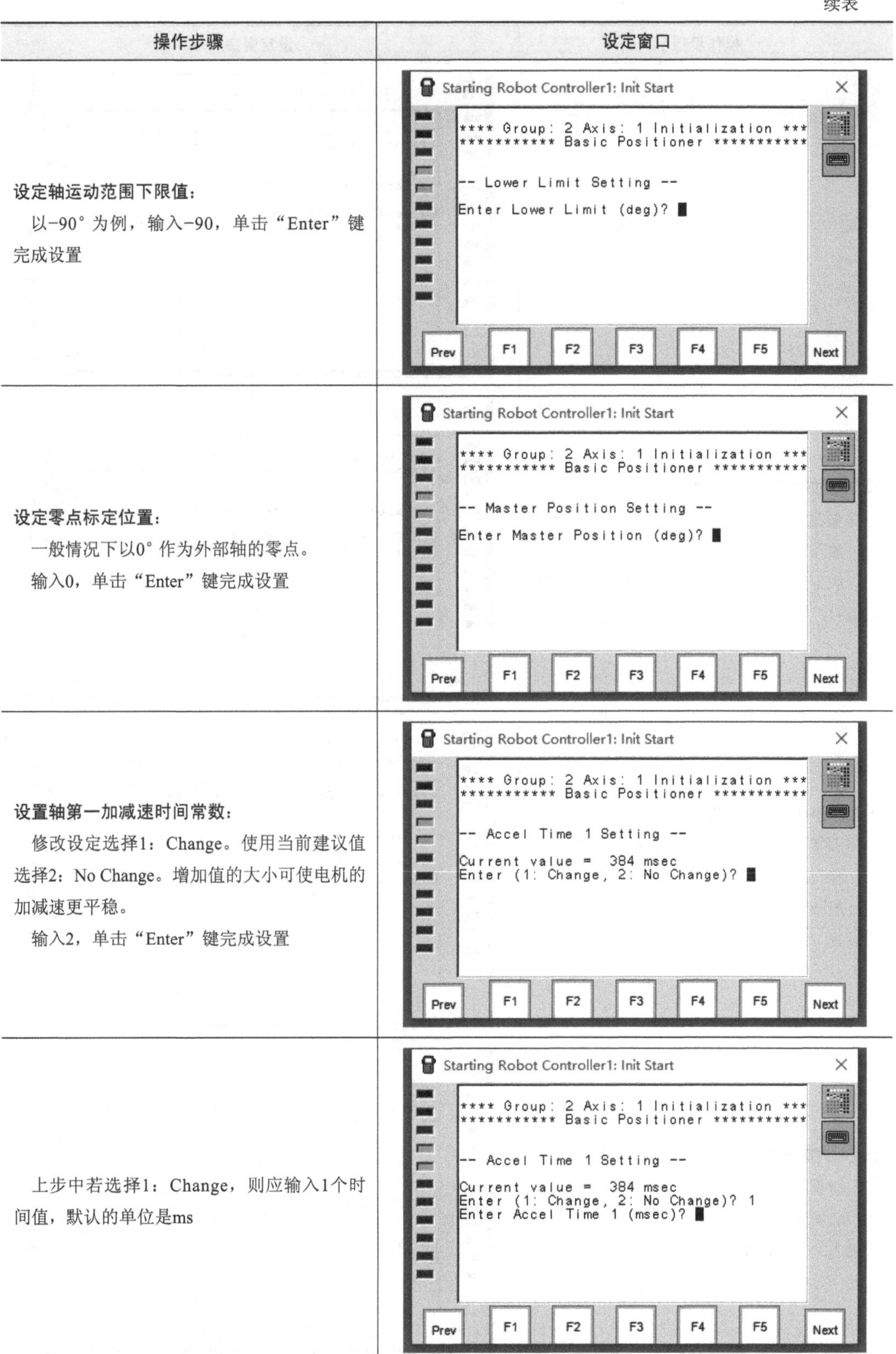

操作步骤	设定窗口
设定轴运动范围下限值： 以-90°为例，输入-90，单击“Enter”键完成设置	Starting Robot Controller1: Init Start **** Group: 2 Axis: 1 Initialization *** *********** Basic Positioner *********** -- Lower Limit Setting -- Enter Lower Limit (deg)? Prev F1 F2 F3 F4 F5 Next
设定零点标定位置： 一般情况下以0°作为外部轴的零点。 输入0，单击“Enter”键完成设置	Starting Robot Controller1: Init Start **** Group: 2 Axis: 1 Initialization *** *********** Basic Positioner *********** -- Master Position Setting -- Enter Master Position (deg)? Prev F1 F2 F3 F4 F5 Next
设置轴第一加减速时间常数： 修改设定选择1：Change。使用当前建议值选择2：No Change。增加值的大小可使电机的加减速更平稳。 输入2，单击“Enter”键完成设置	Starting Robot Controller1: Init Start **** Group: 2 Axis: 1 Initialization *** *********** Basic Positioner *********** -- Accel Time 1 Setting -- Current value = 384 msec Enter (1: Change, 2: No Change)? Prev F1 F2 F3 F4 F5 Next
上步中若选择1：Change，则应输入1个时间值，默认的单位是ms	Starting Robot Controller1: Init Start **** Group: 2 Axis: 1 Initialization *** *********** Basic Positioner *********** -- Accel Time 1 Setting -- Current value = 384 msec Enter (1: Change, 2: No Change)? 1 Enter Accel Time 1 (msec)? Prev F1 F2 F3 F4 F5 Next

续表

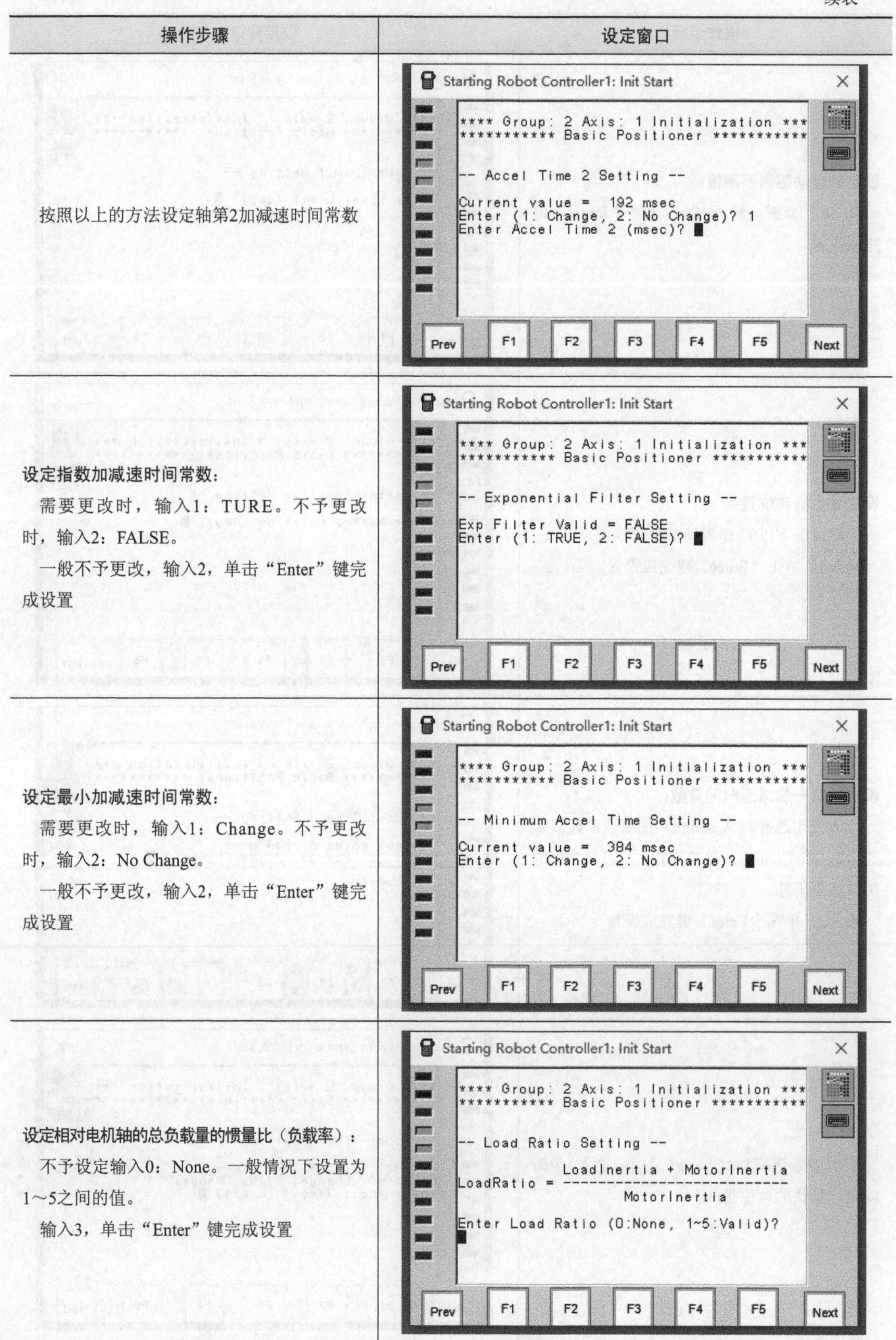

操作步骤	设定窗口
按照以上的方法设定轴第2加减速时间常数	Starting Robot Controller1: Init Start **** Group: 2 Axis: 1 Initialization *** *********** Basic Positioner *********** -- Accel Time 2 Setting -- Current value = 192 msec Enter (1: Change, 2: No Change)? 1 Enter Accel Time 2 (msec)? Prev F1 F2 F3 F4 F5 Next
设定指数加减速时间常数： 需要更改时，输入1：TURE。不予更改时，输入2：FALSE。 一般不予更改，输入2，单击“Enter”键完成设置	Starting Robot Controller1: Init Start **** Group: 2 Axis: 1 Initialization *** *********** Basic Positioner *********** -- Exponential Filter Setting -- Exp Filter Valid = FALSE Enter (1: TRUE, 2: FALSE)? Prev F1 F2 F3 F4 F5 Next
设定最小加减速时间常数： 需要更改时，输入1：Change。不予更改时，输入2：No Change。 一般不予更改，输入2，单击“Enter”键完成设置	Starting Robot Controller1: Init Start **** Group: 2 Axis: 1 Initialization *** *********** Basic Positioner *********** -- Minimum Accel Time Setting -- Current value = 384 msec Enter (1: Change, 2: No Change)? Prev F1 F2 F3 F4 F5 Next
设定相对电机轴的总负载量的惯量比（负载率）： 不予设定输入0：None。一般情况下设置为1~5之间的值。 输入3，单击“Enter”键完成设置	Starting Robot Controller1: Init Start **** Group: 2 Axis: 1 Initialization *** *********** Basic Positioner *********** -- Load Ratio Setting -- LoadRatio = (LoadInertia + MotorInertia) / MotorInertia Enter Load Ratio (0:None, 1~5:Valid)? Prev F1 F2 F3 F4 F5 Next

续表

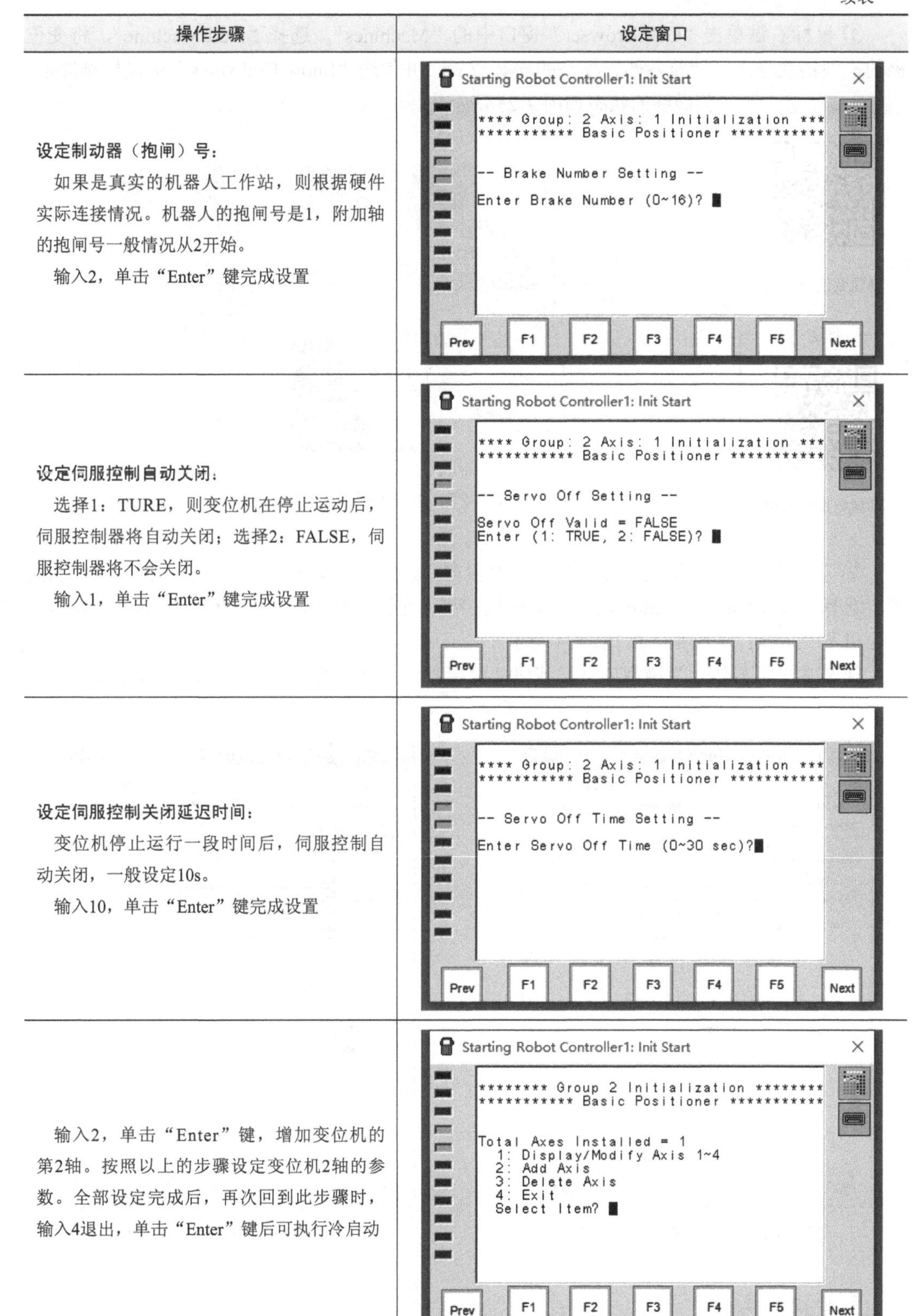

操作步骤	设定窗口
设定制动器（抱闸）号： 如果是真实的机器人工作站，则根据硬件实际连接情况。机器人的抱闸号是1，附加轴的抱闸号一般情况从2开始。 输入2，单击“Enter”键完成设置	Starting Robot Controller1: Init Start **** Group: 2 Axis: 1 Initialization *** *********** Basic Positioner *********** -- Brake Number Setting -- Enter Brake Number (0~16)? Prev F1 F2 F3 F4 F5 Next
设定伺服控制自动关闭： 选择1：TURE，则变位机在停止运动后，伺服控制器将自动关闭；选择2：FALSE，伺服控制器将不会关闭。 输入1，单击“Enter”键完成设置	Starting Robot Controller1: Init Start **** Group: 2 Axis: 1 Initialization *** *********** Basic Positioner *********** -- Servo Off Setting -- Servo Off Valid = FALSE Enter (1: TRUE, 2: FALSE)? Prev F1 F2 F3 F4 F5 Next
设定伺服控制关闭延迟时间： 变位机停止运行一段时间后，伺服控制自动关闭，一般设定10s。 输入10，单击“Enter”键完成设置	Starting Robot Controller1: Init Start **** Group: 2 Axis: 1 Initialization *** *********** Basic Positioner *********** -- Servo Off Time Setting -- Enter Servo Off Time (0~30 sec)? Prev F1 F2 F3 F4 F5 Next
输入2，单击“Enter”键，增加变位机的第2轴。按照以上的步骤设定变位机2轴的参数。全部设定完成后，再次回到此步骤时，输入4退出，单击“Enter”键后可执行冷启动	Starting Robot Controller1: Init Start ******** Group 2 Initialization ******** *********** Basic Positioner *********** Total Axes Installed = 1 1: Display/Modify Axis 1~4 2: Add Axis 3: Delete Axis 4: Exit Select Item? Prev F1 F2 F3 F4 F5 Next

3. 搭建变位机模组

① 鼠标右键单击“Cell Browser”窗口中的“Machines”，选择“Add Machine”，将变位机的模型依次导入。调整各部分模型的安装位置，并勾选“Show Collisions”碰撞检测选项。其最终的状态如图 7-23 所示。

微课

创建变位机模组

微课

创建行走轴模组

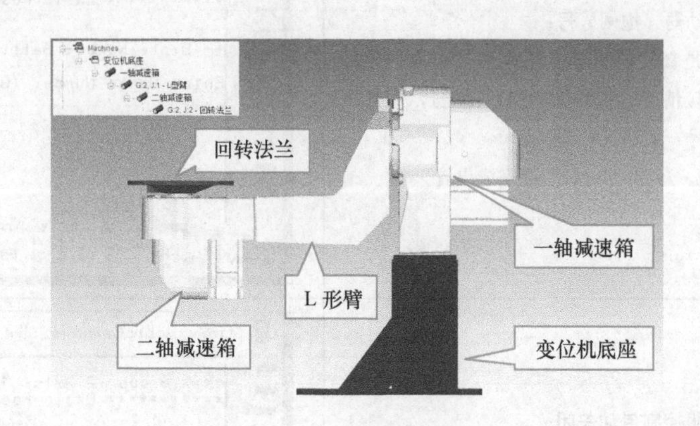

图 7-23　变位机模组及组成结构

② 双击“L 形臂”模型，打开其属性设置窗口，选择“Motion”选项卡。在运动控制类型中选择“Sever Motor Controlled”伺服电机控制，在轴信息中选择“GP：2-Basic Positioner”变位机及“Joint1”（1 轴），如图 7-24 所示。

③ 双击“回转法兰”模型，打开其属性设置窗口。变位机 2 轴的设置如图 7-25 所示。

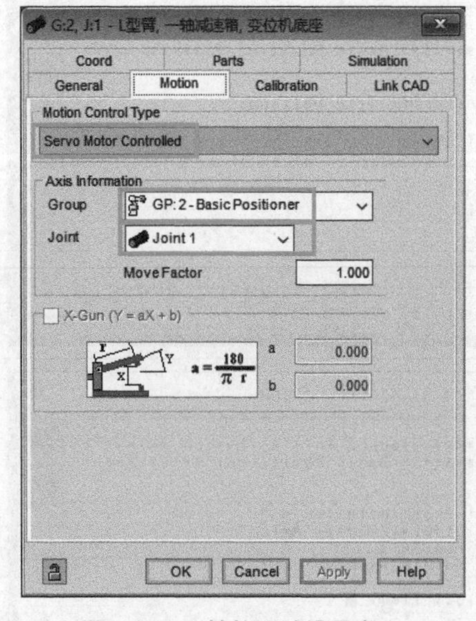

图 7-24　1 轴的运动设置窗口

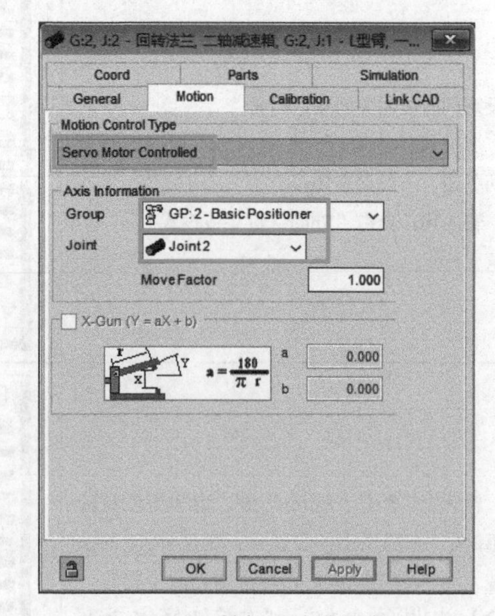

图 7-25　2 轴的运动设置窗口

4. 检验变位机

打开虚拟 TP，按 TP 上的“GROUP”键，将机器人活动坐标系切换至“G2 关节”，如

图 7-26 所示。

再按运动键 -J1 +J1 -J2 +J2，观察变位机的运动是否正确。经校验，2 个轴的旋转中心和旋转方向无误，其中逆时针旋转为正方向，顺时针旋转为负方向，如图 7-27 所示。

PROG1 行0 T2 中止TED G2 关节 100%

图 7-26　TP 显示屏的状态栏

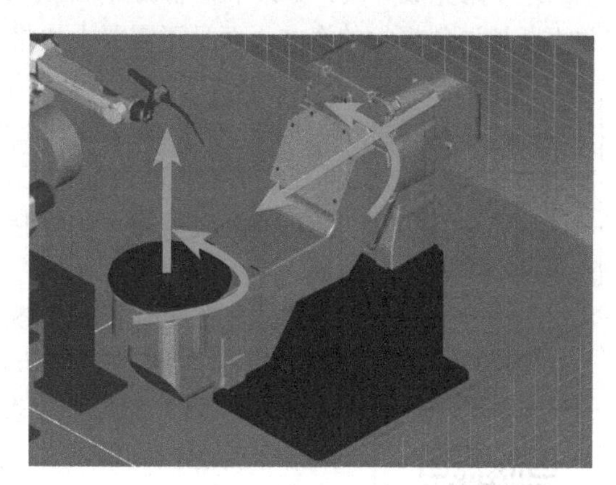

图 7-27　变位机轴旋转正方向示意

【思考与练习】

1. 变位机要在哪个模块下进行搭建？双轴变位机至少需要几级？
2. 附加轴各型控制软件都有什么？

任务三　双头法兰短管焊接的轨迹编程

【任务描述】

小白：“呼叫小罗！仿真工作站一切准备就绪，我们准备进行一场实战。”

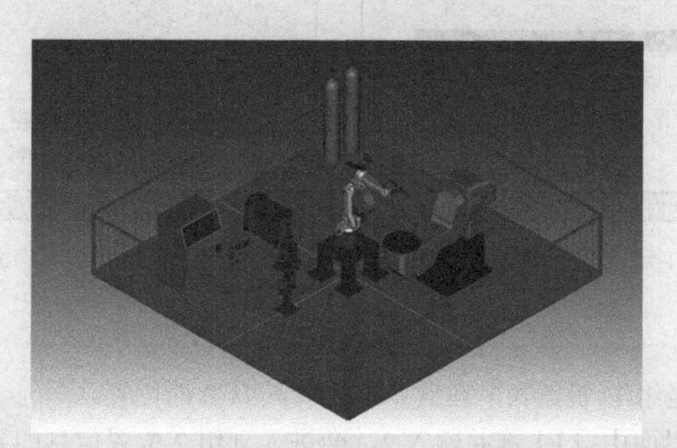

小罗：“小白，小白，请注意！在编程时要注意配合“CAD-To-Path”功能进行编程。”

小白：“明白，明白！”

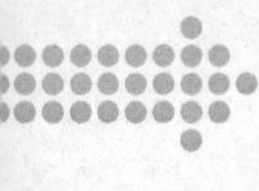

【知识学习】

如图 7-28 所示的工件，其 2 条焊缝位于法兰内侧并绕管道 1 周，下面利用机器人与变位机的运动来完成焊接。如果单纯靠机器人工作，焊枪（机器人 TCP）需要绕管体做圆周运动，并不断地调整焊枪的姿态，而且还需要人力将工件翻转，进行第 2 条焊缝焊接。引入双轴变位机是解决上述问题的有效手段，变位机的 2 轴作为焊接时工件的旋转轴，简化了机器人轨迹；1 轴作为工件的翻转轴，使整个工件的焊接效率大幅度提高。

微课

创建变位机控制程序

图 7-28　双法兰管道接头

在含有变位机的情况下，创建机器人程序时要特别注意组掩码的问题。组掩码中“1”的位置代表该程序以动作指令就能控制的动作组，“*”的位置表示该程序不能以动作指令控制的动作组，可自定义程序控制的组号。图 7-29 表示的是“TEST001”，这个程序以动作指令同时控制组 1 和组 2 运动。

微课

创建机器人和变位机控制程序

为了方便理解，可以在“TEST001”程序中任意示教记录一个点的位置 P[1]，并按 F5 键查看其位置信息，如图 7-30 所示。

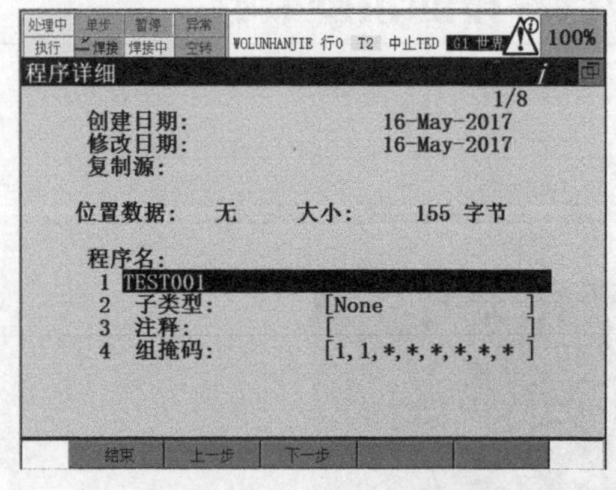

图 7-29　程序详细设置界面

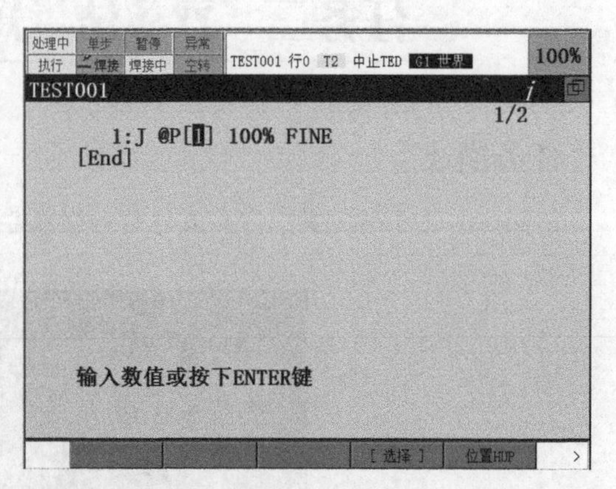

图 7-30　程序编辑界面

图 7-31 显示的是组 1（机器人）在世界坐标系下 TCP 的位置。

在图 7-31 所示界面中按 F1 键并输入 2，会进入到组 2 位置信息的界面。图 7-32 中显示的是组 2（变位机）的位置信息，因为变位机的运动形式为回转运动，所以图 7-32 记录的是角度信息。假设在组掩码设置中，该程序只控制机器人组，那么 P[1] 的位置信息将不包含变位机的角度信息。

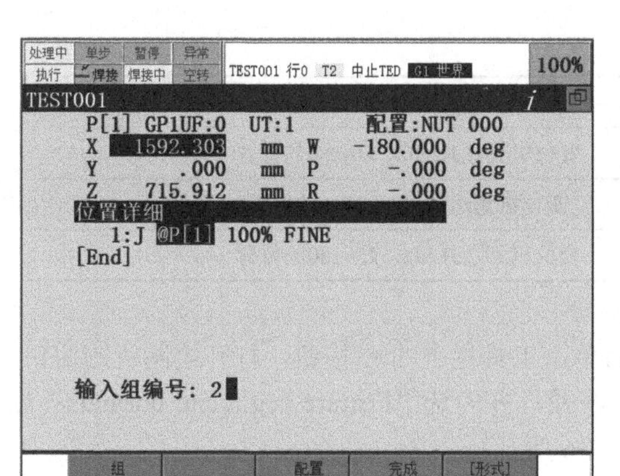

图 7-31　记录点动作组 1 的位置信息

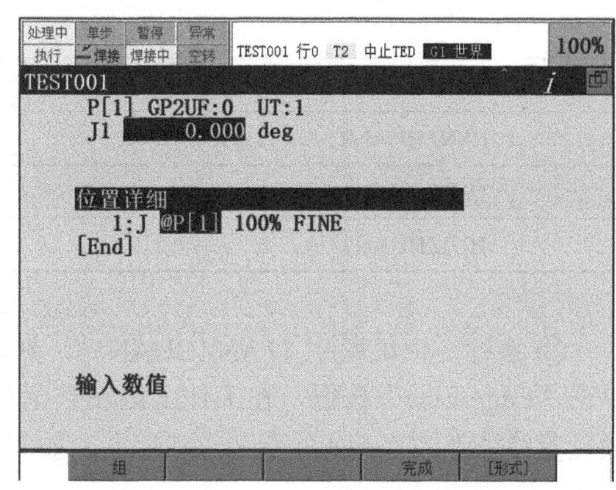

图 7-32　记录点动作组 2 的位置信息

【任务实施】

① 导入接头工件模型至工程文件的“Parts”，并将其添加到变位机的回转法兰上，如图 7-33 所示。

图 7-33　变位机上的工件

② 创建子程序。只控制机器人的子程序组掩码设置如图 7-34 所示，只控制变位机的子程序组掩码如图 7-35 所示。子程序名与执行动作动如表 7-3 所示。

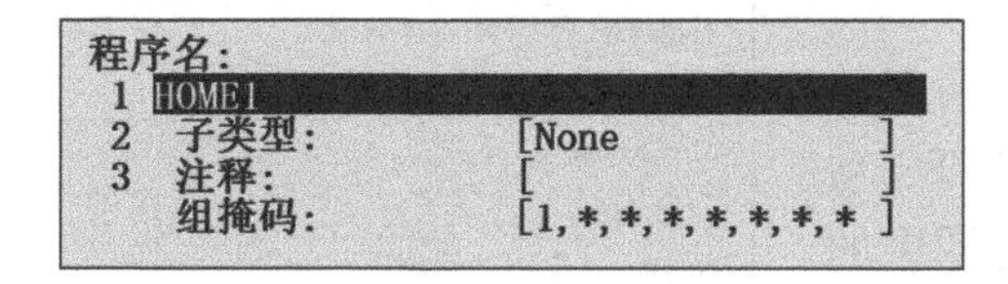

图 7-34

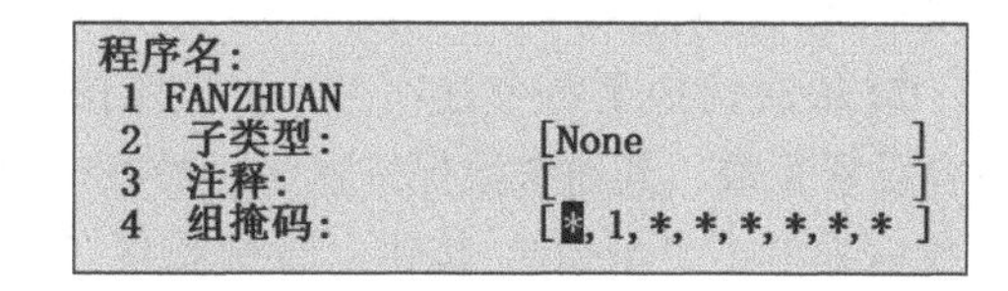

图 7-35

表 7-3　子程序列表

程序名	执行的动作
HOME1	机器人返回待机位置
HOME2	变位机返回待机J1=0，J2=0位置
FANZHUAN1	变位机到达J1=90，J2=0的位置

续表

程序名	执行的动作
FANZHUAN2	变位机到达J1=90，J2=180的位置
HUIZHUAN1	变位机到达J1=45，J2=0的位置
HUIZHUAN2	变位机到达J1=45，J2=180的位置

③ 执行变位机程序“FANZHUAN1”，然后单击工具栏上的按钮，打开绘制轨迹窗口。单击“Edge Line”按钮，在工件上绘制半圆的路径，并勾选“Feature begin/end normals”选项预览路径上的工具的始点和末点姿态，如图 7-36 所示。

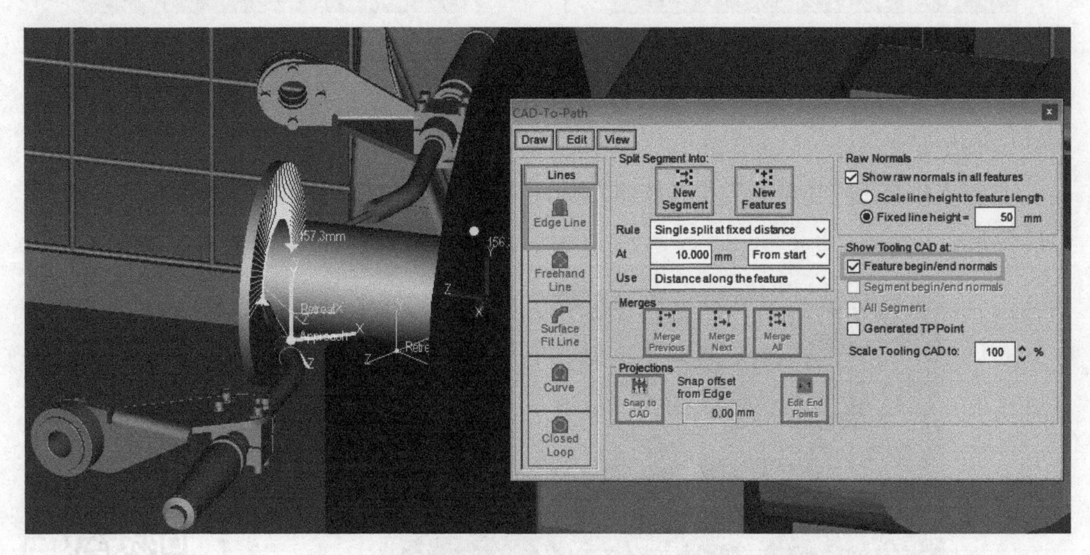

图 7-36 程序轨迹绘制

④ 将该程序命名为“hanjie1”，作为第 1 条焊缝的焊接程序，如图 7-37 所示。在第 5 步的设置完成后，回到该设置界面下，单击“Generate Feature TP Program”按钮生成机器人程序。

⑤ 依次切换至每个选项卡下，按照图 7-38 所示的内容设置参数，其他参数保持默认。最好在设置每一项参数后都单击“Apply”按钮，时刻观察三维视图中的轨迹与关键点姿态的变化。

⑥ 执行变位机程序“FANZHUAN2”，然后按照创建“hanjie1”的方法创建第 2 条焊缝的焊接程序“hanjie2”。

⑦ 创建主程序，如图 7-39 所示，命名为“ZHUCHENGXU”。

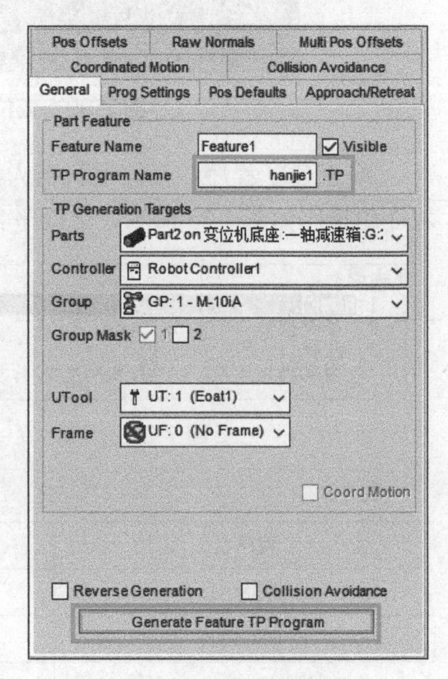

图 7-37 轨迹属性设置窗口

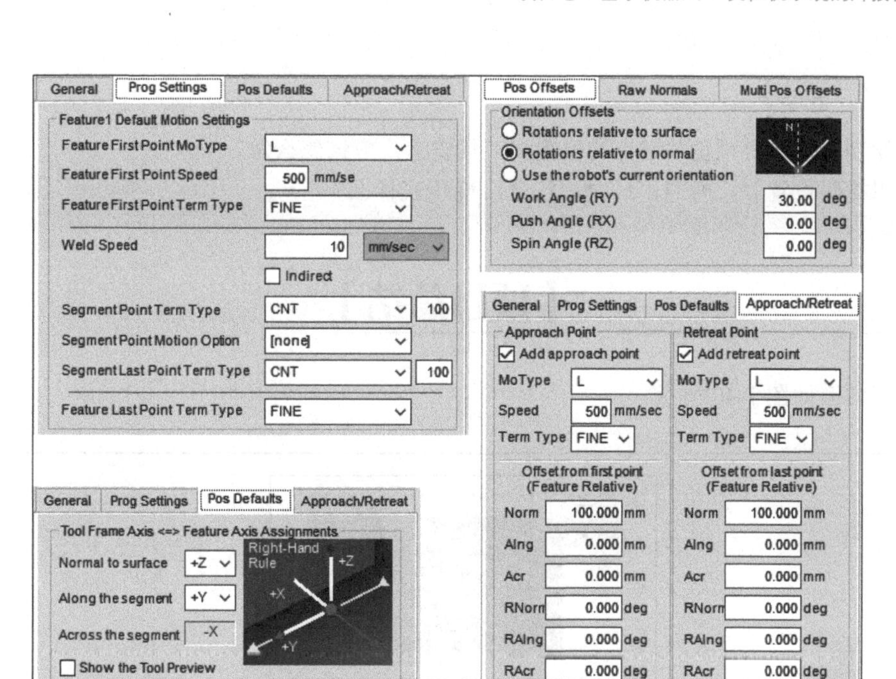

图 7-38　焊接轨迹程序的设置参数

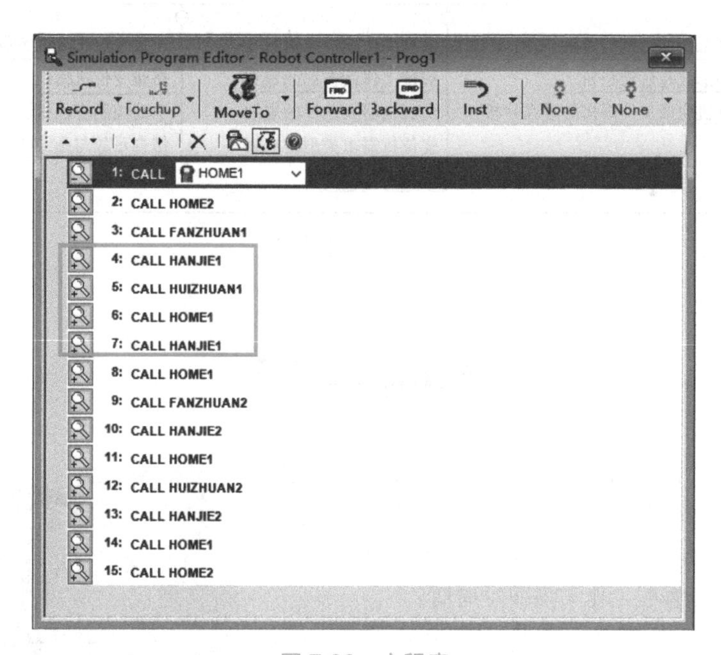

图 7-39　主程序

“hanjie1”程序的轨迹并不是 1 个完整的圆，只有 180°。在变位机 2 轴处于 0° 位置时，“hanjie1”执行 1 次，然后将变位机 2 轴回转 180°，再次执行“hanjie1”，实现整个圆形焊缝的焊接。

⑧ 单击软件工具栏中的启动按钮 ▶ ▾，进行仿真运行，观察程序的运行情况。

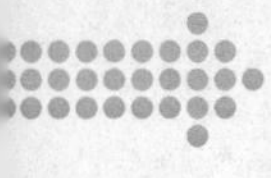

【思考与练习】

1. 绘制轨迹时要预览关键点的位置和工具姿态，应该怎么做？
2. 组掩码设置 [*，*，1，*，*，*，*，*] 代表什么？

【项目总结】

技能图谱如图 7-40 所示。

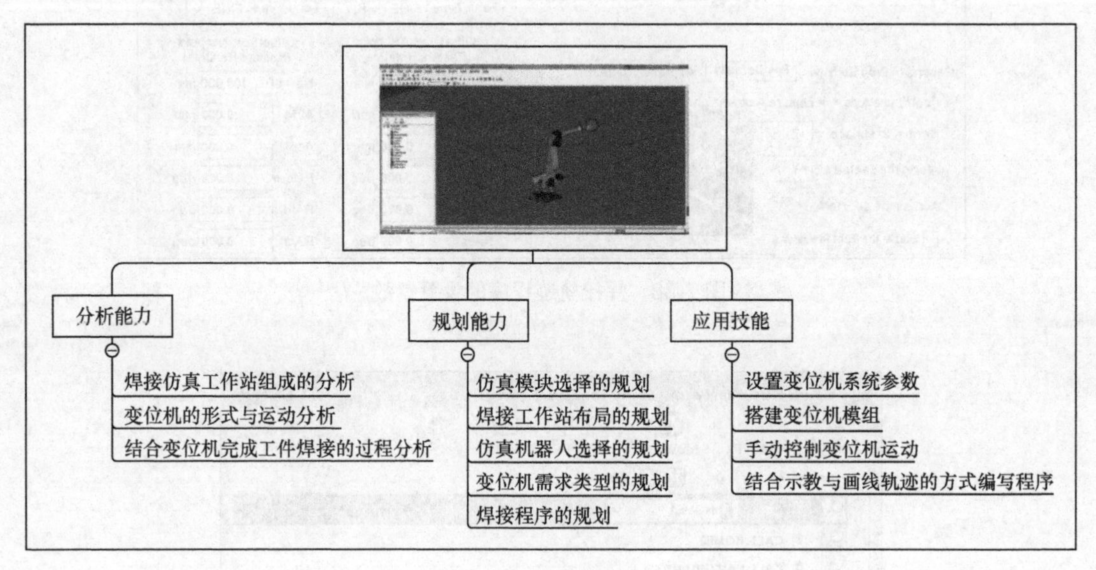

图 7-40　技能图谱

【拓展训练】

【协调模式下的工件焊接】机器人与变位机的协调运动控制作为外部轴的高级应用，一直是解决复杂焊接、工件加工的有效手段。协调运动配合“CAD-To-Path”功能，将为编程工作大幅缩短周期。

任务要求：为机器人添加协调控制软件“Coord Motion Package”，并设置协调，用轨迹自动规划的功能为三通管（见图 7-41）相贯线的焊接工件进行编程。

考核方式：自由分组，能够完成协调设置，并进行程序编写。完成表 7-4 所示的拓展训练评估表。

图 7-41　三通管

表 7-4　　拓展训练评估表

项目名称： 协调模式下的工件焊接	项目承接人姓名：	日期：
项目要求	**评分标准**	**得分情况**
协调软件安装（10分）		
协调功能设置（30分）	1. 主导组设置（10分） 2. 参考坐标系（10分） 3. 参考位置（10分）	
协调功能验证（20分）	1. 坐标系选择（10分） 2. 点动验证（10分）	
“CAD-To-Path”编程（30分）	1. 路径规划（15分） 2. 程序设置（15分）	
运行演示（10分）		
评价人	**评价说明**	**备注**
个人：		
老师：		